普通高等教育机械类专业系列教材

机械设计实践教程

主　编　胥光申　李　晶　沈　瑜
副主编　汪成龙　贾　妍
　　　　昝　杰　罗　声
参　编　张改萍　邢　宇

西安电子科技大学出版社

内 容 简 介

本书是为配合机械设计课程实践教学环节编写的。书中内容共分为三篇 22 章。第一篇(第 1～7 章)为机械设计课程设计指导,以常见的基本减速器类型为例,全面、系统地介绍了机械传动装置的设计内容、设计过程和设计方法,给出了装配图、零件图的参考图例和设计题目。第二篇(第 8～16 章)为机械设计常用标准和规范,选编了课程设计中常用的标准及规范,资料翔实简明。第三篇(第 17～22 章)为机械设计实验,提供了 6 个机械设计课程中的典型实验,增强了机械设计理论与实践的融合性。

本书可作为本科院校机械类及近机类机械设计课程的教材,亦可供从事机械设计的工程技术人员参考。

图书在版编目(CIP)数据

机械设计实践教程 / 胥光申,李晶,沈瑜主编. — 西安:西安电子科技大学出版社,2022.11
ISBN 978-7-5606-5884-1

Ⅰ. ①机… Ⅱ. ①胥… ②李… ③沈… Ⅲ. ①机械设计—高等学校—教材
Ⅳ. ①TH122

中国版本图书馆 CIP 数据核字(2020)第 260586 号

策　　划　万晶晶
责任编辑　万晶晶
出版发行　西安电子科技大学出版社(西安市太白南路 2 号)
电　　话　(029)88202421　88201467　　　邮　编　710071
网　　址　www.xduph.com　　　　　　电子邮箱　xdupfxb001@163.com
经　　销　新华书店
印刷单位　陕西天意印务有限责任公司
版　　次　2022 年 11 月第 1 版　　2022 年 11 月第 1 次印刷
开　　本　787 毫米 × 1092 毫米　　1/16　印　张　17
字　　数　400 千字
印　　数　1～2000 册
定　　价　42.00 元
ISBN 978-7-5606-5884-1 / TH
XDUP 6186001-1
***** 如有印装问题可调换 *****

前　言

本书是依据教育部高等学校机械类专业教学指导委员会最新制定的机械设计基础类课程教学的基本要求，以培养创新应用型人才为指导思想，以学生就业所需的专业知识和综合实践能力为着眼点，配合机械设计课程实践教学环节的需要编写而成的。

机械设计课程中的设计和实验是两个重要的实践环节。本书在编写过程中，着眼于机械设计实践环节的渐进性，力求突出工程性和实用性，使读者能够深入理解机械设计的一般规律和过程，提高其查阅技术资料、绘制工程图和应用计算机等技能，特别是提高读者的创新意识和分析问题、解决问题的能力，实现知识与能力的统一。本书在编写过程中，有机融入了最新的标准和规范，编入了一定数量、一定类型的参考图例和设计题目，给出了机械设计课程教学中的典型实验等，以突出教材的实用性和新颖性。

全书共三篇 22 章。第一篇为机械设计课程设计指导，包括概述、机械传动装置的总体设计、减速器装配图的设计、零件图的设计、机械设计课程设计说明书、机械设计中常见错误分析及参考图例、课程设计题目，系统地介绍了课程设计的一般过程和方法，便于课程设计的教学和自学。第二篇为机械设计常用标准和规范，包括常用数据和一般标准，常用材料，连接件和紧固件，滚动轴承，联轴器，润滑与密封，极限与配合、公差和表面粗糙度，齿轮、蜗杆传动精度及公差，电动机等，为读者提供国家标准和规范的相关信息。第三篇为机械设计实验，包含 6 个机械设计课程中的典型实验，帮助读者深入理解有关理论知识，提高实践能力。

参加本书编写工作的有胥光申、李晶、沈瑜、汪成龙、贾妍、昝杰、罗声、张改萍、邢宇。其中，胥光申、李晶和沈瑜担任主编。

本书在编写和出版过程中得到了西安电子科技大学出版社的大力支持，在此表示由衷的感谢。

由于编者水平所限，书中欠妥之处在所难免，敬请读者批评指正。

编　者
2022 年 3 月

目 录

第一篇 机械设计课程设计指导

第二篇　机械设计常用标准和规范

第三篇　机械设计实验

第一篇　机械设计课程设计指导

第1章 概 述

1.1 机械设计课程设计的目的

机械设计课程设计是对高等工科院校机械类学生的一次较为全面的机械设计训练，是机械设计课程的一个重要的综合性与实践性教学环节。在教学过程中，重点是培养学生对已学学科的基础理论和知识进行综合应用，使其具有进行初步机械设计的能力。

机械设计课程设计的主要目的如下：

(1) 综合运用机械设计课程和其他选修课程的知识，结合生产实际，巩固、提高和拓展有关机械设计的知识，培养学生分析和解决机械设计问题的能力。

(2) 学习机械设计的一般方法，掌握机械设计的一般规律和步骤，培养学生理论联系实际的设计思维，使其具有独立的工程设计能力。

(3) 通过课程设计，学习和运用标准、规范、设计手册、图册和技术资料等，培养学生进行机械设计的基本技能。

1.2 机械设计课程设计的内容

机械设计课程设计通常选择一般用途的机械传动装置或简单机械作为设计题目。以齿轮减速器为主体的机械传动装置系统反映了机械设计课程的主要教学内容，包含了课程学习中的大部分零部件，具有典型性和综合性，对其他同类设计具有一定的指导意义。因此，目前机械设计课程设计的题目仍推荐该类题目。图 1-1 所示为某带式输送机的机械传动方案。图 1-2 为展开式两级圆柱齿轮减速器模型图。

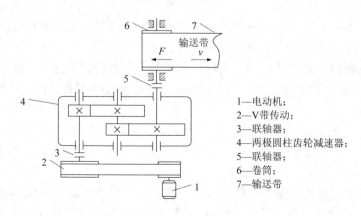

1—电动机；
2—V带传动；
3—联轴器；
4—两极圆柱齿轮减速器；
5—联轴器；
6—卷筒；
7—输送带

图 1-1 带式输送机

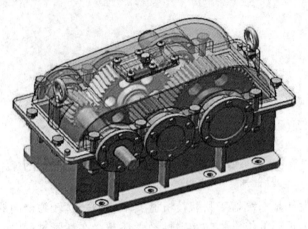

图 1-2　展开式两级圆柱齿轮减速器模型图

机械设计课程设计的主要内容包括：

(1) 总体方案设计。

(2) 电动机的选择。

(3) 传动零件的设计计算。

(4) 减速器装配图的设计和绘制。

(5) 零件工作图的设计和绘制。

(6) 设计计算说明书的整理和编写。

要求每个学生完成以下任务：

(1) 减速器装配图 1 张(A0 号)。

(2) 零件工作图 2 张(A3 号或 A2 号)。

(3) 设计说明书 1 份。

1.3　机械设计课程设计的一般步骤和基本要求

课程设计是一次较为全面的机械设计训练，应遵循机械设计的一般规律，其一般步骤如下：

(1) 设计准备：研究设计任务书，明晰任务要求和条件，阅读课程设计指导书，拆装减速器，准备设计手册等资料，熟悉设计对象。

(2) 传动装置的总体设计：进行机械传动系统的方案构思及选型，选择电动机，计算相关运动参数和动力参数(确定传动装置的总传动比，分配各级传动比，计算各轴的转速、功率和转矩等)。

(3) 传动零件的设计计算：根据设计任务及要求，对主要的传动零件进行工作能力的设计计算，确定主要参数和尺寸。这些传动零件一般包括带传动、齿轮传动(或蜗杆传动)、联轴器等。

(4) 设计和绘制减速器的装配图：计算和选择支撑零部件，设计和绘制装配草图，包括轴系零部件、箱体及其附件等的结构设计(装配草图的设计与相关计算交叉进行，如轴承的选型与寿命校核，轴的设计与强度、刚度的校核等)，完成装配工作图。

(5) 绘制主要零件的零件工作图：绘制指定的零件工作图，一般选择轴和齿轮，要求尺寸和公差标注及技术要求等书写完整。

(6) 整理和编写设计说明书：设计说明书包括文字叙述、设计计算和必要的简图等，在说明书每一页的右侧栏应写明有关的计算结果和结论。

(7) 设计总结和答辩。

为较好地完成任务，培养设计工作能力，课程设计的要求如下：

(1) 能独立完成课程设计任务。课程设计是在教师的指导下由学生独立完成的，提倡独立思考，鼓励钻研，遇到问题先自己思考，提出见解，再与同学和老师讨论，得出有效解决方法和结论，培养独立工作的能力。

(2) 能利用现有资料进行创新设计。机械设计是一项复杂、详细的工作，设计过程中应注意学习和继承前人的经验。已有的设计资料是提高设计质量和加快设计进度的重要保障，也是创新设计的基础。要求同学们在设计中勤于思考，敢于提出问题，勇于探索，能够创新，逐渐提高机械设计能力。

(3) 能正确处理设计计算与结构设计、工艺要求的关系。机械零件的尺寸不可能完全由理论计算获得，需考虑具体结构、加工装配工艺、经济性和使用条件等要求，理论计算仅为确定零件尺寸提供强度、寿命和刚度等参数。有些经验公式(如箱体箱盖壁厚、齿轮轮缘和轮毂的尺寸等)也只考虑了主要因素的要求，所求得的仅是近似值。因此，设计时应根据具体情况作适当调整，以考虑强度、刚度、结构和工艺等要求。

(4) 正确使用标准和规范。机械设计中，为减少设计工作量，缩短设计周期，增强互换性，降低设计制造成本，国家制定了有关技术标准和规范。"三化"(即标准化、系列化和通用化)程度的高低是评价机械设计质量优劣的重要指标之一。因此，在设计时，应尽可能采用标准零部件和通用零部件，设计者需熟悉技术标准和规范，提升设计质量。

1.4　机械设计课程设计中的注意事项

机械设计课程设计是学生一次较为全面的独立设计过程，对培养正确的设计思维和后续专业课程的学习具有承上启下的重要作用。在设计中，应注意以下事项：

(1) 循序渐进，逐步完善和提高。在设计过程中，应特别注意理论与实践的结合；设计过程不会一帆风顺，要注意循序渐进；设计和计算、绘图和修改、完善和提高通常需要交叉进行。

(2) 巩固机械设计基本技能，注重设计能力的培养和训练。强度和刚度计算、结构设计、图样表达是设计中必备的知识和技能。应通过课程设计学习，掌握分析、解决问题的基本方法，提高设计能力。

(3) 从整体着眼，提高综合设计素质。在设计过程中，注意先总体设计，后零部件设计，先概要设计，后详细设计；设计时，优先选用标准化、系列化产品，力求做到技术先进、可靠安全、经济合理、使用维护方便。

1.5　计算机辅助设计

计算机辅助设计是指工程技术人员以计算机为工具，对产品进行设计计算、绘图、分析和编写技术文档等设计活动的总称。它具有计算快、修改快、制图快的特点，并且便于建立和使用标准图库及改善绘图质量，便于过程管理，缩短设计周期。目前，计算机辅助设计已被广泛应用。

1. 计算机辅助计算

机械设计课程设计过程中的重点是减速器的设计。减速器中除箱体外，其余零部件的主要参数和结构尺寸的确定已有成熟的计算公式。在课程设计中使用计算机技术，可以继承经典的零部件设计理论，改变烦琐的手工检索和计算，并引入优化、可靠的现代设计方法，达到经典理论和现代设计方法的有机结合。

在机械设计计算过程中，常常需要查阅线图和数据，以确定相关参数和数据。为了能快速查出和检索需要的数据，可以预先将线图和数据进行处理。

机械零部件设计一般可按下列步骤进行：

(1) 构造程序总体流程图，确定计算方案、步骤及其辅助功能，为编制机械零部件设计计算源程序做好准备。

(2) 数表和线图程序化。对于数表，可以用数组的形式将其程序化。

线图的常用处理方式有两种：一是将线图离散成数表，并对数表进行处理，若所取数值不在数表中，可以进行插值处理；二是将线图公式化，通过曲线拟合得到线图的函数表达式。

另外，对于数表和线图，也可以将其编写成独立的数据文件或者建成数据库。

(3) 零部件设计计算程序的编制。根据零部件的设计要求，建立数学模型，编制或使用相应的设计计算程序。

(4) 运行调试。通过以上步骤，可以得到机械零部件的参数和结构尺寸的计算结果。

通过计算机辅助计算的方法进行零部件的计算时，其中数表、线图处理和零部件设计计算程序的工作量较大，但是一旦完成，当计算结果不合适时，调整非常方便。

计算机辅助计算中可以采用的编程软件有 C 语言、Matlab、VB 等。目前，很多专门的企业已根据自己产品的特点，开发出相关的设计计算软件包。

2. 计算机绘图

计算机辅助设计中常用的软件有 AutoCAD、CAXA、UG、Pro/E、SolidWorks 等。

不同软件的特点及其应用重点不同。AutoCAD、CAXA 常用于机械产品二维工程图的绘制；UG、Pro/E、SolidWorks 多用于机械产品三维模型的建立，这类软件可以对产品进行运动学、动力学分析和各种强度的计算。

各种绘图软件的原理大同小异，使用时请参考相关书籍。

第2章　机械传动装置的总体设计

机械传动装置的作用是将原动机的运动和动力传递给执行机构，实现转速和转矩的变换。

机械传动按传力原理可以分为摩擦传动、啮合传动和推压传动；按传动系统/装置的结构可以分为直接接触传动和有中间挠性件(或刚性件)的传动；按传动比是否可变分为定传动比传动和变传动比传动。

机械传动装置的总体设计主要包括：分析和拟定传动方案，选择原动机，确定总传动比和分配各级传动比，计算传动系统的运动和动力参数。

2.1　机械传动装置的方案设计

1. 机械传动系统的要求

根据工作机的要求，传动系统将原动机的运动和动力传给工作机。通过传动系统的设计，建立运动和动力传递路线，合理安排各部分的组成和连接关系。

实践结果表明，传动系统设计的合理性对机器的性能、整体尺寸和成本都有很大的影响。因此，合理设计传动系统是机器设计中的重要环节，而合理拟定传动方案又是保证传动系统设计质量的基础。

传动方案首先要满足机器的性能要求，其次应满足工作可靠、传送效率高、结构紧凑、工艺性和经济性好等要求。机械传动系统的主要要求如下：

(1) 工作要求：应满足原动机与工作机的匹配要求，如传递功率的大小、转速、运动形式、启停性能、效率、寿命和可靠性等。

(2) 工作环境要求：防爆、防水、耐热、抗振等。

(3) 生产条件和使用者的情况：生产单位的设备和技术条件，使用者的经济条件、技术水平和维护维修条件，国家有关法律和条例的规定和限制等。

(4) 市场的需求情况：目前和长远需求、供应情况如何，是否有可持续发展和提高的可能性，传动装置目前有无标准，可否发展为通用标准部件并在某些工程领域推广使用，是否已有国家专利等。

要满足上述所有条件和要求是十分困难的，应多方面考虑，统筹兼顾。

2. 原动机的选择

原动机的选择主要是根据工作机的工作情况以及运动和动力参数选择原动机的类型、结构形式、功率和转速，确定所选用原动机的型号。

1) 原动机类型的选择

原动机类型的选择主要取决于以下 3 个方面：

(1) 工作机的负载特性和要求：包括工作机械的载荷特性、工作制度、工作环境和结构布置等。

(2) 原动机自身的机械特性：应与工作机械的负载功率相匹配，满足转速、转矩等特性要求，并与其工作环境相适应。

(3) 经济性：包括能源的消耗，制造、运行和维护维修成本。

常用原动机的类型和特点见表 2-1。

表 2-1　常用原动机的类型和特点

类型	功率	驱动效率	调速性能	结构尺寸	对环境的影响	其　他
电动机	较大	高	好	较大	小	种类和型号多，运行的机械特性不同，可满足不同类型机械的要求，且与工作机连接简单。但必须具备相应的电源，在野外工作或对接移动式机械时使用不方便
液压马达	大	较高	好	小	较大	必须有高压油供给系统，且液压元件的制造和装配精度要求较高，否则会出现漏油，造成效率降低，运动精度变差，影响环境等
气动马达	小	较低	好	较小	小	以空气为介质，无污染，适用易燃、易爆等恶劣环境，气动马达响应快。但工作时必须有压力气体供给系统，且气体具有压缩性，工作稳定性差，噪声大，适用于小型和轻型工作机械
内燃机	很大	低	差	大	大	功率范围宽，操作方便，启动迅速，便于移动，多用于野外工作的工程机械、农业机械、车辆等。但结构复杂，对零件的加工精度要求高，且以汽油或柴油为燃料，对燃料要求高

设计中，根据各种原动机的特点以及工作机的特性及要求，首先确定原动机的类型，其次根据工作机的参数及负载特性计算原动机的容量。也可以先预选原动机的容量，在设计中进行校核。

因电动机体积小，使用方便，故在一般的机械设计中，较多采用电动机为原动机。

2) 电动机的选择

(1) 电动机类型的选择。

常用电动机按工作电源分为交流电动机、直流电动机；按结构和工作原理分为直流电动机、异步电动机和同步电动机。

不同类型的电动机，机械特性也不同，应根据工作机特性和要求合理选择。对负载特性为恒转矩的机械，应选用机械特性为硬特性的电动机；对恒功率负载特性的机械，应选用变速直流电动机或带机械变速的交流异步电动机。直流电动机需要直流电源，其结构复杂，价格较高，因此，当交流电动机能满足工作机械要求时，一般不采用直流电动机。

工业上一般采用三相交流电源，常用 Y 系列笼型三相异步交流电动机。这类电动机属于一般用途的全封闭自扇冷式电动机，其结构简单、工作可靠、启动性能好、价格低廉、维护方便，适用于非易燃、非易爆、无腐蚀性和无特殊要求的机械设备，如金属切削机床、运输机、风帆、搅拌机、农业机械、食品机械等；也适用于某些对启动转矩有较高要求的机械，如压缩机等。当电动机需经常制动和正、反转时(例如起重机)，要求电动机有较小的转动惯量和较大的过载能力，则选用起重及冶金用三相异步电动机，常用的为 YZ 或 YZR 系列。

此外，根据电动机的工作环境，如温度、湿度、通风及有无防尘、防爆等特殊要求，选用不同的防护性能的外壳结构形式。

(2) 电动机容量的选择。

选择电动机的容量即选择电动机的功率。电动机的容量选择是否合适，会影响机器的工作性能和经济性。容量小于工作要求时，则不能保证工作机的正常工作或会导致电动机因长期超载运行而过早损坏；容量选得过大时，电动机的价格高，传动能力不能充分利用，且效率和功率因数较低，造成能源浪费。

一般对载荷比较稳定、长期运转的机械(如运输机等)，通常按照额定功率选择电动机即可，不必校核电动机的发热和启动转矩。

电动机所需功率 P_d 的计算如下：

$$P_d = \frac{P_w}{\eta} \quad (\text{kW}) \qquad (2\text{-}1)$$

式中，P_d 为电动机的功率；P_w 为工作机的功率；η 为传动装置的总效率。

工作机的功率 P_w 可由工作机的工作阻力和运动参数(线速度或转速)计算求得。计算公式如下：

$$P_w = \frac{T n_w}{9550} \quad (\text{kW}) \qquad (2\text{-}2)$$

$$P_w = \frac{Fv}{1000} \quad (\text{kW}) \qquad (2\text{-}3)$$

式中，F 为工作机的工作阻力；v 为工作机的线速度；T 为工作机的转矩；n_w 为工作机的转速。

传动装置的总效率：

$$\eta = \eta_1 \eta_2 \eta_3 \cdots \eta_i \qquad (2\text{-}4)$$

式中，η_i 为传动装置中第 i 个传动副或运动副(如联轴器、轴承、齿轮传动、蜗杆传动、带传动或链传动等)的效率。常用传动机构的效率简表见表 2-2。

表 2-2　常用传动机构的效率简表

类　别		传动效率 η	类　别		传动效率 η
齿轮传动	圆柱齿轮	闭式：0.96～0.98(7～9 级精度)	带传动	平带	0.95～0.98
				V 带	0.94～0.97
		开式：0.94～0.96	滚子链传动		开式：0.94～0.97
	圆锥齿轮	闭式：0.94～0.97(7～8 级精度)			闭式：0.90～0.93
			轴承(一对)	滑动轴承	润滑良好：0.97～0.99
		开式：0.92～0.95			润滑不良：0.94～0.97
蜗杆传动	自锁	0.40～0.45		滚动轴承	0.98～0.995
	单头	0.70～0.75	联轴器	弹性联轴器	0.99～0.995
	双头	0.75～0.82		齿式联轴器	0.99
	三头和四头	0.80～0.92		十字沟槽联轴器	0.97～0.99

计算总效率时，需要注意以下事项：

① 表中数据为一个范围时，一般取中间值；如果工作条件差、润滑维护不良时应取低值；反之取高值。

② 轴承效率指一对轴承的效率。

③ 动力传递时，每一个运动副都会产生效率损失，计算时应逐一计入。

(3) 电动机转速的选择。

相同功率下，电动机通常有几种转速可以选用。电动机转速越高，磁极对数越少，结构越简单，尺寸、重量越小，价格也越低，但会使传动装置的总传动比增大，传动装置级数增加，结构更复杂，重量、尺寸更大，导致成本增加；电动机转速越低，则相反。因此，应综合比较分析，使电动机的转速与传动装置的设计相协调。

根据工作机械的转速和各传动机构的合理传动比范围，可以推算电动机转速的可选择范围。如：

$$n_{\mathrm{d}}' = i_{总}' n_{\mathrm{w}} = (i_1' i_2' i_3' \cdots i_n') n_{\mathrm{w}} \tag{2-5}$$

式中，i_{d}' 为电动机的可选择范围，i_1'、i_2'、i_3'，…，i_n' 为各级传动机构的合理传动比范围，具体范围见表 2-5。

对于 Y 系列电机，通常选用同步转速为 1500 r/min 和 1000 r/min 的电动机，若无特殊需求，一般不选用同步转速低于 750 r/min 和高于 3000 r/min 的电动机。

(4) 电动机型号的确定。

根据选定电动机的类型、结构、容量和转速，查表确定电动机的型号。记录选择电动机的型号、额定功率、满载转速、外形尺寸、中心高、伸出轴尺寸、键连接尺寸、地脚尺寸等参数，以备在后续传动装置设计中查用。

初选电动机时可以多选几个电机，将其主要参数及结构尺寸列表，进行比较后确定所用电动机型号。电动机型号及参数列表可参考表 2-3。

表 2-3　电动机型号及参数列表

方案	电动机型号	额定功率 /kW	同步转速 /(r/min)	满载转速 /(r/min)	总传动比 i	外伸轴径 d /mm	轴外伸长 /mm
1							
2							

在机械传动装置设计中，一般按照实际需要的电动机输出功率 P_d 计算，转速按照满载转速计算。当某些通用设备需要为后续发展留有储备能力，适应不同的工作需要，或者要求传动装置具有较大的通用性和适用性时，则应按照电动机的额定功率设计传动装置。实际转速一般与满载转速相差不大。

2.2　传动方案设计

传动方案一般用机构简图表示。它反映机器的运动和动力传递路线以及各部件的组成和连接关系。图 2-1 中的右图所示为带式输送机传动装置的机构简图。

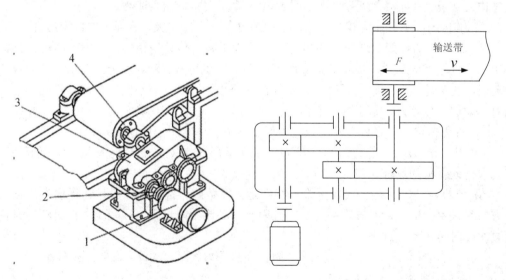

1—电动机；2—联轴器；3—减速器；4—输送带滚筒

图 2-1　带式输送机传动装置机构简图

1. 常见传动类型的分析与选择

传动方案应满足工作机的性能要求。传动方案可以由不同传动机构以不同的组合形式和布置顺序构成。各个传动机构的合理选择和布置、传动比的分配都会影响机器传动性能的优劣及零部件的结构尺寸。同样传动条件要求下，选用不同的传动机构，或同类传动机构下选用不同的连接方式，传动装置的外廓尺寸就会不同。图 2-2 所示为传动功率、低速轴转速和传动比都相同时，不同传动方案装置的外廓尺寸比较。

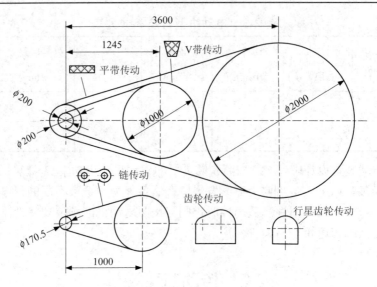

图 2-2　不同装置的外廓尺寸比较

1) 常见的传动机构及其特点

(1) 带传动：承载能力较低，常用于中小功率的运动和动力传递；传递相同转矩时，其结构尺寸较大，但传动平稳性好，能缓冲吸振，常布置在高速级。

(2) 链传动：承载能力较强，但传动中速度不均，冲击大，宜布置在低速级。

(3) 蜗杆传动：能实现较大的传动比，结构紧凑，传动平稳性好，但效率低，常需要使用减摩性较好的材料，成本高，多用于中、小功率间歇运动的场合；其承载能力较齿轮传动低，与齿轮传动同时应用时，宜布置在高速级，以获得较小的结构尺寸，此时齿面的相对滑动速度也较好，易于形成油膜，有利于提高承载能力及效率。

(4) 直齿轮传动：平稳性及承载能力低于斜齿轮，常用于低速级。

(5) 斜齿轮传动：重合度比直齿轮大，故运动平稳性好，承载能力强，常用于高速级或要求传动平稳的场合。

(6) 锥齿轮传动：加工比较困难，特别是大模数圆锥齿轮，一般只在需要改变轴的布置方向时采用，应尽量布置在高速级，且限制传动比不能过大，以减少大锥齿轮的直径和模数，此时转速不宜过高。

(7) 开式齿轮传动：工作环境较差，润滑条件不好，易磨损，寿命低，应布置于低速级。

2) 常见减速器的类型和特点

在传动系统设计中，还常用到减速器。减速器是由封闭在刚性壳体内的齿轮传动、蜗杆传动、齿轮-蜗杆传动所组成的独立部件。常见减速器的类型见表 2-4。

一般传动机构类型的选择原则如下：

(1) 小功率传动，应选用结构简单、价格便宜、标准化程度高的传动机构，以降低成本。

(2) 大功率传动，应优先选用传动效率高的传动机构，如齿轮传动，以降低功耗。

(3) 工作中可能出现过载的工作机，应优先选用具有过载保护的传动机构，如带传动。

(4) 载荷变动较大，频繁小反转的工作机，应优先选用具有缓冲吸振能力的传动机构，如带传动。

表 2-4　常用减速器的类型、传动比范围及特点

类型		简　图	传动比 i	特点及应用
一级减速器	圆柱齿轮		$i \leqslant 8$ 当 $i \leqslant 4$ 时,常用直齿;当 $i \leqslant 6$ 时,常用斜齿	圆柱齿轮减速器直齿轮用于较低速度($v \leqslant 8$ mm/s)场合,斜齿轮用于较高速度场合,人字齿轮用于载荷较重的传动场合
	圆锥齿轮		$i \leqslant 6$ 当 $i \leqslant 3$ 时,常用直齿	圆锥齿轮减速器适于相交轴传动,传动比不宜过大,以减小大齿轮的尺寸,便于加工;可做成卧式或立式
	蜗杆蜗轮		$i = 10 \sim 80$	蜗杆蜗轮减速器结构紧凑、效率较低,适合轻载、间歇工作场合。蜗杆圆周速度 $v \leqslant 4 \sim 5$ m/s 时采用下置式,否则用上置式
二级减速器	圆柱齿轮	展开式	$i \leqslant 60$ 常用 $i = 8 \sim 40$	一般采用斜齿轮,低速级也可采用直齿轮。总传动比较大,结构简单,应用最广,适合载荷较平稳场合。齿轮相对轴承为不对称布置,要求轴应有较大刚度
		分流式	$i \leqslant 60$ 常用 $i = 8 \sim 40$	常采用斜齿轮,低速级可用直齿轮;一般高速级分流,多为斜齿轮反向螺旋布局;受载均匀;适合大功率、变载荷场合
		同轴式	$i \leqslant 60$ 常用 $i = 8 \sim 40$	结构较复杂,长度较短,轴向尺寸大;中间轴较长,刚度差,中间轴承润滑较困难;两级齿轮浸油深度相近;适于减速器要求输入与输出轴同轴的场合
	圆锥-圆柱齿轮		$i \leqslant 20$ 常用 $i = 8 \sim 15$	圆锥齿轮应在高速级,以免使圆锥齿轮尺寸过大,加工困难;圆柱齿轮多为斜齿;圆锥与圆柱齿轮的轴向力应部分抵消
	蜗杆-圆柱齿轮		$i = 60 \sim 90$ 常用 $60 \sim 90$	圆柱齿轮在高速级结构紧凑;蜗杆传动在高速级效率较高

(5) 工作温度较高、潮湿、多粉尘、易燃易爆场合，宜选用链传动、闭式齿轮或蜗杆传动。

(6) 要求两轴保持准确传动比的传动，应优先选用齿轮或蜗杆传动。

3) 传动方案设计的要求

合理的传动方案应首先满足机器的功能要求，如传递功率的大小、转速等。再要适应工作条件，且结构简单、紧凑，效率高，工作可靠，具有良好的工艺性和经济性。同时满足传动系统的众多要求是比较困难的，因此要通过分析比较多种方案来选择能保证重点要求的传动方案。

图 2-3 所示为带式输送机的三种传动方案。方案(a)采用带传动和一级圆柱齿轮减速器，带传动能缓冲吸振，传动平稳性好，成本较低，但承载能力较小；方案(b)采用蜗杆减速器，结构紧凑，但传动效率较低，长期工作成本较高；方案(c)采用两级圆锥圆柱齿轮减速器，适用于大中功率和恶劣条件下长期工作，使用维护方便，但结构复杂，尺寸较大。比较之下，方案(a)较好。

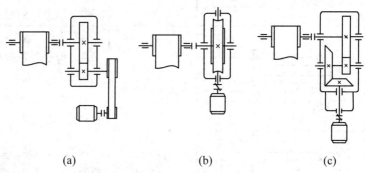

(a)　　　　　　　　　　(b)　　　　　　　　　　(c)

图 2-3　带式输送机的传动方案设计

通过以上比较可知，不同的传动方案，其特点不同，外廓尺寸也不同。拟定传动方案时应考虑以下原则：

(1) 采用较短的运动链，宜选用结构简单、价格便宜、标准化程度高的传动类型，以利于降低成本，提高传动效率和传动精度。

(2) 合理选择传动的类型及组合方式，合理安排传动机构的顺序，以充分发挥各种传动类型的优势。

(3) 合理分配传动比。各种传动均有一个合理使用的单级传动比值，一般不应超过常用各传动的推荐传动比。对于减速器的多级传动，应视具体要求合理分配传动比。

(4) 保证机械安全运转，可靠工作。

2. 总传动比和各级传动比的分配

1) 计算总传动比

由电动机的满载转速 n_d 和工作机的主轴转速 n_w 可确定传动装置的总传动比为

$$i_{总} = \frac{n_d}{n_w}$$

传动装置的总传动比是各级传动比的连乘积：

$$i_{总} = i_1 i_2 i_3 \cdots i_n \tag{2-6}$$

式中，i_1，i_2，i_3，…，i_n 为各级传动机构的传动比。

2) 各级传动比的分配

设计多级传动装置时，需要将总传动比分配至各级传动机构。各级传动机构分配的传动比，会直接影响减速器的承载能力和使用寿命；传动比分配得不合理，会造成结构尺寸大、相互尺寸不协调、润滑不良、成本高、制造和安装不方便等后果。图 2-4 所示为不同传动比的分配对零件尺寸的影响。

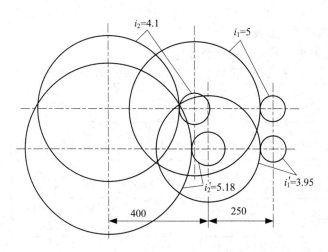

图 2-4　不同传动比的分配对零件尺寸的影响

传动比分配时，应遵循以下原则：

(1) 各级传动机构的传动比应在推荐值范围之内，以符合各种传动形式的工作特点，使其结构紧凑，并且利于发挥传动性能。

(2) 各级传动机构的尺寸应相互协调，结构匀称合理，并且方便安装。

如图 2-5 所示，V 带传动的传动比过大，会使大带轮的半径超过减速器的中心高，造成尺寸不协调，导致基座的设计和安装比较困难。因此分配传动比时要注意带轮尺寸与减速器输入轴或电机轴的尺寸是否相适应。

(3) 中小功率的动力传递，应优先考虑传动装置具有较小的外形轮廓尺寸和较小的重量。大功率的动力传递，

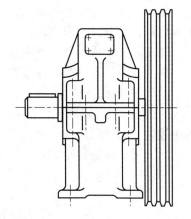

图 2-5　带轮与地面相碰

应优先考虑传动装置的效率，可以节约能源，降低运转和维修费。在设计双级或多级圆柱齿轮减速器时，低速级大齿轮直接影响减速器的尺寸和重量，增大高速级传动比，减小低速级传动比，可减小低速级大齿轮的尺寸，从而减小包容它的箱体的尺寸和重量。

(4) 采用油浴润滑时，减速器设计中常使各级大齿轮直径相近，使各级齿轮传动的大齿轮的浸油深度相差较小。一般低速级大齿轮直径稍大，浸油深度稍深一些，这样设计有利于浸油润滑。

(5) 应避免传动零件之间发生干涉碰撞。如图 2-6 所示，当高速级传动比过大时，高速级的大齿轮与低速轴就可能发生干涉。

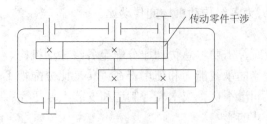

图 2-6　传动零件干涉

3) 各级传动比的计算方法

机械传动常用的单级传动比推荐值见表 2-5。

表 2-5　常用机械传动的单级传动比推荐值

传动类型	普通平带传动	普通 V 带传动	链传动	齿轮传动	蜗杆传动	摩擦轮传动
常用功率 /kW	≤20	≤100	≤100	≤50 000	≤50	≤20
常用单级传动比范围	2~4	2~4	滚子链：2~3.5	圆柱：3~6 圆锥：2~3	7~40	≤5~7
许用圆周速度 v/(m/s)	≤25~50	≤5~25	≤10	6 级精度：直≤18，非直≤36	≤15~35	≤15~25

注：① 二级齿轮减速器的传动比范围见表。

　　② 三级齿轮减速器的传动比分配在机械设计手册的传动比分配线图中可以查找确定。

根据上述原则分配传动比，工作繁杂，常常需要经过多次分配和计算，拟定几种方案进行比较，再确定一个比较合理的方案。

在实际操作中，各类标准减速器的传动比皆有规定，应按照标准减速器的传动比规定来选值。在设计非标准减速器时，传动比可以按照上述原则自行分配。常见的非标准减速器传动比的分配方法推荐如下：

(1) 两级展开式圆柱齿轮减速器。对于这类减速器，当两级齿轮的材质相同、齿宽系数相等时，为使两级大齿轮有相近的浸油深度，两个大齿轮的分度圆直径应接近，高速级传动比 i_1 和低速级传动比 i_2 可按下式分配：

$$\begin{cases} i_1 = \sqrt{(1.3 \sim 1.5)\, i_{减}} \\ i_2 = i / i_1 \end{cases} \tag{2-7}$$

式中，i 为减速器总传动比。

(2) 两级同轴式圆柱齿轮减速器。对于这类减速器，高速级传动比 i_1 和低速级传动比 i_2 可按下式分配：

$$i_1 = i_2 = \sqrt{i_{减}} \tag{2-8}$$

式中，i 为减速器总传动比。

(3) 圆锥-圆柱齿轮减速器。对于这类减速器，为便于大锥齿轮的加工，其直径不应过大，高速级圆锥齿轮传动比可取 $i_1 = 0.25 i_{减}$，且 $i_1 \leqslant 3$；当希望两级齿轮传动大齿轮的浸油深度相近时，允许 $i_1 \leqslant 4$。

(4) 齿轮-蜗杆减速器。对于这类减速器，常取低速级圆柱齿轮传动比 $i_2=(0.03\sim0.06)i_{减}$，其中 $i_{减}$ 为减速器总传动比，或者圆柱齿轮的传动比 $i_2=2\sim2.5$，以使结构紧凑且便于润滑。

按以上方式分配的各级传动比只是初值，待有关传动零件参数确定后，再验算传动装置的实际传动比是否符合设计任务书的要求。如果设计要求中没有特别规定，则一般传动装置的传动比允许误差可按 3%～5%考虑。

传动比分配时根据各方面要求和限制条件，可以有不同的分配方法，应拟订多种分配方案进行比较，选择最优方案。

3. 传动装置运动和动力参数的计算

设计计算传动零件时，需要已知各轴的转速、转矩或功率。因此在设计中，应首先将工作机上的转速、转矩或功率推算至各轴上。

各轴从高速级到低速级依次编号记为 0 轴(电动机轴)、Ⅰ轴、Ⅱ轴、Ⅲ轴等。图 2-7 所示为传动简图。

(1) 各轴转速的计算：

$$\begin{cases} n_{\mathrm{I}}=n_0/i_{01} \\ n_{\mathrm{II}}=n_{\mathrm{I}}/i_{12} \\ n_{\mathrm{III}}=n_{\mathrm{II}}/i_{23} \\ \vdots \end{cases}$$

式中，n_0，n_{I}，n_{II}，n_{III}，…为各轴的转速，i_{01}，i_{12}，i_{23}，…为各级传动的传动比。

(2) 各轴输入功率的计算：

$$\begin{cases} P_{\mathrm{I}}=P_0\eta_{01} \\ P_{\mathrm{II}}=P_{\mathrm{I}}\eta_{12} \\ P_{\mathrm{III}}=P_{\mathrm{II}}\eta_{23} \\ \vdots \end{cases}$$

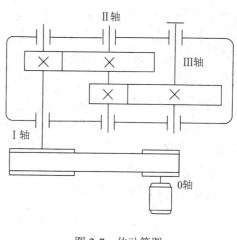

图 2-7　传动简图

式中，P_0，P_{I}，P_{II}，P_{III}，…为各轴的输入功率；η_{01}，η_{12}，η_{23}，…为各级传动及传动副的效率。

注意：在计算各轴功率时，对于通用机器常以电动机额定功率 P_{ed} 作为设计功率；对于专业机器(或用于指定工况的机器)，则常用电动机的输出功率 P_0 作为设计功率，即根据工作机的需要确定的功率。

(3) 各轴输入转矩的计算：

$$\begin{cases} T_{\mathrm{I}}=9550\dfrac{P_{\mathrm{I}}}{n_{\mathrm{I}}} \\[2mm] T_{\mathrm{II}}=9550\dfrac{P_{\mathrm{II}}}{n_{\mathrm{II}}} \\[2mm] T_{\mathrm{III}}=9550\dfrac{P_{\mathrm{III}}}{n_{\mathrm{III}}} \\[1mm] \vdots \end{cases}$$

运动和动力参数的计算数值可以整理成列表备查，如表2-6所示。

表 2-6 运动和动力参数

轴号	电动机轴	I轴	II轴	III轴	···
功率/kW					
转矩/(N·m)					
转速/ (r/min)					
传动比					
效率					

4. 设计计算示例

例 2-1 图 2-8 所示为带式运输机传动方案。已知滚筒直径 D=400 mm，运输带的有效拉力 F＝4200 N，卷筒效率(包括轴承) η＝0.96，运输带速度 v＝1.6 m/s，常温下长期单向连续运转，载荷较平稳，采用三相交流异步电动机驱动，电压 380 V/220 V。计算各轴运动和动力参数。

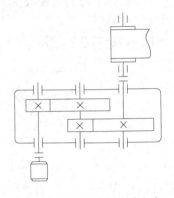

图 2-8 带式运输机传动方案

解 (1) 选择电动机类型。

按工作要求和工况条件选用 Y 系列鼠笼型三相异步电动机，封闭式结构，电压为 380 V。

(2) 选择电动机容量。

电动机所需要的工作功率为

$$P_d' = \frac{P_w}{\eta_{总}} = \frac{Fv}{1000 \cdot \eta_{总}}$$

由电动机至输送带的传动总效率为

$$\eta_{总} = \eta_1^2 \cdot \eta_2^3 \cdot \eta_3^2$$

式中，η_1，η_2，η_3 分别为联轴器、轴承、齿轮啮合的传动效率，查表可得 η_1=0.99，η_2=0.98，η_3=0.97。因此

$$\eta = 0.99^2 \times 0.98^2 \times 0.97^2 = 0.868$$

电机所需的工作功率为

$$P_{ed} = (1.1 \sim 1.2)P_d' = 8.06 \text{ kW}$$

查表可知，电动机的额定功率可取 11 kW。

(3) 计算电动机转速。

卷筒轴的转速为

$$n = \frac{60 \times 1000v}{\pi D} = 76.4 \text{ r/min}$$

　　根据各种传动常用的传动比范围,可知二级圆柱齿轮传动比的合理范围应为 8~36。因此,电动机转速 n_d 的可选范围为

$$n'_d = (8 \sim 36) \times 76.4 \text{ r/min} = 611.2 \sim 2750.4 \text{ r/min}$$

　　查 Y 系列异步电动机的技术数据表可知,相同功率的电动机同步转速有 750 r/min、1000 r/min、1500 r/min 和 3000 r/min 4 种可选。综合考虑电动机的结构、质量和价格等,宜选用同步转速为 1500 r/min 的异步电动机。

　　由 Y 系列异步电动机的技术数据表可查得电动机型号为 Y160M-4。

　　(4) 二级圆柱齿轮减速器的传动比分配。

　　Y160M-4 型电动机的满载转速为 1460 r/min,则减速器总传动比为 $i = \dfrac{1460}{76.4} = 19.11$。

　　参考展开式二级圆柱齿轮减速器传动比分配范围,取 $i_1 = 1.4i_2$,则有 $i_1 = \sqrt{1.4i} = 5.17$,

所以,$i_2 = \dfrac{i}{i_1} = 3.7$。

　　(5) 计算各轴转速。各轴的转速分别为

$$\text{I 轴:} \quad n_I = n_d = 1460 \text{ r/min}$$

$$\text{II 轴:} \quad n_{II} = \frac{n_I}{i_1} = 282.4 \text{ r/min}$$

$$\text{III 轴:} \quad n_{III} = \frac{n_I}{i_1 i_2} = 76.4 \text{ r/min}$$

　　(6) 计算各轴的功率。各轴的功率分别为

$$\text{I 轴:} \quad P_I = P_d \eta_{01} = 7.98 \text{ kW}$$

$$\text{II 轴:} \quad P_{II} = P_I \eta_{12} = 7.59 \text{ kW}$$

$$\text{III轴:} \quad P_{III} = P_{II} \eta_{23} = 7.21 \text{ kW}$$

　　(7) 计算各轴的转矩。各轴的转矩分别为

$$T_d = 9550 \frac{P_d}{n_d} = 57.72 \text{ N·m}$$

$$\text{I 轴:} \quad T_I = T_d \eta_{01} = 52.19 \text{ N·m}$$

$$\text{II 轴:} \quad T_{II} = T_I i_1 \eta_{12} = 256.51 \text{ N·m}$$

$$\text{III轴:} \quad T_{III} = T_{II} i_2 \eta_{23} = 902.21 \text{ N·m}$$

　　(8) 编制运动和动力参数表。

　　运动和动力参数表可参考表 2-6。

2.3　传动零件的设计计算

　　传动零件是减速器的核心零件,它直接决定装置的结构尺寸和传动性能。在装配图设计之前,必须先求得传动零件的参数、尺寸等。若传动装置中除减速器外还有其他传动零件时,

一般先进行减速器外部传动零件的设计，由此获得的减速器原始数据较为准确。例如，先设计带传动，则带传动的传动比准确(由选定的带轮直径确定)，减速器的传动比随之较为准确，最终总体传动装置的传动比误差也较小。

本节主要说明各种传动零件的设计要点和注意事项，传动零件的具体设计计算过程可参考相关教材。

1. 减速器外传动零件的设计

减速器外常采用的传动有 V 带传动、链传动和开式齿轮传动等，设计时应注意传动零件与其他零部件相协调。下面逐一说明各传动机构设计中的要点及注意事项。

1) V 带传动

V 带传动设计的已知条件包括原动机种类、所需传递功率、主动轮和从动轮的转速(或传动比)、工作要求、外廓尺寸和传动位置的要求等。V 带传动设计的计算参数包括带的型号、带轮的基准直径、基准长度、中心距、小带轮包角、带的根数、压轴力、带轮材料及结构尺寸等。设计过程中应注意以下问题：

(1) 安装在原动机轴或减速器轴上的带轮外径，应与原动机和减速器的中心高相协调，避免与机座或其他零部件发生干涉；若相互不适应，则应考虑重新选择带轮直径，或调整其他相关设计参数。

(2) 带轮轮毂内孔直径应与配套的轴径相适应，轮毂的长度 L 一般可参照经验公式确定。带轮直径确定后，应校验带传动的实际传动比，计算大带轮的转速，并对后续传动装置的传动比和输入转矩、转速进行修正。

2) 链传动

链传动设计的已知条件包括：载荷特性、工作情况、传递功率、主动轮和从动轮的转速、外廓尺寸、传动布置方式以及润滑条件等。滚子链传动的计算参数包括：链的型号、链节数、排数、链轮齿数、中心距、链轮直径、压轴力和结构尺寸等。

设计过程中需要注意以下问题：

(1) 在满足强度的前提下，尽量选取较小的链节距。

(2) 当采用单排链导致传动尺寸过大时，可改用双排链。

(3) 大、小链轮的齿数最好为奇数或者不能整除链节数，一般限定 $Z_1 \geqslant 17$，$Z_2 \leqslant 120$。

(4) 为避免使用过渡链节，链节数最好为偶数；若使用过渡链节，则应将其极限拉伸载荷按查表值的 80%计算。

(5) 设计时应检查链轮直径尺寸、轴孔尺寸、轮毂孔尺寸等是否与减速器、工作机的其他零件相适应。

(6) 设计中还必须考虑润滑与链轮的布置、链速是否适应等。

3) 开式齿轮传动

开式齿轮传动设计的已知条件包括工作条件、传递功率、主动轮和从动轮的转速和外廓尺寸要求等。

开式齿轮传动设计时需要注意以下问题：

(1) 开式齿轮传动一般用于低速传动，为使支撑结构简单，常选用直齿轮传动。

(2) 开式齿轮传动一般只需要按照齿根弯曲疲劳强度设计计算，计算出的模数应增大

10%～20%，以考虑磨损对轮齿强度的影响。

(3) 开式齿轮传动的工作环境和润滑条件差，选择材料时注意尽可能使配对齿轮材料的减摩性和耐磨性良好。

(4) 开式齿轮传动的参数及结构确定后，应校核传动装置的外廓尺寸，避免与其他零件发生干涉，否则应修改相关参数后重新进行计算。

2. 减速器内传动零件的设计计算

减速器内的传动零件有圆柱齿轮、圆锥齿轮、蜗轮和蜗杆等。减速器为闭式传动装置，因此还涉及减速器的结构设计。

齿轮传动设计的已知条件包括工作条件、传递功率、主动轮和从动轮的转速和外廓尺寸要求等，需要确定的有齿轮的类型、材料(此时在传动零件的设计计算中，磨损已不是选材的主要依据)、精度等级、热处理、表面化学热处理(如渗碳、渗氮等)方式及要达到的机械性能指标(如硬度)，还要确定全部参数及几何尺寸，其中中心距、模数和齿宽的初始值是按照设计准则计算得到的。

在齿轮传动设计中，对应同一种齿轮的类型、功率、转速和工作要求，齿轮传动的参数有多种解。注意，材料和热处理方式是影响设计结果的最主要因素。

1) 圆柱齿轮传动

圆柱齿轮传动在设计过程中需要注意以下问题：

(1) 齿轮材料及热处理方法。齿轮材料应考虑与毛坯制造方法相协调，且与齿轮尺寸大小相适应。一般情况下，当齿轮的直径 $d \leqslant 400 \sim 500 \text{ mm}$ 时，选择锻造毛坯；当 $d > 400 \sim 500 \text{ mm}$ 时，因受锻造设备能力的限制，多采用铸造毛坯；当齿轮直径与轴的直径相差不大时，应将齿轮和轴做成一体，此时齿轮材料的选择要同时兼顾轴的要求。同一减速器内各级大小齿轮的材料最好对应相同，这样可减少材料品种和简化工艺要求。

锻钢齿轮分为软齿面齿轮和硬齿面齿轮，应按工作条件和尺寸要求选择齿面硬度。软齿面齿轮传动的大小齿轮的齿面硬度差一般为 30 HBS～50 HBS(小齿轮的齿面硬度＞大齿轮齿面硬度)，硬齿面齿轮传动的大小齿轮的齿面硬度一般基本相等。

(2) 齿轮传动的参数和几何尺寸。齿轮传动的参数和几何尺寸应分别进行标准化、圆整或计算其精确值。例如：模数必须标准化，分度圆、齿顶圆和齿根圆直径、螺旋角、变位系数等几何尺寸必须计算其精确值；要求长度尺寸精确到"微米"，角度精确到"秒"；为了便于制造和测量，中心距尽量圆整或尾数为 0 或 5；圆柱齿轮传动可以通过调整模数 m、齿数 Z，或齿轮变位实现中心距的配凑。此外，斜齿圆柱齿轮传动还可通过调整螺旋角 β 实现中心距尾数圆整的要求。

(3) 齿宽的确定。齿宽 b 是一对齿轮的工作宽度。因小齿轮的啮合次数较多而使得强度相对较弱，为补偿因加工、安装产生的工作宽度误差而导致的小齿轮的强度降低，设计时应使小齿轮宽度 b_1 大于大齿轮宽度 b_2，即小齿轮宽度取 $b_1 = b_2 + (5 \sim 10)$。

注意，在同轴式二级减速器的设计中，若材质相同，以等强度考虑，则高速级齿宽系数约为低速级的 $1/\sqrt{i}$，或者结合材质、硬度的选取不同，满足同轴式减速器对传动零件尺寸及浸油润滑等的要求。

2) 圆锥齿轮传动

圆锥齿轮传动在设计中要注意以下问题：

(1) 直齿圆锥齿轮的锥距 R、分度圆直径 d(大端)等几何尺寸，应按大端模数和齿数精确计算至小数点后 3 位数值，不能圆整。

(2) 两轴交角为 90° 时，由两齿轮的齿数比 u 可以计算出比分度圆锥角 δ_1 和 δ_2，其中小锥齿轮齿数 Z_1 可取 17～25，齿数比 u 值的计算应达到小数点后 4 位数，分度圆锥角 δ 值的计算应精确到"秒"。

(3) 按齿宽系数 $\phi_b = b/R$ 计算出齿宽 b 的数值并圆整，大、小圆锥齿轮的齿宽应相等；锥齿轮在轴上必须双向固定，大小锥齿轮的轴向位置应可以双向调整。

3) 蜗杆传动

蜗杆传动在设计过程中需要注意以下问题：

(1) 蜗杆和蜗轮的螺旋线方向应尽量取为右旋，以便于加工。

(2) 蜗杆传动的模数 m 和蜗杆分度圆直径 d_1 要符合标准规定；中心距应尽量圆整，为此蜗杆传动常采用变位传动，变位系数应在 $-1 \leqslant x \leqslant 1$ 之间，如果不符合，则应调整 d_1 的值或改变蜗轮 1～2 个齿数。

(3) 蜗杆下置或是上置取决于蜗杆的线速度，一般蜗杆分度圆的圆周速度 $v \leqslant 4～5$ m/s 时，将蜗杆下置；$v > 4～5$ m/s 时，则将蜗杆上置。

(4) 闭式蜗杆传动的设计计算必须进行刚度计算和热平衡计算。

综上所述，传动零件在设计计算时应注意以下问题：第一，传动零件的结构尺寸，如轮缘内径、轮轴厚度、轮辐孔径、轮毂直径及其长度等，都应按经验公式计算(详见机械设计教材示例)，且尽量圆整，以便于制造和测量；第二，传动零件的几何尺寸和参数的计算结果应及时整理并列表，同时画出结构简图，以备设计装配图时使用。

2.4 轴系零部件的初步计算与选择

1. 联轴器的选择

减速器通常通过联轴器与电动机轴、工作机轴相连接。大多数联轴器为标准件，因此，联轴器的选择主要是根据工作条件、负载特性等进行简单的计算，选择合适的联轴器类型和尺寸(或型号)。

联轴器类型的选择应根据工作要求选定，需要考虑的因素有原动机的类型、传递转矩的大小、工作条件及环境和安装维护等。选择联轴器类型的具体原则如下：

(1) 连接原动机轴与减速器高速轴的联轴器，由于轴的转速较高，一般选用具有缓冲、吸振作用的弹性联轴器。例如选用弹性套柱销联轴器、弹性柱销联轴器等。

(2) 连接减速器低速轴与工作机轴的联轴器，由于轴的转速较低，传递的转矩较大，为补偿减速器轴与工作机轴的轴线偏移，常选用具有位移补偿能力、承载能力较大的无弹性元件的挠性联轴器，如鼓形齿式联轴器、滚子链联轴器等；若工作机的动载荷较大，为减小振动对机器零部件的影响，可以选择有弹性元件的联轴器，如弹性套柱销联轴器。

(3) 中小型减速器，当输出轴与工作机轴的轴线偏移不大时，可选用弹性柱销联轴器。

联轴器的型号按计算转矩、轴的转速和轴径来选择。其中，计算转矩 $T_{ca} = K_A \cdot T$，T 为公称转矩。选择的联轴器的许用转矩应大于计算转矩，转速不能超过所选联轴器的许用转速。并且还应注意联轴器两端毂孔直径范围与所连接两轴的直径大小应相适应，两者不能相差太大。若不适应，则应重新选择联轴器的型号或者改变轴径的大小。

注意：联轴器的选用与轴的设计是互相影响的，设计时要同时考虑。

2. 轴径的初估

轴的结构设计要在联轴器、轴承类型选定后进行。先选定轴的材料，再初步估算轴径。初步估算的轴径作为轴端最小直径。

轴径的初步估算有以下两种方法：

(1) 与其他标准零部件(如电动机)用联轴器相连，可不必计算。根据电动机伸出轴径，选择相适合的联轴器允许直径系列确定轴的直径，一般取$(0.8 \sim 1.2)d$，d 为标准零部件(如电动机)的轴径。

(2) 当轴与非标准零部件相连时，轴的直径可按扭转强度进行估算，即

$$d = C\sqrt{\dfrac{P}{n}} \tag{2-9}$$

式中：P 为轴传递的功率(kW)；n 为轴的转速(r/min)；C 为依据轴的材料和受载情况确定的系数，若轴的材料为 45 钢，通常取 $C = 110 \sim 117$。

注意：确定 C 值时应考虑轴上扭矩对轴强度的影响。当只受转矩或者弯矩相对转矩较小时，C 取小值；当弯矩相对转矩较大时，C 取大值。在多级齿轮减速器中，高速轴 C 常取较小值，低速轴 C 常取较大值，中间轴 C 取中间值。对于其他材料的轴，其 C 值的选取参阅有关教材或手册。

初估轴径时，还要考虑键槽对轴强度的影响。当该轴截面上有一个键槽时，轴径 d 增大 5%～7%；有两个槽时，轴径 d 增大 13%，然后将轴径圆整。特别注意，当该轴段安装标准零部件时，轴径应圆整为与标准零部件的内径一致。

初估轴径一般指的是传递扭矩轴段的最小轴径，但对于中间轴可作为安装轴承处的轴径。初估的轴径并不一定是轴的真实直径，具体的轴径应根据轴的具体结构而定。通常最终的轴径最小值不能小于轴的初估直径。

3. 滚动轴承的初步选择

滚动轴承的类型应根据所受的载荷大小、性质、方向、转速及工作要求进行选择。

若只承受径向载荷或主要所受径向载荷而轴向载荷较小，轴的转速较高时，则选择深沟球轴承；若轴承同时承受较大的径向力和轴向力，或者需要调整传动件(如锥齿轮、蜗杆蜗轮等)的轴向位置时，则应选择角接触球轴承或圆锥滚子轴承。圆锥滚子轴承装拆方便，价格适中，应用较多。当传动零件采用螺旋角 $\beta \leqslant 10°$ 的斜齿轮时，也可以选用深沟球轴承。

一般情况下，先假设滚动轴承选用轻系列或中系列轴承，由此可初步定出滚动轴承的型号。至于选择是否合适，则有待于在减速器装配草图设计中进行寿命验算后根据结果决定是否需要调整。

第3章　减速器装配图的设计

3.1　减速器概述

减速器是用来减速的单独部件，一般为闭式结构，设计时应考虑的主要问题有：传动形式、传动布置、传动参数设计、传动件、支撑件、箱体及其附件的设计等。

减速器的一般设计程序如下：

(1) 明确减速器设计的原始资料和数据。

(2) 选定减速器的类型和安装形式。

(3) 初定各项工艺参数及条件。初定齿轮的材料、热处理工艺、加工方法和润滑等。

(4) 确定传动级数及各级传动比。

(5) 初定传动零件的几何参数。初算齿轮的中心距、模数及其他几何参数。

(6) 整体设计。确定减速器的结构、轴的尺寸、跨距及轴承型号等。

(7) 校核。校核齿轮、轴、键等零件的强度，校核轴承寿命。

(8) 润滑冷却计算。

(9) 确定减速器的附件。

(10) 绘制工程图。绘制工程图时应贯彻有关国家和行业标准。

1. 减速器的构造

图 3-1 所示为二级圆柱齿轮减速器的基本结构。图中标出了减速器的主要零部件名称、相互关系及部分尺寸符号。

一般减速器的形式有很多，但其组成基本相近，多由轴系零部件、箱体及附件三大部分组成。

1) 轴系零部件

轴系零部件包括传动零件、轴和轴承组合。其中，轴承组合包含轴承、端盖、密封和调整垫片等。

2) 箱体

箱体是减速器中的重要零件，用于支撑和固定轴系零件，保证传动零件的传动精度、良好润滑和密封。在进行箱体设计时应满足减速器的各项要求，如传动、强度、刚度、定位对中、间隙调整、配合、润滑及密封。箱体重量约占减速器总重量的 50%。因此，箱体结构对减速器的工作性能、加工工艺、重量及成本等影响较大，设计时必须综合考虑。

箱体材料多用铸铁，若强度要求较高，也可以采用铸钢。按毛坯的制造方式不同，箱体分为铸造箱体和焊接箱体。一般用途的减速器箱体采用铸铁制造，对受较大冲击载荷的重型减速器箱体可采用铸钢制造，单件生产的减速器也可采用钢板焊接而成。铸造箱体与焊接箱体的性能对比如表 3-1 所示。

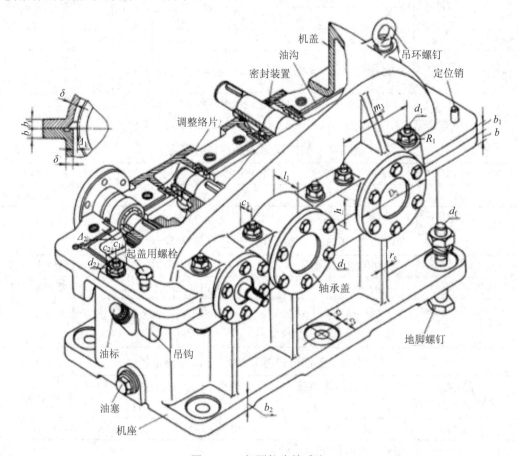

图 3-1　二级圆柱齿轮减速

表 3-1　铸造箱体与焊接箱体的对比

箱体分类	切削加工	刚度	成本	技术要求	振动噪声	外观	质量	生产周期	生产数量	箱壁	应用	材质
铸造	易	大	低	低	小	好	重	长	大	厚	多	铸铁
焊接	难	小	高	高	大	差	轻	短	小	薄	少	钢板

通常齿轮减速器箱体都采用沿轴线水平剖分式的结构。蜗杆减速器也可采用整体式箱体的结构，但装配麻烦。箱体的整体结构与剖分结构对比如表 3-2 所示。

表 3-2　箱体的整体结构与剖分结构对比

箱体结构	结构组成	质量	装拆调整	轴承与座孔配合
剖分式	复杂	重	易	难
整体式	简单、紧凑	轻	难	易

箱体结构尺寸要求圆整。箱体的各部分名称及其尺寸、其他相关零部件尺寸的经验值见表 3-3～表 3-7。

表 3-3　铸造箱体的箱座与箱盖壁厚

名称	符号	圆柱齿轮		锥齿轮减速器	蜗杆减速器
		一级	二级(多级)		
箱座壁厚	δ	$0.025a+1\geqslant8$	$0.025a+3\geqslant8$	$0.01(d_1+d_2)+1\geqslant8$	$0.04a+3\geqslant8$
箱盖壁厚	δ_1	$0.02a+1\geqslant8$	$0.02a+3\geqslant8$	$0.0085(d_1+d_2)+1\geqslant8$	蜗杆上置取 δ 蜗杆下置取 $0.85\delta\geqslant8$

注：① 多级传动时，a 取最大值。圆锥-圆柱齿轮减速器按圆柱齿轮传动中心距取值。

　　② 考虑铸造工艺，当 δ 与 δ_1 小于 8 mm 时应取 8 mm。

表 3-4　铸造箱体的凸缘厚度与肋厚

箱座凸缘厚度 b	箱座底凸缘厚度 b_2	箱座肋厚 m	箱盖凸缘厚度 b_1	箱盖肋厚 m_1
1.5δ	2.5δ	0.85δ	$1.5\delta_1$	$0.85\delta_1$

注：δ 为箱座壁厚，δ_1 为箱盖壁厚。

表 3-5　地脚螺栓的直径与数目

地脚螺栓	圆柱齿轮减速器			圆锥齿轮减速器	蜗杆减速器
直径 d_f	$0.036a+12$			$0.015(d_1+d_2)+1\geqslant12$	$0.036a+12$
数目 n	$a\leqslant250$ $n=4$	$250<a\leqslant500$ $n=6$	$a>500$ $n=8$	$n=\dfrac{0.5\text{箱座底凸缘周长}}{200\sim300}\geqslant4$	$n=4$

表 3-6　各部位螺栓、螺钉与定位销直径

轴承旁连接 螺栓直径	箱盖与箱座连接 螺栓直径	轴承盖 螺钉直径	视孔盖 螺钉直径	定位销直径
$d_1=0.75d_f$	$d_2=(0.5\sim0.6)d_f$	$d_3=(0.4\sim0.5)d_f$	$d_4=(0.3\sim0.4)d_f$	$d=(0.7\sim0.8)d_2$

注：吊环螺栓直径按减速器重量查附件吊环。

表 3-7　螺栓扳手空间尺寸与沉头座直径

螺栓直径 d/mm	M8	M10	M12	(M12)	M16	(M18)	M20	(M22)	M24	M30
至外箱壁距离 c_{1min}/mm	13	16	18	20	22	22	26	30	34	40
至凸缘边距离 c_{2min}/mm	11	14	16	18	20	24	24	26	28	34
沉头座直径 D_{0min}/mm	18	22	26	30	33	36	40	43	48	61

3) 附件

　　为保证减速器正常工作，必须在减速器上设置附加零件或装置(统称附件)，以便检查啮合状况、润滑、装拆及吊运。主要的附件及其用途如表 3-8 所示。

表 3-8　减速器常用附件

名　称	用　途
窥视孔和视孔盖	位于箱盖顶部，用于检查传动状况以及向箱内注入润滑油。平时窥视孔用视孔盖封住
通气器	位于视孔盖上，用于保证箱体内外的气压平衡，防止箱体其他密封处渗漏
起吊装置	一般箱盖上设有吊环螺钉或吊耳，箱座上设有吊钩，用于搬运减速器

名　　称	用　　途
启盖螺钉	为保证密封效果，一般箱体剖分面涂有水玻璃或密封胶，启盖螺钉的设计和装配可便于减速器拆卸时开盖，拧动即可开启箱盖，启盖螺钉位于箱盖的凸缘上
定位销	位于箱盖和箱座的联结凸缘处，成对设计装配定位销，以保证箱盖和箱座拆装后再装配时仍能保持轴承座孔的定位精度
油塞	位于箱底处，用于封堵减速器的放油孔(更换减速器的污油)，与放油孔配合使用
油面指示装置	用于观察箱内润滑油的品质和指示油面高度是否符合要求，油面指示装置的结构形式多样，有国家标准
轴承盖	一般分为凸缘式(常用)和嵌入式，用于承载、固定轴承以及间隙调整

注：嵌入式轴承盖结构简单、无须螺钉，但难以间隙调整和装拆；凸缘式轴承盖用螺钉固定在箱体上，易于间隙调整和装拆。透盖的中央开有孔，在与外伸轴配合处应设置密封。

减速器的结构形式有多种。图 3-2 和图 3-3 分别为圆锥-圆柱齿轮减速器、蜗杆减速器的轴侧图。

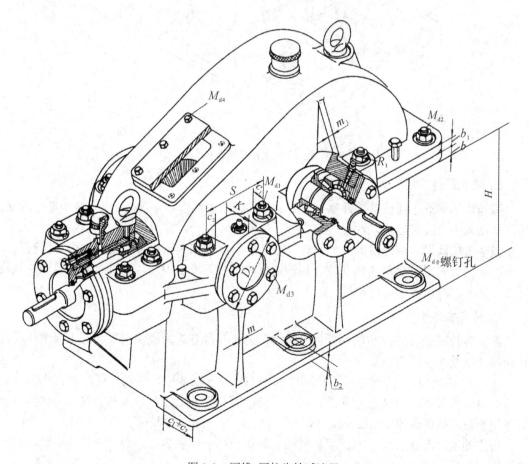

图 3-2　圆锥-圆柱齿轮减速器

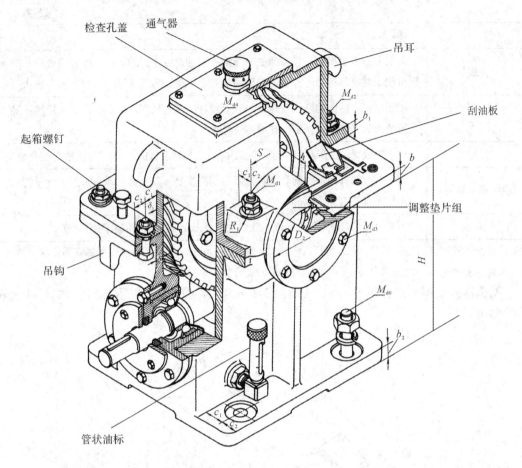

图 3-3　蜗杆减速器

2. 减速器的润滑

减速器的润滑包括传动零件啮合处的润滑和轴承的润滑。润滑良好可以减小摩擦磨损，提高传动效率，改善散热条件等。

减速器的润滑对减速器的结构设计有直接影响，如减速器箱体高度与油面高度有关，轴承的润滑方式影响轴承的轴向位置和轴的结构尺寸等等。因此，在进行减速器的结构设计前，应考虑减速器的润滑问题。

1) 传动零部件的润滑

绝大多数减速器的传动件都采用油润滑，主要润滑方式为浸油润滑。对于高速传动的传动件，则采用喷油润滑。

(1) 浸油润滑。浸油润滑是将传动件的一部分浸入油池中，传动件转动时，黏附在其上的润滑油被带到啮合区进行润滑。同时，油液甩在箱壁上，可以散热。这种浸油润滑方式适用于齿轮圆周速度 $v \leqslant 12$ m/s、蜗杆圆周速度 $v \leqslant 10$ m/s 的场合。

考虑油池内污物和杂质的沉积与搅动，传动的润滑和散热，一般箱内传动系统底部至油池底部的间距取 30~50 mm。

传动件浸油深度与传动形式及轮齿的圆周速度有关，其推荐值见表 3-9。

表 3-9　传动件浸油深度(浸油润滑)推荐值

类型	圆柱齿轮与蜗杆上置	圆锥齿轮	蜗杆下置
浸油深度	一般浸入一个齿高 h 且大于等于 10 mm。 高速时取 0.7h；低速时取小于等于(1/6～1/3)r 且小于等于 100 mm	浸入(0.5～1)b， b 为齿宽	浸入(0.75～1)h， h 为齿高

注：蜗杆下置时，油面应低于最下滚动体中心。

多级减速器要求各级传动的浸油深度相近。设计时，当高速级大齿轮浸油深度合适时，低速级大齿轮浸油会过深；若低速级齿轮浸油高度合适，而高速级圆柱齿轮难浸油时，可采用带油轮将油带入高速级齿轮啮合区润滑，如图 3-4 所示。带油轮多为塑料材质，宽度约为齿轮宽度的 30%。

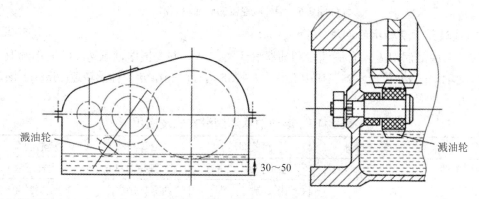

图 3-4　采用带油轮的浸油润滑

蜗杆减速器传动件采用浸油润滑，当蜗杆圆周速度 5 m/s <v≤10 m/s 时，建议采用蜗杆上置式结构，如图 3-5(a)所示，将蜗轮浸入油池中，其浸油深度与圆柱齿浸油深度要求相同；当蜗杆圆周速度 v≤5 m/s 时，一般采用蜗杆下置式结构，如图 3-5(b)所示，将蜗杆浸入油池中，其浸油深度为 0.75～1 个齿高，但油面不要超过滚动轴承最低滚动体的中心，避免轴承搅油产生损耗而降低效率。当油面达到滚动轴承最低滚动体的中心，而蜗杆尚未浸入油中或浸油深度不够时，可在蜗杆轴上安装溅油轮，如图 3-6 所示，利用溅油轮将油带至蜗轮面上，而后流入啮合区进行润滑。

(2) 喷油润滑。当齿轮的圆周速度 v>12 m/s，或蜗杆圆周速度 v>10 m/s 时，黏附在传动件上的油容易因转动离心力被甩掉，啮合区的供油不可靠，且搅油损耗大，油温升高，润滑性能差。此时，宜采用喷油润滑，即用油泵通过油嘴将润滑油直接喷到啮合区进行润滑。

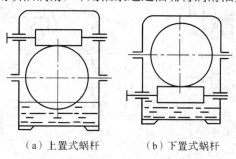

（a）上置式蜗杆　　　（b）下置式蜗杆

图 3-5　蜗杆传动浸油润滑

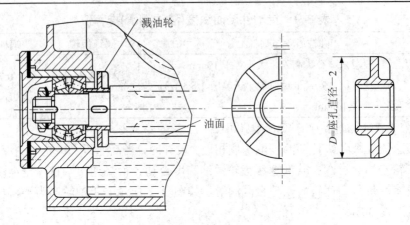

图 3-6　蜗杆减速器的溅油轮润滑

2) 减速器滚动轴承的润滑

轴承常用的润滑方式有脂润滑和油润滑两类。润滑方式根据轴承速度的大小选取，一般用滚动轴承的 dn 值表示，其中 d 为滚动轴承的内径(mm)，n 为轴承转速(r/min)。滚动轴承润滑方式及应用见表 3-10。

表 3-10　滚动轴承油润滑方式及应用

油润滑方式	飞溅润滑	刮板润滑	油雾润滑	浸油润滑
应用条件	圆周速度 $v>2$ m/s	圆周速度 $v<2$ m/s	圆周速度 $v>3$ m/s	蜗杆下置
润滑结构	缺口、油沟	刮板、缺口、油沟	油雾直接润滑	最下滚动体浸油

注：① 蜗杆下置时，若轴承滚动体难浸入油池润滑，可用溅油轮。

　　② 当齿轮传动($v<2$ m/s)或蜗杆传动采用脂润滑时，结构上须增加挡油环和注油杯。

一般情况下，当滚动轴承速度较低($dn<2\times10^5$ mm·r/min)时，常采用脂润滑。润滑脂通常在装配时填入轴承腔内，其填装量一般不超过腔内中间的 1/3～1/2，以后每两年添加一次。当滚动轴承速度较高($dn>2\times10^5$ mm·(r/min))时，常采用油润滑。下置式蜗杆轴的轴承由于位置较低，可利用箱内油池中的润滑油进行油浴润滑，但油面不应高于轴承最下面滚动体的中心位置。蜗轮轴承多用脂润滑或刮板润滑。

图 3-7～图 3-9 分别为滚动轴承常见的飞溅润滑结构、刮板润滑结构和脂润滑结构。

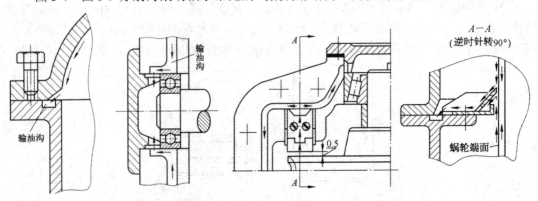

图 3-7　滚动轴承常见的飞溅润滑结构　　　　图 3-8　滚动轴承常见的刮板润滑结构

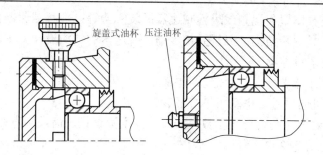

图 3-9   滚动轴承常见的脂润滑结构

3. 减速器装配图

减速器装配图是表达减速器中各个零部件相互位置、尺寸及结构形状的图样，更是机器进行组装、调试、维护和使用的主要技术依据。设计装配工作图时，要综合考虑工作条件、材料、强度、刚度、加工、装拆、润滑、调整和维护等方面的要求，并用足够的视图清楚表达。

装配图设计内容包括：确定机器的总体结构及所有零部件间的相互位置、确定所有零部件的结构尺寸及校核主要零部件的强度(刚度)。一般设计减速器装配工作图可按照以下步骤进行：

(1) 初步绘制减速器装配工作草图(第一阶段)。

(2) 减速器轴系零部件的设计(第二阶段)。

(3) 减速器箱体和附件的设计(第三阶段)。

(4) 完成装配工作图(第四阶段)。

3.2   减速器装配图设计原则

减速器装配工作图设计时应注意：

(1) 减速器装配工作图的绘制应由内向外进行，先画内部传动零件，再画箱体、附件等。一般的原则为：先绘制主要零件，再绘制次要零件；先确定零件中心线和轮廓线，再设计其结构细节；先绘制箱内零件，再逐步扩展到箱外零件；先绘制俯视图，再兼顾其他视图。

(2) 三个视图设计要穿插进行，绝对不能一个视图画到底。装配工作图设计过程中的结构设计与校核计算应交叉进行，边画边算边改，以完善设计。

(3) 装配工作图上某些结构(如螺栓、螺母、滚动轴承等)，可以按机械制图国家标准关于简化画法的规定绘制；对同类型、尺寸、规格的螺栓连接可只画一组，但所画的这一组必须在各视图上表达完整。

(4) 装配图应有完整的零部件明细和必要的尺寸标注。

3.3   初步绘制减速器装配工作草图(第一阶段)

1. 准备工作

在开始设计减速器装配工作图之前，必须先做好以下准备工作：确定结构及相关数据；

阅读有关资料、观看模型和视频或进行减速器拆装实验等；理解减速器各零部件的相互关系、位置、功能、类型和结构；分析并初步确定减速器的结构设计方案，如结构形式、轴承的类型、润滑及密封方案等。

根据现有的设计计算结果，确定以下内容：

(1) 确定电动机的型号、电动机轴直径、轴伸长度、中心高。

(2) 确定各传动零件主要尺寸参数，如齿轮分度圆直径、齿顶圆直径、齿宽、中心距、锥齿轮锥距、带轮或链轮的几何尺寸等。

(3) 根据中心距确定箱体壁的厚度，轴承旁螺栓的尺寸及数目，箱盖与箱座连接螺栓的直径及数目，螺栓中心到箱体外壁面和凸缘边缘的距离。

(4) 确定联轴器型号、毂孔直径和长度尺寸、装拆要求，或链轮、带轮轴孔直径和长度。

(5) 根据减速器中传动件的圆周速度，确定滚动轴承的润滑方式。

2. 选择图纸幅面、视图、图样比例及布置各视图的位置

装配工作图一般采用 A0 或 A1 号图纸绘制，通常选主视图，俯视图、左视图这三个视图，必要时可增加局部视图。尽量采用 1∶1 或 1∶2 的比例尺绘图。

布图之前，可参考表 3-11 估算出减速器的轮廓尺寸，合理布置三个主要视图，并留出标题栏、明细表、零件编号、尺寸标注、技术特性表及技术要求的位置。视图布置可参考图 3-10，图中 A、B、C 的值参见表 3-11。

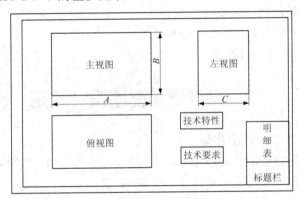

图 3-10　视图布置参考图(图中 A、B、C 见表 3-11)

表 3-11　视图大小估算表

减速器	A 值	B 值	C 值	减速器	A 值	B 值	C 值
一级齿轮减速器	3a	2a	2a	圆锥圆柱齿轮减速器	4a	2a	2a
二级齿轮减速器	4a	2a	2a	一级蜗杆减速器	2a	3a	2a

注：a 为传动中心距；对于二级传动，a 为低速级的中心距。

3. 减速器主要视图草图的绘制

该阶段的设计内容有：确定传动零件的相对位置和绘制外形轮廓，设计轴的结构，确定轴承位置和型号，选择键的类型和尺寸，校核轴、轴承和键的强度等。

1) 确定箱内传动件轮廓及其相对位置

箱内传动件轮廓及相对位置一般从主视图和俯视图开始绘制。首先，在主视图和俯视图位置画出箱内传动件的中心线。其次，在主视图和俯视图上，根据齿轮(或蜗轮)的齿顶圆、节圆、齿宽等尺寸画出传动零件的轮廓线。对于圆柱齿轮传动，通常小齿轮比大齿轮宽 5~10 mm。对于圆锥齿轮传动，分度锥顶交于一点，齿宽相等。

2) 确定齿轮与箱体内壁以及箱体内各传动零件之间的位置

为避免因箱体制造误差造成齿轮与箱体间的距离过小引起运动干涉，保证减速箱内良好的空气流通及散热环境，减速器零件间必须有足够的空间。具体的零部件间的位置和距离要求详见表 3-12。

表 3-12　减速器零件的位置尺寸和间距

凸台或凸缘半径 R_1	c_2
凸缘宽度(至箱体外壁)	$c_1 + c_2$ (按连接螺栓直径查取 c_1、c_2)
轴承座凸缘至箱体外壁的宽度 l_1	$c_1 + c_2 + (5 \sim 8)$mm (按轴承旁螺栓直径查取 c_1、c_2)
轴承座宽度尺寸 L_1	$c_1 + c_2 + \delta + (5 \sim 8)$ mm
轮齿顶圆与箱体内壁的间距 Δ_1	$> 1.2\delta$(箱座壁厚)
齿轮端面与箱体内侧壁的间距 Δ_2	$> \delta$(箱座壁厚)或 $\geqslant 10 \sim 15$ mm
齿轮顶圆底与箱底内壁的间距	$\geqslant 30 \sim 50$ mm
箱体内壁与轴承内侧的间距 Δ_3	轴承油润滑：$3 \sim 5$ mm；轴承脂润滑：$10 \sim 15$ mm
旋转零件间的端面轴向间距 Δ_4	$10 \sim 15$ mm
齿轮顶圆至轴表面的间距 Δ_5	$\geqslant 10$ mm
大齿轮顶圆至箱底内壁的距离 Δ_6	$> 30 \sim 50$ mm(见图 3-11)
箱底至箱体内壁底部的距离 Δ_7	$\delta + (3 \sim 5)$ mm
减速器中心高 H	$\geqslant r_a + \Delta_6 + \Delta_7$

(1) 圆柱齿轮减速器的绘制。圆柱齿轮减速器箱体一般采用剖分面通过各齿轮轴线的结构形式。

在二级圆柱齿轮减速器设计中，传动零件、轴承座端面及箱体壁面位置的确定如图 3-11 所示。设计中请注意：

① 绘制俯视图时，先按小齿轮端面与箱壁间的距离 Δ_2 画出沿箱体长度(与轴线垂直)方向的两条内壁线，再按 Δ_1 画出沿箱体宽度方向低速级大齿轮一侧的内壁线，高速级小齿轮侧的箱体内壁线还应考虑其他条件才能确定，暂不画出，主视图同理。

② 图 3-11 中 Δ_4、Δ_5、Δ_6 分别是指相关零件间的最小距离。

③ 箱体内壁至轴承座孔端面的距离 L_1 在 $\delta + c_1 + c_2$ 的基础上再增加 5~8 mm 是考虑到配合面间的加工余量，即轴承座端面的凸台距离为 5~8 mm。

④ 箱底内壁位置由传动零件润滑要求确定。

(2) 圆锥-圆柱齿轮传动减速器的绘制。圆锥-圆柱齿轮减速器的箱体一般采用圆锥齿轮轴线与圆柱齿轮轴线所确定的平面作为剖分面。箱体结构以小锥齿轮的轴线为对称线，便于根据工作需要安装中间轴和低速轴，改变输出轴位置。

与圆柱齿轮减速器比较，圆锥-圆柱齿轮减速器主要的不同特性设计有两个：一是小圆锥齿轮轴系零部件的设计，二是齿轮与箱壁位置的确定方法和锥齿轮的结构设计。

在圆锥-圆柱齿轮减速器箱体的设计中，传动零件、轴承座端面及箱体壁面位置的确定如图 3-12 所示。具体参数见表 3-12。设计要注意以下几点：

① 齿轮端面与箱壁的位置确定。在俯视图中先确定靠近大锥齿轮一侧的箱体内壁位置，然后以小锥齿轮中心线作为箱体宽度方向的中线，来确定箱体另一侧内壁的位置。

② 大锥齿轮轮毂长度 B_2 初步估取值为 $B_2=(1.1\sim1.2)b$（b 为锥齿轮的齿宽），当轴径 d 确定后，必要时对 B_2 值再作调整。

③ 大圆柱齿轮与大锥齿轮之间应有足够的距离 Δ_4 同时注意大锥齿轮与低速轴之间应保持一定距离 Δ_5。

④ 小锥齿轮轴承座外端面位置暂不考虑，待设计小锥齿轮轴系部件时再确定。

⑤ 在确定减速器中心高 H 时，要综合考虑大锥齿轮和低速级大圆柱齿轮两者的浸油深度；可按大锥齿轮必要的浸油深度确定油面位置，然后检查是否符合低速级大圆柱齿轮的浸油深度要求。

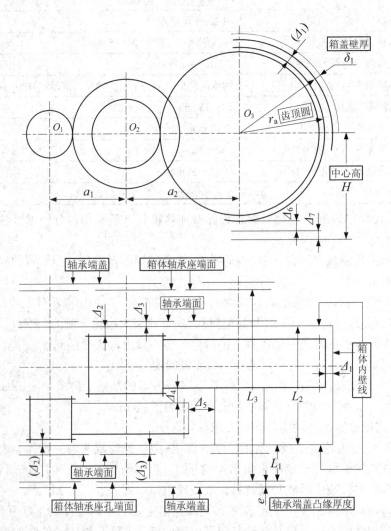

图 3-11　二级圆柱齿轮传动中传动零件、轴承座端面及箱体壁面位置的确定

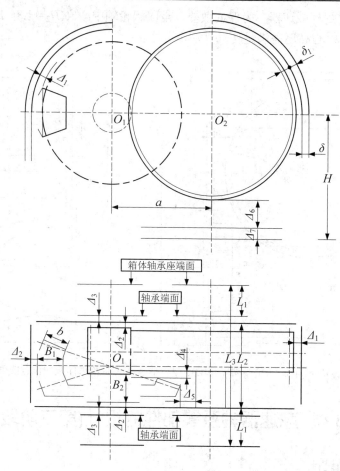

图 3-12　圆锥-圆柱齿轮传动中传动零件、轴承座端面及箱体壁面位置的确定

(3) 蜗杆-蜗轮传动减速器的绘制。剖分式蜗杆减速器箱体一般采用过蜗轮转动中心且垂直于蜗轮轴线的平面作为剖分面。在蜗杆-蜗轮减速器设计中，传动零件、轴承座端面及箱体壁面位置的确定如图 3-13 所示。设计中要注意以下几点：

① 在主视图中确定箱体两侧内壁及外壁的位置。

② 取蜗杆轴承座外端面凸台高 5~8 mm 位置，确定蜗杆轴承座外端面 F_1 的位置。

③ M_1 为蜗杆轴承座两个外端面间的距离。为了提高蜗杆的刚度，应尽量缩短支点间的距离，蜗杆轴承座多采用内伸进箱体的结构，内伸部分长度与蜗轮外径及蜗杆轴承外径或套杯外径有关。内伸轴承座外径与轴承端盖外径 D_2 相同。为使轴承座尽量内伸，常将圆柱形轴承座上部靠近蜗轮部分铸出一个斜面。斜面与蜗轮外圆间的距离为 Δ_1，再取 $b=0.2(D_2-D)$，确定轴承座内端面 E_1 的位置。

④ 在左视图中，蜗杆减速器宽度常取值于蜗杆轴承端盖的外径(等于蜗杆轴承座外径)，即 $N_2 \approx D_2$。

⑤ 由箱体外表面宽度可确定内壁 E_2 的位置，即蜗轮轴承座内端面位置；其外端面 F_2 的位置或轴承座的宽度 L_1，由轴承旁螺栓直径及箱壁厚度确定，即 $L_1 = \delta + C_1 + C_2 + (5\sim8)$ mm；按 Δ_1 确定上箱壁位置。

⑥ 对下置式蜗杆减速器，为保证散热，常取蜗轮轴中心高 $H_2=(1.8\sim2)a(a$ 为传动中心距)，并且蜗杆轴中心高还需满足传动件润滑要求。

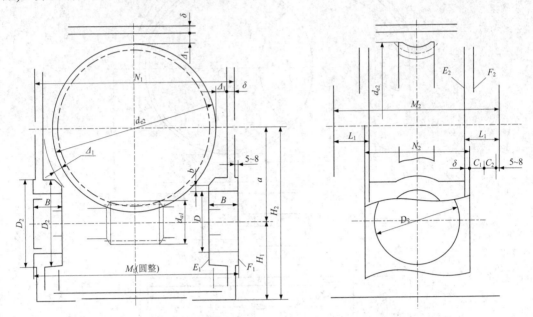

图 3-13　蜗杆-蜗轮传动中传动零件、轴承座端面及箱体壁面位置的确定

3.4　减速器轴系零部件的设计(第二阶段)

1. 轴的结构设计

轴的结构设计是在初步估算轴径的基础上进行，其结构主要取决于轴上零件、轴承的配置、润滑和密封等条件。

轴的结构设计任务是合理确定阶梯轴的形状和全部结构尺寸。初步计算轴径可以参考本书第 2 章 2.5 节内容或机械设计教材。初步估算的轴径可作为轴端直径，在和联轴器孔配合时，应考虑联轴器孔径的尺寸范围。

轴的结构设计一般从高速轴开始，然后再设计中间轴和低速轴。

1) 轴的结构和径向尺寸的确定

在估算轴最小直径的基础上，考虑到轴的强度和轴上零件的定位、固定，以及便于加工和装配等因素，常把轴做成阶梯轴，轴的结构中部大、两端小。设计中的注意事项如下：

(1) 轴上安装标准件轴段的直径。如图 3-14 所示，安装联轴器的轴段直径如 d_1 应取标准值；而安装密封元件和滚动轴承处的直径如 d_2、d_3、d_7，则应与密封元件和轴承的内孔径尺寸一致。轴上两个支点的轴承，尽量采用相同的型号，便于轴承座孔的加工。

(2) 相邻轴段的直径不同即形成轴肩。当轴肩用于轴上零件定位和承受轴向力时，应具有一定的高度，如图 3-14 中的 Ⅰ、Ⅱ、Ⅵ处所形成的轴肩。一般的定位轴肩，高度可取 $(0.07\sim0.1)d$。用作滚动轴承内圈定位时，轴肩的高度应按轴承的安装尺寸要求取值。若两相邻轴段直径的变化仅是为了轴上零件装拆方便或区分加工表面时，轴肩高度取 1~2 mm

即可(如图 3-14 中的Ⅱ、Ⅴ处的轴肩),也可以采用相同公称直径而取不同的公差值。

(3) 轴肩处的过渡圆角。为了降低应力集中,过渡圆角不宜过小。用作零件定位的轴肩,零件轴毂孔的倒角(或圆角半径)应大于轴肩处过渡圆角半径,以保证定位的可靠性(见图 3-15)。一般安装滚动轴承处轴肩的过渡圆角半径应按轴承的安装尺寸要求取值,配合表面处轴肩和零件孔的圆角、倒角尺寸见本书第 8 章中的相关内容。

(4) 轴上的过渡圆角、倒角和退刀槽、越程槽。为了便于切削加工,一根轴上的过渡圆角应尽可能取相同的半径,退刀槽取相同的宽度,倒角取相同尺寸;一根轴上各键槽应开在轴的同一母线上,若开有键槽的轴段直径相差不大时,尽可能采用相同宽度的键槽,以减少换刀的次数;需要磨削的轴段,应留有砂轮越程槽,以便磨削时砂轮可以磨到轴肩的端部,需切削螺纹的轴段,应留有退刀槽,以保证螺纹能达到预期的长度。

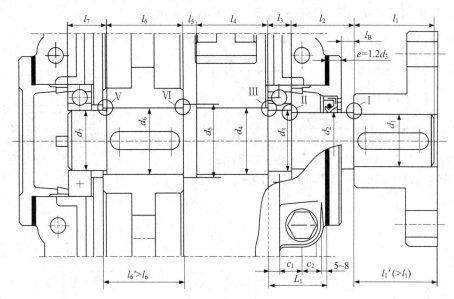

图 3-14　轴的结构设计

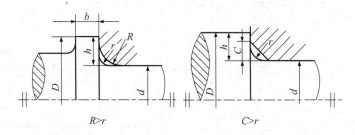

图 3-15　轴肩和零件孔的圆角、倒角

2) 轴的轴向尺寸的确定

轴上安装零件的各段长度主要取决于轴上传动件及支承件的轴向宽度及轴向位置,并应考虑有利于提高轴的强度和刚度,保证安装拆卸方便。

(1) 安装齿轮、带轮、联轴器的轴段长度由与其配合的轮毂宽度决定。当这些零件依靠其他零件(如套筒、轴端挡圈等)顶住实现轴向固定时,为保证固定可靠,该轴段的长度应小于轮毂宽度 $2 \sim 3$ mm,如图 3-14 中的轴段长度 $l_6 < l_6'$、$l_1 < l_1'$。

(2) 安装滚动轴承处轴段的轴向尺寸由轴承的位置和宽度确定。为减小轴的弯矩，提高轴的强度和刚度，轴承应尽量靠近传动件。当轴上的传动件都在两轴承之间时，两轴承支点跨距应尽量减小。若轴上有悬伸传动件时，则应使一个轴承尽量靠近它，轴承支点跨距应适当增大。

轴承的具体位置与润滑方式有关。轴承采用脂润滑时，常需在轴承旁设置封油环，轴承距离箱体内壁较远，见图 3-16(a)。当采用油润滑时，轴承应尽量靠近箱体内壁，可只留少许距离(即 Δ_3 值较小)，见图 3-16(b)。确定了轴承位置和已知轴承的尺寸后，即可在轴承座孔内画出轴承的图形。

(3) 传动零件与轴用平键连接时，平键的长度应短于该轴段长度 5~10 mm，键长要圆整为标准值。安装轴上零件时，为便于键与键槽对准，键槽的位置应布置在偏向传动件装入一侧，这样也可以减小应力集中对轴强度的影响，如图 3-17 所示。

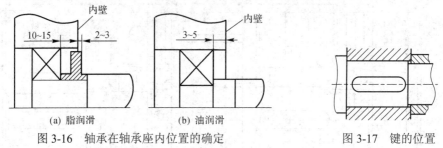

(a) 脂润滑 　　　(b) 油润滑

图 3-16　轴承在轴承座内位置的确定　　　图 3-17　键的位置

轴结构设计完成后的二级圆柱齿轮减速器的装配草图，如图 3-18 所示。

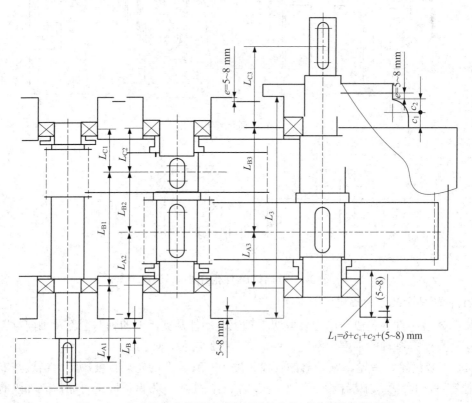

$$L_1 = \delta + c_1 + c_2 + (5\sim8)\text{ mm}$$

图 3-18　完成轴的结构设计后二级圆柱齿轮减速器的装配草图

　　圆锥-圆柱齿轮减速器轴的结构设计基本与圆柱齿轮减速器的相同,所不同的主要是小锥齿轮轴的轴向尺寸设计中支点跨距的确定。因受空间限制,小锥齿轮一般多采用悬臂结构,为了保证轴系刚度,一般取轴承支点跨距 $L_{B1} \approx 2L_{C1}$,如图 3-19 所示,在满足 $L_{B1} \approx 2L_{C1}$ 的条件下,为使轴系部件轴向尺寸紧凑,在结构设计中力求使 L_{C1} 达到最小。考虑到锥齿轮轴向力较大,应选用角接触轴承,载荷大时多采用圆锥滚子轴承。

　　圆锥-圆柱齿轮减速器轴系的结构设计装配草图,如图 3-19 所示。

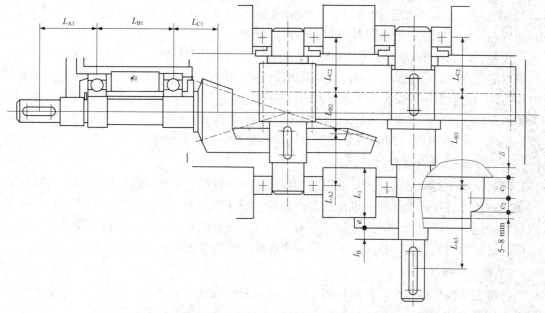

图 3-19　圆锥-圆柱齿轮减速器轴的结构设计装配草图

　　蜗杆减速器轴系的结构设计、轴承类型的选择与圆柱齿轮减速器的基本相同。但因蜗杆轴承受的轴向载荷较大,所以一般选用圆锥滚子轴承或角接触球轴承,当轴向力很大时,可考虑选用双向推力球轴承承受轴向力。

　　蜗杆减速器轴系的结构设计装配草图,如图 3-20 所示。

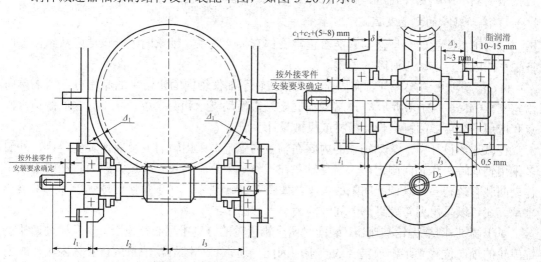

图 3-20　蜗杆减速器轴系的结构设计装配草图

2. 轴、滚动轴承及键连接的校核计算

按照上述方法可设计轴的结构。在这个过程中，应对轴系的重要零部件进行校核计算，包括轴的强度和刚度校核、滚动轴承的寿命校核和键的强度校核。

1) 轴的强度校核

根据初绘装配草图的轴的结构，可以找到作用在轴上力的作用点。一般力的作用点可取件、轴承支承宽度的中点；对于角接触球轴承和圆锥滚子轴承，则应查手册确定其支承点位置。确定了力的作用点和轴承间的支承距离后，可绘出轴的受力计算简图、弯矩图、转矩图和当量弯矩图，然后对危险剖面进行强度校核。

校核后，如果强度不够，应增加轴径，或者对轴的结构进行修改，又或者更换轴的材料。如果已满足强度要求，而且算出的安全系数或计算应力与许用值相差不大，则初步设计的轴结构可以不用修改。如果安全系数很大或计算应力远小于许用应力，不要马上减小轴径，因为轴的直径不仅由轴的强度来确定，还要考虑联轴器对轴的直径要求及轴承寿命、键连接强度等要求。因此，轴径大小在保证强度且满足其他条件后才能确定。

2) 滚动轴承寿命的校核计算

滚动轴承的类型通过前面计算已经初步选定，当轴的结构尺寸确定后，轴承的型号即可确定，就能进行寿命计算。轴承的寿命最好与减速器的寿命大致相等。如达不到，至少应达到减速器检修期(2~3 年)。如果寿命还不够，可首先考虑选用其他系列的轴承，其次考虑改选轴承的类型或轴径。如果计算寿命过长，可考虑选用较小系列轴承。

3) 键连接强度校核

在键连接强度校核中，应对轮毂、轴、键三者中强度最弱者进行校核。若强度不够，可增加键的长度或改用双键、花键，甚至可考虑通过增加轴径来满足强度的要求。

根据校核计算的结果，必要时应对装配工作草图进行修改。

3. 减速器轴系零件的设计

这一阶段的工作是在已初步绘制装配底图的基础上，进行轴系相关零件的结构设计。包括滚动轴承的配置及固定、润滑与密封、传动件的结构设计等内容。

1) 滚动轴承的配置及固定

滚动轴承配置的合理性与它能否正常工作有很大关系。轴承的组合设计应从结构上保证轴系的固定、游动与游隙的调整。

(1) 滚动轴承的配置与轴向固定、调整。轴系部件轴向固定常用的结构有：两端单向固定支承(如图 3-21(a)所示)、一端双向固定一端游动支承和两端游动支承。它们的结构特点和应用场合可参阅机械设计教材或机械设计手册。

在减速器设计中，滚动轴承的内圈在轴上的固定多采用轴肩或套筒作轴向定位，外圈多采用轴承端盖作轴向固定。为避免轴系在工作中因热胀伸长产生过大应力，在端盖与箱体之间装有调整垫片以调整间隙的大小，如图 3-21(a)所示。对于角接触球轴承和圆锥滚子轴承，还可以采用调整螺钉调节间隙的大小，如图 3-21(b)所示。

对于圆锥-圆柱齿轮减速器，装配时两个锥齿轮的分度锥顶必须重合，一般通过调整小锥齿轮的轴向位置满足锥顶重合的要求。因此，通常将小锥齿轮轴系放在套杯内设计成独

立装配单元，用套杯凸缘端面与轴承座外端面之间的一组垫片 n 来调整小圆锥齿轮的轴向位置(见图 3-22、图 3-23)，利用套杯结构也便于固定轴承。垫片组 m 用于调整轴系的轴系向位置。

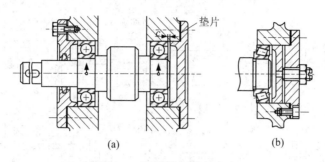

图 3-21　两端单向固定支承

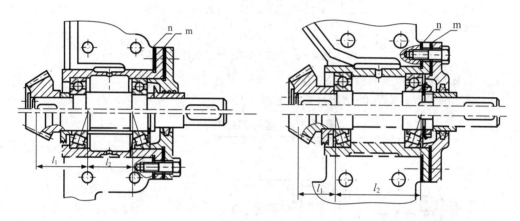

图 3-22　小锥齿轮轴系结构(1)　　　　　　　　　图 3-23　小锥齿轮轴系结构(2)

蜗杆减速器轴承的组合方式与蜗杆轴的长短、轴向力的大小及转速高低有关。当蜗杆轴较短(支点跨距小于 300 mm)，或蜗杆轴较长但间歇工作，且温升较小时，常采用圆锥滚子轴承正装的两端单向固定结构，如图 3-24 所示。当蜗杆轴较长，温升较大时，宜采用一端固定和一端游动的结构，如图 3-25 所示。固定端常采用两个圆锥滚子轴承正装的支承形式，游动端常采用深沟球轴承，如图 3-25(a)所示，或采用圆柱滚子轴承，如图 3-25(b)所示。

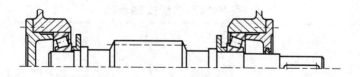

图 3-24　两端单向固定式蜗杆轴向结构

设计蜗杆轴承座孔时，应使座孔直径大于蜗杆外径以便蜗杆装入。为便于加工，常使箱体两轴承座孔直径相同。蜗杆轴系中的套杯，主要用于支点轴承外圈的轴向固定。套杯的结构和尺寸设计可参考表 3-13。由于蜗杆轴的轴向位置不需要调整，因此，可以采用径向结构尺寸较紧凑的小凸缘式套杯。固定端轴承受的轴向力较大，宜采用圆螺母固定。在用圆螺母固定正装的圆锥滚子轴承时，在圆螺母与轴承内圈之间必须加一个隔离环，否则圆螺母将与保持架干涉。游动端轴承可用弹性挡圈固定。

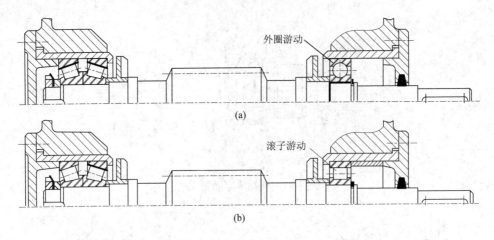

图 3-25　一端固定一端游动式蜗杆轴向结构

(2) 套杯和轴承端盖的结构尺寸设计。

① 套杯的设计。套杯的结构尺寸参见表 3-13。

表 3-13　套杯的结构尺寸

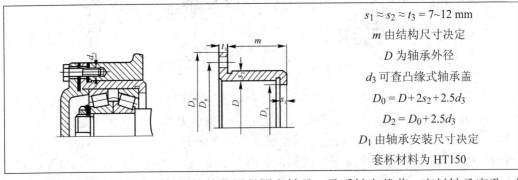

$s_1 \approx s_2 \approx t_3 = 7 \sim 12 \text{ mm}$

m 由结构尺寸决定

D 为轴承外径

d_3 可查凸缘式轴承盖

$D_0 = D + 2s_2 + 2.5d_3$

$D_2 = D_0 + 2.5d_3$

D_1 由轴承安装尺寸决定

套杯材料为 HT150

② 轴承端盖的设计。轴承端盖的作用是固定轴承、承受轴向载荷、密封轴承座孔、调整轴系位置和轴承间隙等，多用铸铁制造，结构形式有凸缘式端盖和嵌入式端盖两种，结构和尺寸分别见表 3-14 和表 3-15。

表 3-14　凸缘式轴承盖

续表

盖缘		盖脚		轴承盖连接螺钉		
直径	厚度	直径	长	轴承外径 D/mm	螺钉直径 d_3	螺钉数目
$D_0 = D + 2.5d_3$	$e = (1{\sim}1.2)d_3$	$D_4 = D - (10{\sim}15)$ mm	$e_1 \geqslant e$	45~65	M6~M8	4
$D_2 = D_0 + 2.5d_3$	b_1、d_1 由密封圈尺寸定	$d_5 = D - (2{\sim}4)$ mm	m 由结构定	70~100	M8~M10	4~6
$d_0 = d_3 + 1$ mm		说明：d_3 为轴承连接螺钉直径；D 为轴承外径。		110~140	M10~M12	6
$D_5 = D_0 + 3d_3$		缺口：$b = 5{\sim}10$ mm；$h = (0.8{\sim}1)b$		150~230	M12~M16	6

注：若端盖与套杯相配，则套杯与端盖的 D_0 与 D_2 取相同。

表 3-15　嵌入式轴承盖

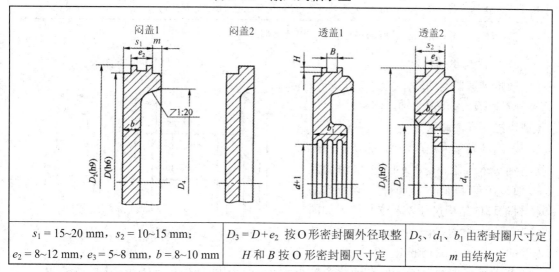

$s_1 = 15{\sim}20$ mm，$s_2 = 10{\sim}15$ mm；$e_2 = 8{\sim}12$ mm，$e_3 = 5{\sim}8$ mm，$b = 8{\sim}10$ mm	$D_3 = D + e_2$ 按 O 形密封圈外径取整 H 和 B 按 O 形密封圈尺寸定	D_5、d_1、b_1 由密封圈尺寸定 m 由结构定

　　凸缘式轴承端盖用螺钉固定在箱体上，调整轴系位置或轴系间隙时不需打开箱盖，密封性也较好。嵌入式轴承端盖不用螺栓连接，结构简单，但密封性差；如果在其中设置 O 形密封圈就能提高密封性能，适用于油润滑，如图 3-26 所示。另外，采用嵌入式轴承端盖时，利用垫片调整轴向间隙时需要开启箱盖。

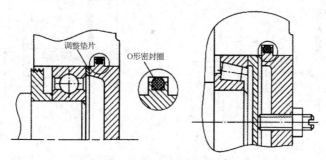

图 3-26　嵌入式端盖的密封

　　当轴承采用箱体内的油润滑时，轴承端盖与孔连接部分的端部直径应略小，并在端部开槽，使箱体剖分面上输油沟内的油可经轴承端盖的槽流入轴承，如表 3-14 中的透盖 3 和闷盖 1。

(3) 调整垫片组的设计。调整垫片组的作用是调整轴承游隙及支承(包括整个轴系)轴向位置。根据调整需要，垫片组由若干种厚度的垫片叠合而成。调整垫片的材料多为冲压铜片或 08F 钢抛光。调整垫片组的片数及厚度可参见表 3-16，也可以自行设计。

表 3-16   调整垫片组的结构尺寸

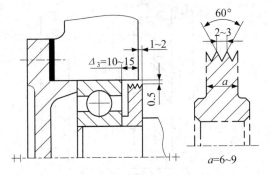		A 组			B 组			C 组		
厚度 b /mm		0.5	0.2	0.1	0.5	0.15	0.1	0.5	0.15	0.125
片数 z		3	4	2	1	4	4	1	3	3
用于螺钉式轴承盖：$d_2=D+(2\sim4)$ mm，D 为轴承外径；D_0、D_2、d_0 同轴承盖。										
用于嵌入式轴承盖：$D_2=D-1$ mm；d_2 按轴承外圈的安装尺寸；无须 d_0 孔										

注：建议准备 0.05 mm 厚度的垫片若干，以备微调时用。

2) 滚动轴承的润滑

选定减速器滚动轴承的润滑方式后，要相应地设计出合理的轴承组合结构，以保证可靠的润滑和密封。

若滚动轴承采用脂润滑，为防止箱内润滑油进入轴承，导致轴承内润滑脂流失，通常在箱体轴承座内侧一端设置封油环。封油环的结构尺寸以及安装位置如图 3-27 所示。此时，滚动轴承内侧与箱体内壁的间距 $\Delta_3=10\sim15$ mm。

图 3-27   封油环的结构尺寸和安装位置

若轴承采用油润滑，如果轴承旁的小齿轮的齿顶圆直径小于轴承外圈，为防止齿轮啮合时挤出的油液过量冲向轴承内部，导致轴承阻力增加，应设置挡油盘。挡油盘可冲压制造，如图 3-28(a)所示；也可采用车制加工(单件或小批量生产)，如图 3-28(b)所示。

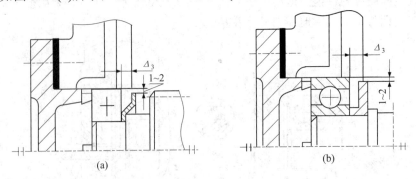

(a)   (b)

图 3-28   挡油盘结构尺寸和安装位置

当传动件的边缘圆周速度大于 2～3 m/s 时，可利用传动件进行飞溅润滑。当轴承采用油润滑时，箱盖要设计引油斜面，箱座要设计输油沟。油路和油沟的具体结构及尺寸如图

3-29 所示。

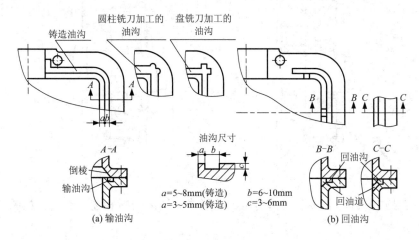

图 3-29 油路和油沟的结构尺寸

3) 轴外伸端的密封

设计时应在减速器输入轴和输出轴的外伸端,轴承端盖的轴孔内设置密封件。密封装置分为接触式密封和非接触式密封两类。

(1) 接触式密封。接触式密封常见的形式有毡圈密封和唇形密封圈密封。

① 毡圈密封。如图 3-30 所示,将 D 稍大于 D_0,B_1 大于 b,d_1 稍小于轴径 d 的矩形截面浸油毡圈嵌入梯形槽中,对轴产生压紧作用,从而实现密封。毡圈密封结构简单,但磨损快,密封效果差,主要用于脂润滑和接触面速度不超过 5 m/s 的场合。

毡圈密封的装配如图 3-31 所示。

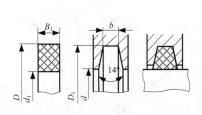

图 3-30 毡圈

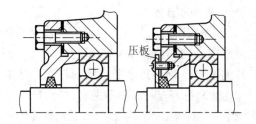

图 3-31 毡圈密封装配

② 唇形密封圈密封。如图 3-32 所示,为常用的内包骨架式唇形密封圈,它利用密封圈唇形结构部分的弹性和弹簧的箍紧作用实现密封。以防止漏油为主时,唇向内侧;以防止外界灰尘污物侵入为主时,唇向外侧;防漏油和防灰尘都重要时,两密封圈相背安装,或安装一个带防尘副唇的密封圈。在使用毡圈和唇形密封圈密封时,为尽量减轻磨损,要求与其相接触轴的表面粗糙度值小于 1.6 μm。

唇形密封圈密封的装配如图 3-33 所示。

1—圈体;2—骨架;3—弹簧圈

图 3-32 唇形密封圈

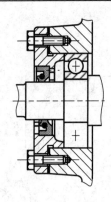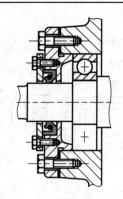

图 3-33　唇形密封圈装配

(2) 非接触式密封。非接触式密封常见的形式有油沟密封和迷宫密封，如图 3-34 和图 3-35 所示。

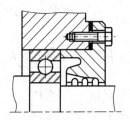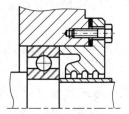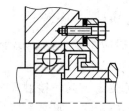

　　图 3-34　油沟密封　　　　　　　　　　　　　　图 3-35　迷宫密封

① 油沟密封。油沟密封是利用轴与轴承端盖孔之间的油沟和微小间隙充满润滑脂实现密封，其间隙愈小，密封效果愈好。油沟式密封结构简单，但密封效果较差，适用于脂润滑及较清洁的场合。

② 迷宫密封。迷宫密封是利用固定在轴上的转动元件与轴承端盖间构成的曲折而狭窄的缝隙中充满润滑脂来实现密封。迷宫式密封效果好，密封件不磨损，可用于脂润滑和油润滑的密封。若与其他形式的密封配合使用，密封效果更好。

选择密封方式时，要考虑密封处的轴表面圆周速度、润滑剂种类、密封要求、工作温度、环境条件等因素。表 3-17 列出了几种常用密封适用的轴表面圆周速度和工作温度，供设计时参考。

表 3-17　常用密封适用的工作条件

密封方式	毡圈密封	唇形密封圈密封	油沟密封	迷宫密封
适用的轴表面圆周速度/(m/s)	<5	<8	<5	<30
适用的工作温度/℃	<90	<5	<低于润滑脂熔化温度	<5

4) 传动零件的结构设计

传动件的结构与所选材料、毛坯尺寸及制造方法有关。当齿轮或蜗杆的齿根圆与其轴径相差无几时，可做成齿轮轴或蜗杆轴。若其齿根圆小于轴径，则可用滚齿法加工齿轮，蜗杆用铣削加工，无论采用哪种方式加工都必须保证它们的工作宽度。

如果圆柱齿轮齿根圆到键槽底部尺寸 $e \geqslant 2.5m_t$(m_t 为端面模数)，锥齿轮中的 $e \geqslant 1.6\ m$(m

为大端模数),则可以将齿轮与轴分开制造而后装配,如图 3-36 所示。否则将齿轮和轴做成一体,叫作齿轮轴,如图 3-37 所示。为减少装配后的应力集中,可将齿轮或蜗轮轮毂做成具有一定斜度的设计。对重型过盈配合,还可在轮毂上做出卸载沟槽设计。

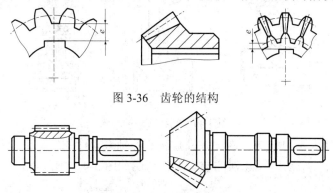

图 3-36　齿轮的结构

图 3-37　齿轮轴的结构

　　齿轮毛坯一般都要经过锻造,但当齿顶圆直径大于 400 mm 时,常选用铸造方式制作齿轮毛坯;对于单件或小批量生产直径较大的齿轮毛坯,可以用焊接方法制造。

　　当大齿轮材料选用合金钢时,齿轮可采用装配式结构。齿圈用合金钢,而轮芯用普通钢,这样可降低成本。

　　蜗轮也有整体式和装配式两种。铸铁蜗轮或齿顶圆小于 100 mm 的青铜蜗轮常做成整体式,但对大多数铜合金蜗轮,为了节省有色金属,多做成装配式。在大量生产蜗轮时,常将青铜轮圈镶铸在预热的铸铁或钢制轮芯上,冷缩后产生的箍紧力,使轮圈和轮芯可靠地连接在一起,或将二者用螺栓连接。

　　常见的圆柱齿轮、圆锥齿轮及蜗轮的结构见图 3-38～图 3-40。具体结构尺寸的设计可参考机械设计手册或机械设计教材。

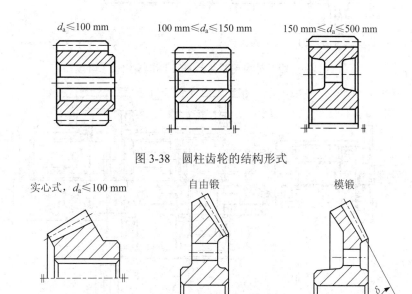

$d_a \leqslant 100$ mm　　100 mm $\leqslant d_a \leqslant 150$ mm　　150 mm $\leqslant d_a \leqslant 500$ mm

图 3-38　圆柱齿轮的结构形式

实心式,$d_a \leqslant 100$ mm　　自由锻　　模锻

图 3-39　圆锥齿轮的结构形式

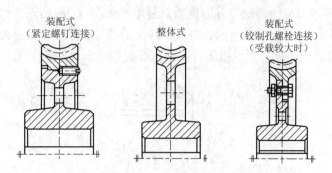

图 3-40　蜗轮的结构形式

　　按照上述设计内容和方法，逐一完成减速器各轴系零件的结构设计和轴承组合结构设计。第二阶段设计完成后的减速器的装配工作草图如图 3-41～图 3-43 所示。

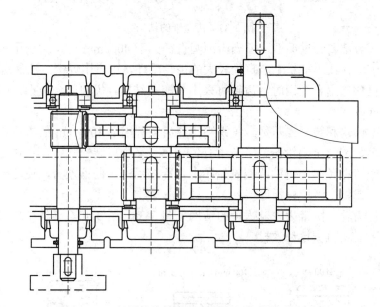

图 3-41　二级圆柱齿轮减速器装配工作草图(第二阶段)

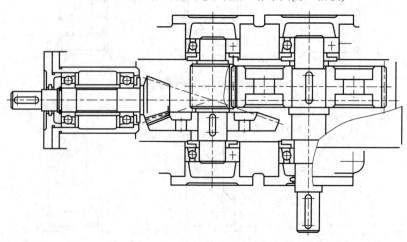

图 3-42　圆锥圆柱齿轮减速器装配工作草图(第二阶段)

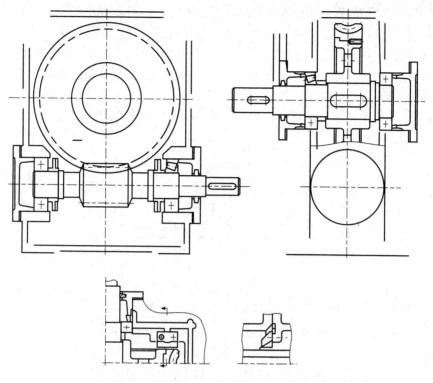

图 3-43　蜗杆减速器装配工作草图(第二阶段)

3.5　减速器箱体及附件设计(第三阶段)

　　轴系及其相关零部件的设计完成后，开始减速器箱体及附件的设计。设计中应遵循先箱体、后附件，先主体、后局部，先轮廓、后细节的结构设计顺序；并注意视图的选择、表达和各视图间的关系。

1. 箱体结构设计及结构的工艺性

　　减速器箱体按结构分为剖分式和整体式。一般多采用剖分式结构，剖分式箱体由箱盖和箱座组成，剖分面位于轴的中心线所在平面，由圆锥销定位，用螺栓连接为一体，易于传动部件的装拆。

　　箱体要有一定的壁厚，以保证强度足够。

　　箱体的底座一般为两纵向矩形座脚形式，要求有一定的宽度与厚度，设计时应尽可能减小箱体底座的机械加工面积。

　　箱体的轴承座孔处设有加强筋，可提高箱体刚度，保证减速器的平稳运行。加强筋可分为外筋(加强筋在箱体外且常用)和内筋，一般外筋的工艺性好(适合铸造)、对箱内润滑油流动阻力小，但影响美观。

　　1) 箱体的结构设计

　　(1) 齿轮端盖外表面圆弧的确定。大齿轮一侧的端盖外表面圆弧半径，等于齿顶圆半径、齿顶圆与箱体的内壁距离以及上箱体壁厚三者之和，即 $R=d_a/2+\Delta_1+\delta_1$。一般情况下，轴承旁螺栓凸台均在上箱盖外表面圆弧之内，设计时按有关尺寸画出即可。

小齿轮所在一侧的箱盖外表面圆弧半径一般不能用公式计算，需要结合结构作图而定，最好使小齿轮轴承旁螺栓凸台位于外表面圆弧之内，即 $R>R'$。在主视图上，小齿轮一侧箱盖结构确定之后，再将有关部分投影到俯视图上，便可画出俯视图的箱体内壁、外壁和箱缘等结构。小齿轮所在一侧箱盖内、外壁位置的确定如图 3-44 所示。

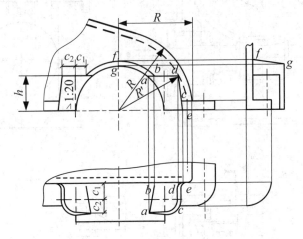

图 3-44　小齿轮所在一侧箱盖内、外壁位置

(2) 轴承旁螺栓的凸台尺寸。如图 3-45 所示，对剖分式箱体来说，轴承座旁螺栓的连接强度和刚度要够，且不能与轴承盖螺钉干涉，其轴线应与轴承盖外沿 D_2 相切；考虑装配要求，轴承旁螺栓的凸台面应满足扳手空间 c_1 和 c_2。由轴承座旁螺栓的轴线位置和凸台扳手空间要求，可绘图定出轴承旁螺栓凸台的高度 h(应圆整为 R_{20} 系列标准值)。为便于箱体加工，一般箱体凸台的高度应一致，即取最大轴承的凸台高度。

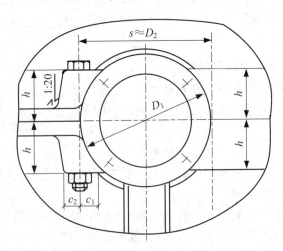

图 3-45　轴承座旁的螺栓位置及凸台尺寸

轴承旁凸台的半径一般取值等于 c_2。轴承旁的两螺栓间距 $S\approx D_2$，若 $S<D_2$ 易发生零件干涉，如图 3-46 所示。

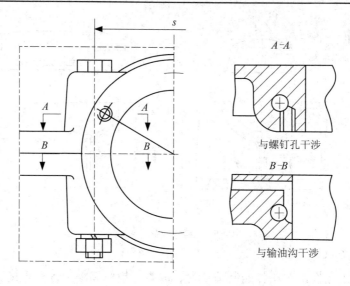

图 3-46　轴承旁螺栓与端盖螺钉干涉

（3）箱体凸缘和座脚凸缘的结构与尺寸。箱体凸缘和座脚凸缘的结构和尺寸取决于对应的连接螺栓直径所需要的 c_1、c_2，为保证箱座的刚度，座脚凸缘的接触宽度 B 应超过箱体内部位置，即 $B> c_1+c_2+\delta$，如图 3-47 所示。图中，$B=c_1+c_2+2\delta$，$b=1.5\delta$，$b_1=1.5\delta_1$，$b_2=2.5\delta$。

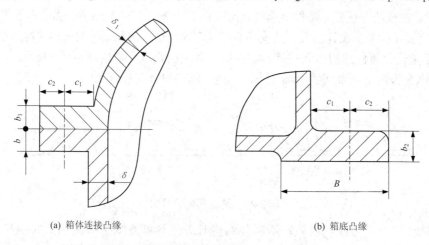

(a) 箱体连接凸缘　　　　　　　　　　　　(b) 箱底凸缘

图 3-47　箱体连接凸缘和箱底凸缘的结构及尺寸

（4）箱体凸缘连接螺栓的布置。为保证上下箱体连接的紧密性，箱体凸缘的连接螺栓间距不宜过大。一般中小型减速器连接螺栓间距不大于 150 mm，大型减速器可取 150～200 mm。连接螺栓的布置应尽可能均匀对称，在满足螺栓连接要求的同时，不能与吊耳、吊钩及定位销等互相干涉。

（5）加强筋的设计和尺寸。一般减速器多为平壁结构，若轴承座箱体刚度不够，会在加工和工作中产生不允许的变形，引起轴承座孔中心线歪斜，在传动中产生偏载，影响减速器的正常工作。因此，在设计箱体时，为保证轴承座的刚度，不仅应有足够的壁厚，还常采用平壁加外筋的结构设计，如图 3-48(a)所示。大型减速器也有采用凸壁式箱体结构，如图 3-48(b)所示。一般加强筋的厚度为壁厚的 0.85 倍。

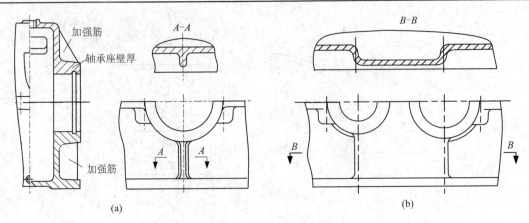

图 3-48　支撑肋板的结构

2) 箱体结构的工艺性

箱体结构的工艺性，对箱体的制造质量、成本、检修和维护等有直接影响，因此在设计中应重视。箱体结构的工艺性包括铸造工艺性和机械加工工艺性。

(1) 铸造工艺性。设计箱体结构时，应注意铸造生产的工艺性要求，注意事项如下：

① 保证液态金属流动通畅，力求外形简单、壁厚均匀、过渡平缓。

② 为避免出现大量的金属局部聚集，两壁间不宜采用锐角连接。

③ 考虑起模的方便性，铸件沿起模方向应有 1∶10～1∶20 的斜度，当沿起模方向有凸起结构时，需要在模型上设计活模，活模的造型及起模复杂，因此设计时应尽量减少凸起结构。

④ 尽量避免铸件结构出现狭缝，这会影响砂型的强度，易出现废件。如图 3-49 所示，减速器轴承座旁两个凸台间的距离过小，在进行结构设计时应连为一体。

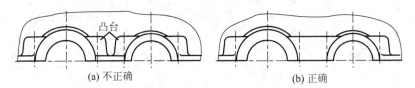

图 3-49　铸造凸台的结构

(2) 机械加工工艺性。设计铸造箱体结构时，应尽可能减少机械加工面积和刀具的调整次数，严格区分加工面与非加工面。机械加工工艺性的注意事项如下：

① 应避免不必要的机械加工，或尽量减小加工面的面积。图 3-50 所示为三种箱体底面结构设计，其中图(b)和图(c)的设计合理。

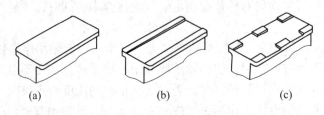

图 3-50　箱体底面的结构

② 应尽量减少机械加工过程中刀具的调整次数,保证加工精度和减少加工时间。例如,同一轴线的两个轴承座孔的直径宜取相同数据, 如图 3-51 所示,轴承座端面应在同一平面。

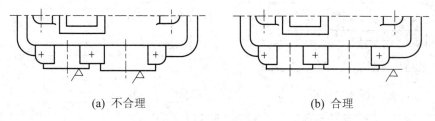

(a)　不合理　　　　　　　　　　　　(b)　合理

图 3-51　轴承座端面的设计

③ 严格区分加工面和非加工面,加工面和非加工面不能在同一平面内,如图 3-52(a)所示。图 3-52(b)为沉头座孔及凸台的加工方法。

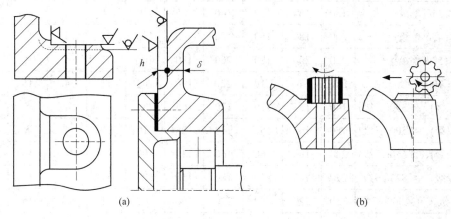

(a)　　　　　　　　　　　　　　(b)

图 3-52　加工面与非加工面

2. 减速器附件的设计

为保证减速器具有良好的工作性能,需要对箱体的附件作出合理的设计和选择。

1) 窥视孔及视孔盖

窥视孔的设置是为了能观察到内部传动件的啮合、润滑等状况。设计时应注意合理安排窥视孔的位置,并基于箱体表面设计凸台。窥视孔上设有视孔盖,用螺钉与箱体连接。视孔盖的材料常采用铸铁或钢板,它与箱体之间应加装密封垫,防止污物进入或油液渗出。窥视孔与视孔盖的布局如图 3-53 所示。

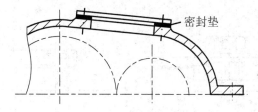

图 3-53　窥视孔及观察孔盖的布局

视孔盖结构及尺寸见表 3-18。

表 3-18　窥视孔及视孔盖尺寸　　　　　　　　mm

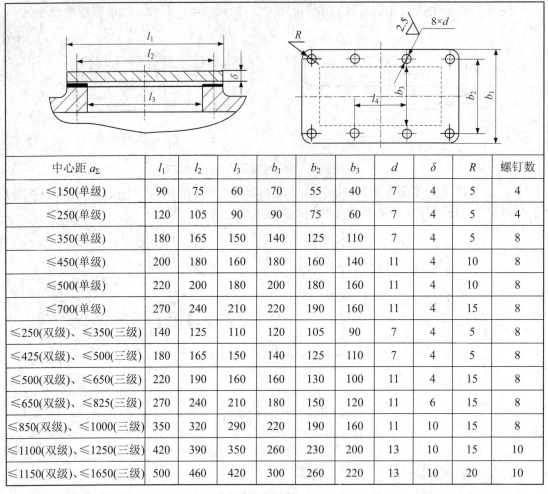

中心距 a_Σ	l_1	l_2	l_3	b_1	b_2	b_3	d	δ	R	螺钉数
≤150(单级)	90	75	60	70	55	40	7	4	5	4
≤250(单级)	120	105	90	90	75	60	7	4	5	4
≤350(单级)	180	165	150	140	125	110	7	4	5	8
≤450(单级)	200	180	160	180	160	140	11	4	10	8
≤500(单级)	220	200	180	200	180	160	11	4	10	8
≤700(单级)	270	240	210	220	190	160	11	4	15	8
≤250(双级)、≤350(三级)	140	125	110	120	105	90	7	4	5	8
≤425(双级)、≤500(三级)	180	165	150	140	125	110	7	4	5	8
≤500(双级)、≤650(三级)	220	190	160	160	130	100	11	4	15	8
≤650(双级)、≤825(三级)	270	240	210	180	150	120	11	6	15	8
≤850(双级)、≤1000(三级)	350	320	290	220	190	160	11	10	15	8
≤1100(双级)、≤1250(三级)	420	390	350	260	230	200	13	10	15	10
≤1150(双级)、≤1650(三级)	500	460	420	300	260	220	13	10	20	10

注：视孔盖材料为 Q235-A；l_4 尺寸按螺钉均布计算。

2）通气器

通气器通常设置在箱盖顶部的视孔盖上。常用的通气器有通气螺塞、通气帽和通气罩三种结构形式。通气螺塞一般用于小尺寸和发热小的减速器；通气罩一般用于较大型的减速器；通气塞结构简单，常用于环境清洁的场合中。

通气器与视孔盖的连接、视孔盖与窥视孔的连接如图 3-54 所示。

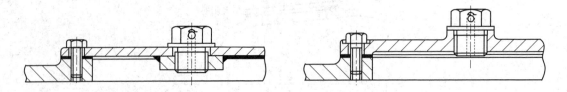

图 3-54　通气器、视孔盖和窥视孔三者的连接

不同类型通气器的结构及尺寸见表 3-19～表 3-21。

表 3-19　通气螺塞(无过滤装置)

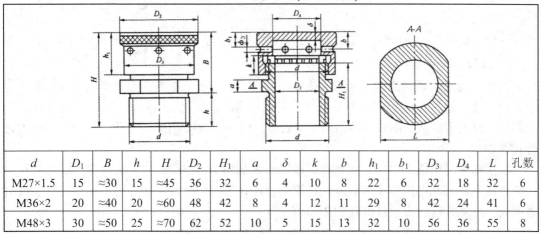

d/mm	D/mm	D_1/mm	s/mm	L/mm	l/mm	a/mm	d_1/mm
M12×1.25	18	16.5	14	19	10	2	4
M16×1.5	22	19.6	17	23	12	2	5
M20×1.5	30	25.4	22	28	15	4	6
M22×1.5	32	25.4	22	29	15	4	7
M27×1.5	38	31.2	27	34	18	4	8
M30×2	42	36.9	32	36	18	4	8

注：s 为螺母扳手开口宽度；材料为 Q235。

表 3-20　通气帽(一次过滤)　　　　　　　　　　　　　mm

d	D_1	B	h	H	D_2	H_1	a	δ	k	b	h_1	b_1	D_3	D_4	L	孔数
M27×1.5	15	≈30	15	≈45	36	32	6	4	10	8	22	6	32	18	32	6
M36×2	20	≈40	20	≈60	48	42	8	4	12	11	29	8	42	24	41	6
M48×3	30	≈50	25	≈70	62	52	10	5	15	13	32	10	56	36	55	8

表 3-21　A 型通气罩(两次过滤)　　　　　　　　　　　　mm

d	d_1	d_2	d_3	d_4	D	h	a	b	c	h_1	R	D_1	s	k	e	f
M18×1.5	M33×1.5	8	3	16	40	40	12	7	16	18	40	25.4	22	6	2	2
M27×1.5	M48×1.5	12	4.5	24	60	54	15	10	22	24	60	36.9	32	7	2	2
M36×1.5	M64×1.5	16	6	30	80	70	20	13	28	32	80	53.1	41	7	3	3

注：表中 s 为扳手开口宽度。

3) 油面指示装置

油面指示装置的类型和规格有多种，如压配式油标，长形油标、杆式油标等。下面着重讲解杆式油标。

杆式油标结构简单，在减速器中应用较多。检查油面时需将油标尺拔出，以标尺上的油痕判断油面高度是否合适。设计时应合理确定油标尺插座的位置及倾斜角度，油标安装位置不能太低，防止油液溢出，同时需要保证油标尺的插取及插座上沉孔的加工，如图3-55(b)为合理设计，图3-55(a)为错误设计。游标尺的安装见图3-56，其中图(b)为带隔离套的油标尺，可避免在工作中因油的搅动影响检查效果。杆式油标尺凸台的画法如图3-57所示。

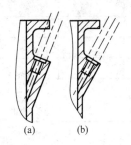
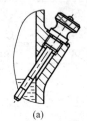
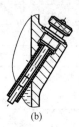
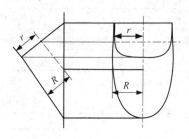

图3-55　油标尺的位置　　　图3-56　油标尺的安装　　　图3-57　油标尺凸台的画法

4) 放油孔和油塞

为保证油液的顺利流出及残渣的排出，应设置放油孔，放油孔常设置在不与其他部件靠近的一侧。如图3-58所示，放油孔应设置在箱座底部油池的最低处，并在放油孔附近做出凹坑，以利于放油。图中所示两种结构均可，但图3-58(b)有半边螺孔，加工螺纹时工艺性较差。

放油孔平时用螺塞堵住。螺塞有圆柱螺纹螺塞和圆锥螺纹螺塞。圆柱螺纹螺塞自身不能防止漏油，因此在箱座上装螺塞处设置凸台，并加封油垫片，垫片用石棉橡胶纸板或皮革制成。螺塞直径约为箱体壁厚的2~3倍。

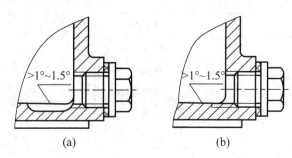

图3-58　放油孔及放油螺塞的位置

5) 起吊装置

常见的起吊装置由箱盖的吊耳或吊环螺钉和箱座凸缘下的吊耳构成。其中，箱盖的吊环螺钉或吊耳也用于起吊轻型减速器。

吊环螺钉为标准件，一般按减速器的质量选取规格。减速器参考质量见表3-22。

表 3-22　中心距 a 与减速器重量 W 的关系(软齿面圆柱齿轮传动)

减速器类型	一级圆柱齿轮传动					二级圆柱齿轮传动				
中心距 a/mm	100	160	200	250	315	100×140	140×200	180×250	200×280	250×355
减速器重量 W/t	0.026	0.105	0.21	0.4	0.8	0.1	0.26	0.48	0.68	0.125

注：减速器重量 W 仅供参考。

吊环螺钉的结构及其连接如图 3-59 所示。单螺钉最大起吊重量见表 3-23。

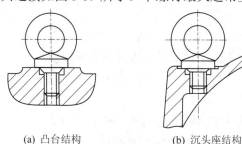

(a) 凸台结构　　　　　(b) 沉头座结构

图 3-59　吊环螺钉的结构及其连接

表 3-23　单螺钉最大起吊重量

螺纹规格 d/mm	M8	M10	M12	M16	M20	M24	M30	M36	M42	M48
最大起吊重量/t	0.16	0.25	0.4	0.63	0.10	1.6	2.5	4	6.3	8

注：① 平稳起吊。

　　② 双螺钉起吊时，每个同规格螺钉的最大起吊重量应乘以 0.5。

吊钩和吊耳可以直接在箱体铸出，避免了吊环螺钉所需要的机械加工，但铸造工艺较复杂。吊耳和吊钩的结构及尺寸见表 3-24。设计时可根据情况适当修改。

表 3-24　吊耳和吊钩　　　　　　　　　　　　　　mm

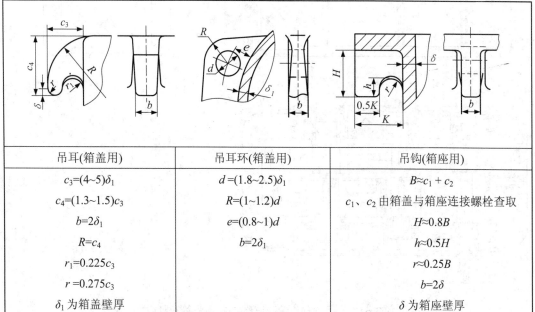

吊耳(箱盖用)	吊耳环(箱盖用)	吊钩(箱座用)
$c_3=(4\sim5)\delta_1$	$d=(1.8\sim2.5)\delta_1$	$B\approx c_1+c_2$
$c_4=(1.3\sim1.5)c_3$	$R=(1\sim1.2)d$	c_1、c_2 由箱盖与箱座连接螺栓查取
$b=2\delta_1$	$e=(0.8\sim1)d$	$H\approx0.8B$
$R=c_4$	$b=2\delta_1$	$h\approx0.5H$
$r_1=0.225c_3$		$r\approx0.25B$
$r=0.275c_3$		$b=2\delta$
δ_1 为箱盖壁厚		δ 为箱座壁厚

6) 启盖螺钉

启盖螺钉的直径与箱体凸缘连接螺栓的直径相同，最好与连接螺栓布置在同一条直线上，便于钻孔。启盖螺钉的有效长度应大于箱盖凸缘的厚度。启盖螺钉的端部应为圆柱形或半圆形，避免在拧动时端部的螺纹被破坏。其端部结构及连接如图 3-60 所示。

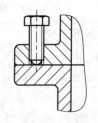

图 3-60　启盖螺钉

7) 定位销

减速器的凸缘配定位销可以保证上下箱体连接时的定位精度，其位置的设置应便于加工，且不能妨碍附近连接螺栓的装拆。两个定位销应尽量对角布置，且距离越远，定位精度越高。

定位销是标准件，有圆柱销和圆锥销两种，多采用圆锥销。一般定位销的公称直径为凸缘连接螺栓直径的 0.7~0.8 倍，长度应大于箱盖和箱座凸缘的总厚度，方便装卸。其连接方式如图 3-61 所示。

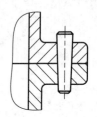

图 3-61　定位销

第三阶段完成后的减速器装配草图如图 3-62~图 3-64 所示。

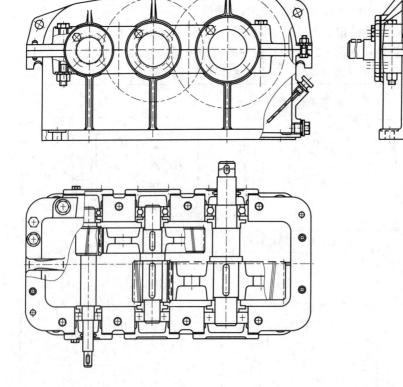

图 3-62　二级圆柱齿轮减速器装配草图(第三阶段)

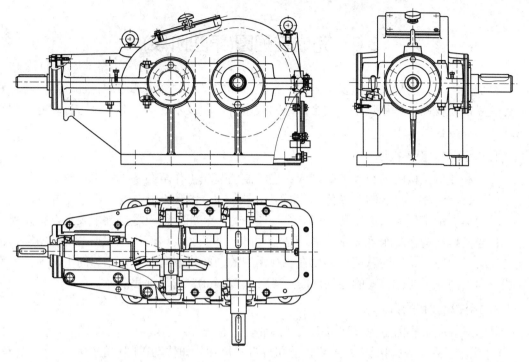

图 3-63　二级圆锥-圆柱齿轮减速器草图(第三阶段)

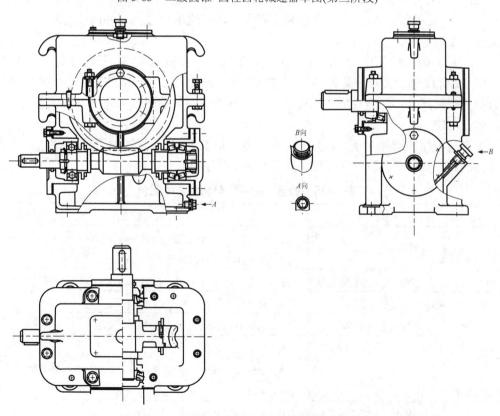

图 3-64　蜗杆-蜗轮减速器草图(第三阶段)

3.6 完成装配图(第四阶段)

完成装配工作图阶段的主要内容包括：检查和完善表达减速器装配特征、结构特点和位置关系的各视图；标注尺寸和配合；编写技术特性和技术要求；对零件进行编号，填写明细表和标题栏等。

1. 检查和完善各视图

完善减速器结构的各个视图时，应在已绘制的装配工作草图基础上进行修改、补充，使视图完整、清晰并符合制图规范。装配工作图上应尽量避免用虚线表示零件结构。

减速器装配工作图一般用两个或三个视图表达，装配特征应尽量集中表示在主要视图上。但当某些结构在三个视图中不能清楚表达时，可以加设局部视图、辅助剖视图等。在视图完善过程中，还应注意同一零件在各视图中的剖面线方向一致；相邻的不同零件其剖面线方向或间距不同；较薄的零件剖面(一般小于 2 mm)，可以涂黑表示。

2. 标注尺寸和配合

减速器装配工作图上应标注以下尺寸：

(1) 特性尺寸。表明减速器主要性能和规格的尺寸，如传动零部件的中心距及其偏差。

(2) 安装尺寸。表明减速器安装在机器上/地基上或与其他零部件连接所需的尺寸,如箱体底面尺寸(长和宽)、地脚螺孔直径和位置尺寸、减速器中心高、外伸轴的配合直径和长度及伸出距离等。

(3) 外形尺寸。表明减速器所占空间大小的尺寸，如减速器的总长、总宽、总高等。

(4) 配合尺寸。表示减速器各零件之间装配关系的尺寸及相应的配合，包括主要零件配合处的几何尺寸、配合性质和精度等级，如轴承内圈与轴、轴承外圈与轴承座孔、传动零件毂孔与轴等。

配合与精度的选择对于减速器的工作性能、加工工艺、制造成本等影响很大，应根据国家标准和设计资料认真选择确定。减速器主要零件的推荐配合见表 3-25，供设计时参考。

表 3-25　减速器主要零件的推荐配合

配合零件		配合与装配方法
齿轮、蜗轮、带轮链轮、联轴器与轴		H7/r6(一般、压力机装配)；H7/n6(很少装拆、压力机装配) H7/m6、H7/k6(经常装拆、打入)
轴套、封油环、挡油环、溅油轮与轴		D11/k6、F9/k6、F9/m6、H8/h7、H8/h8(徒手装拆)
与密封件相接触轴段		f9、h11(徒手装拆)
凸缘式轴承盖与座孔或套杯孔		H7/d11、H7/h8、H7/f9(敲打或徒手装拆)
嵌入式轴承盖的凸缘厚与座孔凹槽		H11/h11(徒手装拆)
滚动轴承	内圈与轴	k5、m5、k6、m6(一般场合)；j6、k6(轻载 $P \leqslant 0.07C$)。 p6、r6(重载 $P > 0.15C$)。温差法或压力机装配
	外圈与座孔或套杯孔	H7、G7、J7(敲打或徒手装拆)

3. 减速器的技术要求

减速器的技术特性包括输入轴功率、转速、传动效率、传动特性(如总传动比及各级传动比等)，还有齿轮传动参数(模数、齿数、螺旋角)。也可以采用表格形式布置在装配图面的空白处，其内容见表 3-26。

表 3-26　减速器的技术特性

输入功率/kW	输入转速/(r/min)	效率 η	总传动比 i	高速级				低速级			
				m_{n1}	Z_2/Z_1	β_1	精度等级	m_{n2}	Z_4/Z_3	β_2	精度等级

装配工作图上还应写明有关装配、调整、润滑、密封、检验、维护等方面的技术要求。一般减速器的技术要求，通常包括以下几方面的内容：

(1) 装配前零件的处理。如所有零部件均应清除铁屑并用煤油或汽油清洗，箱体内不应有任何杂物存在，内壁应涂上防蚀涂料。

(2) 注明传动零部件及轴承所用润滑剂的牌号、用量、补充和更换的时间。

(3) 注明箱体剖分面及轴外伸段密封处的处理方法和要求。如箱体剖分面及轴外伸段密封处均不允许漏油，箱体剖分面上不允许使用任何垫片但允许涂刷密封胶或水玻璃。

(4) 写明对传动侧隙和接触斑点的要求，作为装配时检查的依据。对于多级传动，当各级传动的侧隙和接触斑点要求不同时，应分别在技术要求中注明。

(5) 对安装调整的要求。对可调游隙的轴承(如圆锥滚子轴承和角接触球轴承)，应在技术条件中标出轴承游隙数值。对于两端固定支承的轴承，若采用不可调游隙的轴承(如深沟球轴承)，则要注明轴承端盖与轴承外圈端面之间应保留的轴向间隙(一般为 0.2~0.4 mm)。

(6) 其他要求，如必要时可对减速器的外观、包装、运输等提出要求。

4. 零件编号

装配工作图中零件序号的编排应符合机械制图国家标准的规定。序号按顺时针或逆时针方向依次排列整齐，避免重复或遗漏，对于相同的零件用 1 个序号，一般只标注 1 次，序号字高比图中所注尺寸数字高度大一号。指引线之间不能相交，也不应与剖面线平行。一组紧固件及装配关系清楚的零件组，可以采用公共指引线，如图 3-65 所示。独立的组件、部件(如滚动轴承、通气器、游标等)可作为一个零件编号。零件编号时，可以不区分标准件和非标准件进行统一编号；也可将两者分别进行编号。

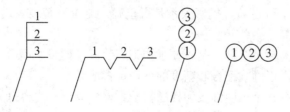

图 3-65　公共指引线

5. 编制明细表和标题栏

明细表是减速器所有零件的详细目录，应按序号完整地写出零件的名称、数量、材料、规格和标准等，对传动零件还应注明模数 m、齿数 Z、螺旋角 β、导程角 γ 等主要参数。编制明细表的过程也是最后确定材料及标准的过程。因此，填写时应考虑到节约贵重材料，减少材料及标准件的品种和规格。

标题栏是用来说明减速器的名称、图号、比例、质量和件数等，应置于图纸的右下角。本课程所用明细表和标题栏的格式见图 3-66 和图 3-67。

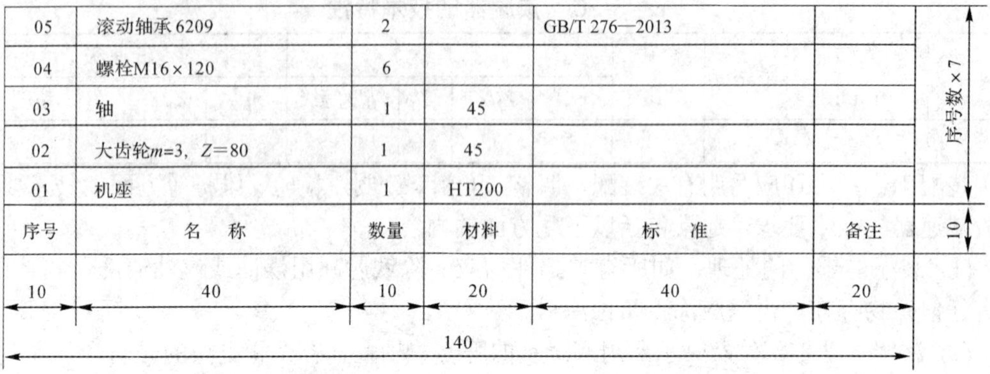

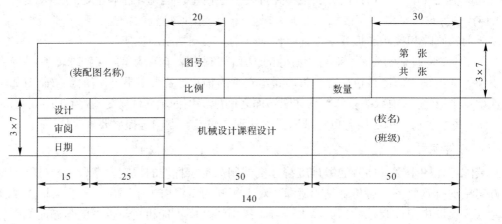

05	滚动轴承 6209	2		GB/T 276—2013	
04	螺栓 M16×120	6			
03	轴	1	45		
02	大齿轮 m=3, Z=80	1	45		
01	机座	1	HT200		
序号	名　称	数量	材料	标　准	备注

图 3-66　装配图明细栏

图 3-67　装配图标题栏

6. 减速器装配图检查

装配草图完成以后，应认真检查核对。检查的主要内容如下：

(1) 视图的数量是否足够，投影关系是否正确，能否清楚地表达减速器的工作原理和装配关系。

(2) 各零件的结构是否合理，是否便于加工、装拆、调整、润滑、密封及维护。

(3) 尺寸标注是否正确，配合和精度的选择是否适当。

(4) 零件编号是否齐全，明细表和标题栏是否符合要求，内容有无多余或遗漏。

(5) 技术要求和技术特性表是否完善、正确。

(6) 所有文字和数字是否清晰，是否按制图规定写出。

(7) 图样、数字和文字是否符合机械制图国家标准规定。

图纸经检查完善后，待画完零件工作图后再加深装配图。

第 4 章 零件图的设计

4.1 零件图概述

零件图是零件制造、检测和制订工艺规程的技术文件，既要反映设计意图，又需考虑加工的可能性和结构的合理性。零件工作图中必须提供零件制造和检验的内容。本章主要介绍齿轮减速器中轴类、齿轮类和箱体类零件的设计和绘制要点。

零件工作图包含图形、尺寸、技术要求和标题栏等基本内容。零件图绘制的基本要求如下：

(1) 零件图在装配图设计图完成之后绘制。每个零件图应单独绘制于一个标准图幅中，零件的结构和主要尺寸应与装配图一致，不应随意更改；若零件图需要更改结构，则装配图也应作相应更改。

(2) 合理安排和选择视图。视图必须清楚地表达零件的结构和尺寸，主视图必须要能反映零件的结构特征；零件上复杂的结构可通过局部视图放大表示；零件图要求完整清楚地表示零件内部及外部结构，并且视图越少越好。

(3) 合理标注尺寸及其偏差。标注尺寸时要选择合适的基准面，并且尺寸标注要便于加工，尽量不要在加工时进行计算；尺寸标注要显著，既不要遗漏，也不要重复，尺寸链不能封闭且数值要正确；大部分尺寸最好集中标注在最能反映零件结构特征的视图上；对配合尺寸及要求精确的尺寸，均应确定精度等级并标出尺寸的极限偏差。

(4) 表面粗糙度的标注。零件的所有表面都应标注粗糙度，重要的表面单独标注，其他表面粗糙度值集中标注在图纸的右上角，并加"其余"字样；在满足使用要求的情况下，尽量选用较大的粗糙度值。

(5) 形位公差的标注。根据零件表面的作用和制造的经济性合理选择精度等级。对于普通齿轮减速器零件的形位公差等级可选用 6~8 级，特别重要的地方(如与滚动轴承相配合的轴颈)按 6 级选择，其他大部分按 8 级选择。

(6) 对齿轮、蜗杆等传动零件，必须列出主要几何参数、精度等级及偏差表。

(7) 零件图还应提出技术要求。

(8) 零件图的右下角必须有标题栏。零件图标题栏如图 4-1 所示。

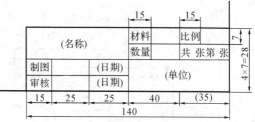

图 4-1 零件图标题栏

4.2　轴类零件图的设计

1. 视图选择

轴类零件一般只需一个视图即可将其结构表达清楚。轴上的键槽、孔等结构可用必要的局部剖面图或剖视图表达。轴上的退刀槽、越程槽、中心孔等细小结构可用局部放大图来表达。

2. 尺寸标注

轴类零件应标注各段轴的直径、长度、键槽及细部结构尺寸。

1) 轴类零件径向尺寸的标注

各段轴的直径必须逐一标注，即使直径完全相同的各段轴处也不能省略。凡是有配合关系的轴段应根据装配图上的标注尺寸及配合类型标注直径及其公差。

2) 轴类零件长度尺寸的标注

在标注轴的长度尺寸时，首先应正确选择基准面，尽可能使尺寸标注符合轴的加工工艺和测量要求，不允许出现封闭尺寸链。如图 4-2 所示，轴的长度尺寸标注以齿轮定位轴肩 II 为主要标注基准，以轴承定位轴肩 III 及端面 I、端面 IV 为辅助基准，其标注方法基本与轴在车床上的加工顺序相符合。图 4-3 所示为两种错误标注方法，图 4-3(a)的标注与实际加工顺序不符，既不便于测量又降低了其中要求较高的轴段长度 L_2、L_4 和 L_6 的精度，图 4-3(b)的标注使其尺寸首尾相接，不利于保证轴的总长尺寸精度。

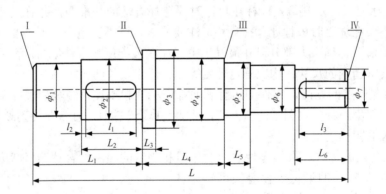

图 4-2　轴的长度尺寸正确标注方法

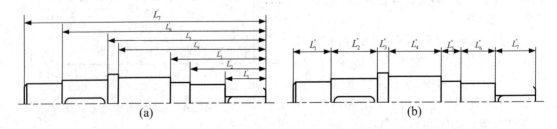

图 4-3　轴的长度尺寸错误标注方法

3. 尺寸公差及几何公差的标注

在普通减速器中，轴的长度尺寸一般不标注尺寸公差，对于有配合要求的直径应按装配图中选定的配合类型标注尺寸公差。

轴的重要表面应标注几何公差，以便保证轴的加工精度。在普通减速器中，轴类零件几何公差推荐标注项目可按表 4-1 选取，标注方法可参考图 4-4 和图 4-5。

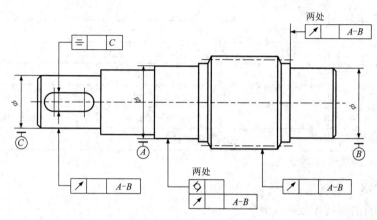

图 4-4　轴零件的几何公差标注

表 4-1　轴类零件几何公差推荐标注项目

公差类别	标注项目	符号	精度等级	对工作性能的影响
形状公差	与传动零件相配合圆柱表面的圆柱度	⌀	7～8	影响传动零件及滚动轴承与轴配合的松紧、对中性及几何回转精度
	与滚动轴承相配合轴颈表面的圆柱度		5～6	
方向公差	滚动轴承定位端面的垂直度	⊥	6～8	影响轴承定位及受载均匀性
位置公差	平键键槽两侧面的对称度	=	5～7	影响键受载均匀性及装拆
	与传动零件相配合圆柱表面的同轴度	◎	5～7	
跳动公差	与传动零件相配合圆柱表面的径向圆跳动	↗	6～7	影响传动零件、滚动轴承的安装及回转同心度，齿轮轮齿载荷分布的均匀性
	与滚动轴承相配合轴颈表面的径向圆跳动		5～6	
	齿轮、联轴器、滚动轴承等零件定位端面的端面圆跳动		6～7	

4. 表面粗糙度标注

零件所有表面(包括非加工的毛坯表面)均应注明表面粗糙度。轴的各部分精度要求不同，则加工方法也不同，故其表面粗糙度也不相同。轴的各加工表面的表面粗糙度可由表 4-2 选取，标注方法可参考图 4-5。

表 4-2　轴加工表面粗糙度推荐用值/mm

加工表面		表面粗糙度 Ra 的推荐值/mm	
与滚动轴承相配合的	轴颈表面	0.4~0.8(轴承内径 $d\leqslant 80$ mm)，0.8~1.6(轴承内径 $d>80$ mm)	
	轴肩表面	1.6	
与传动零件、联轴器相配合的	轴头表面	0.8~1.6	
	轴端端面	1.6~3.2	
平键键槽的	工作面	1.6~3.2	
	非工作面	6.3~12.5	
密封轴段表面	毡圈密封 橡胶密封	$v\leqslant 3$ m/s	1.6~3.2
		$v>3$~5 m/s	0.4~0.8
		$v>5$~10 m/s	0.2~0.4
	间隙或迷宫密封		1.6~3.2

注：v 为与轴接触处的圆周速度。

5. 技术要求

轴类零件的主要技术要求如下：

(1) 对材料及表面性能的要求(如热处理方法、硬度、渗碳深度及淬火深度等)。

(2) 对轴的加工要求(如是否保留中心孔等)。

(3) 对图中未注明的倒角、圆角尺寸说明及其他特殊要求(如个别部位有修饰加工要求，对长轴有校直毛坯等要求)。

图 4-5 所示为轴零件工作图，供设计时参考。

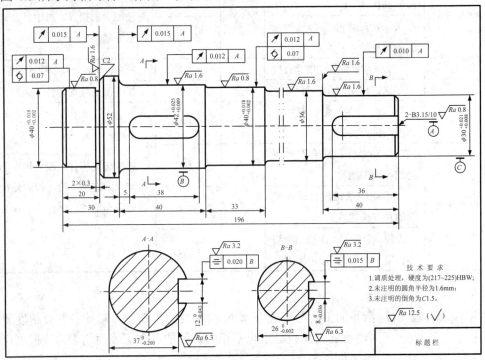

图 4-5　轴零件工作图

4.3　齿轮零件图的设计

齿轮类零件包括齿轮、蜗杆、蜗轮等。此类零件工作图除满足轴类零件图的上述要求外，还应有供加工和检验用的啮合特性表。

1. 视图选择

齿轮类零件一般可用两个视图(主视图和侧视图)表示。主视图主要表示轮毂、轮缘、轴孔、键槽等结构，侧视图主要反映轴孔、键槽的形状和尺寸。侧视图可画出完整视图，也可只画出局部视图。

对于组装的蜗轮，应分别画出齿圈、轮芯的零件工作图及蜗轮的组装图，也可以只画出组装图。

2. 尺寸及公差的标注

1) 齿轮尺寸的标注

齿轮为回转体，应以其轴线为基准标注径向尺寸，以端面为基准标注轴向宽度尺寸。齿轮的分度圆直径是设计计算的基本尺寸，齿顶圆直径、轴孔直径、轮毂直径、轮辐(或辐板)等是齿轮生产加工中不可缺少的尺寸，均必须标注。其他如圆角、倒角、锥度、键槽等尺寸，应做到不重复标注，但又不遗漏标注。

2) 齿轮公差的标注

齿轮的轴孔和端面是齿轮加工、检验、安装的重要基准。轴孔直径应按装配图的要求标注尺寸公差及几何公差(如圆柱度)。齿轮两端面应标注跳动公差(如端面圆跳动)。

圆柱齿轮常以齿顶圆作为齿面加工时定位找正的工艺基准，或作为检验齿厚的测量基准，故应标注齿顶圆尺寸公差和跳动公差(如齿顶圆径向圆跳动)。

齿坯的形位公差推荐标注项目见表 4-3。

表 4-3　齿坯形位公差推荐标注项目

类　型	项目	符号	精度等级	性能影响
圆柱齿轮齿顶圆	径向圆跳动	↗	设计确定	影响齿厚的测量精度；影响齿面载荷分布及齿轮副间隙的均匀性。导致齿向误差和分度不均
锥齿轮齿顶圆锥				
蜗杆与蜗轮顶圆				
齿轮基准面相对轴线	端面圆跳动			
轮毂键槽相对孔轴线	对称度	=	7～9	影响装拆与均匀承载

3. 表面粗糙度的标注

齿轮类零件各加工表面的表面粗糙度可由表 4-4 选取。

4. 啮合特性表

齿轮啮合特性的内容包括齿轮的主要参数、精度等级和测量项目。精度等级、测量项目及具体数值可查第 15 章的有关表格。

表 4-4　齿(蜗)轮类加工表面粗糙度 *Ra* 推荐用值

加工表面		*Ra* / μm			
		6 级	7 级	8 级	9 级
轮齿工作面(齿面)		0.8～1.0 磨齿或珩齿	1.25～1.6 高精度滚、插齿或磨齿	2.0～2.5 精滚或精插齿	3.2～4.0 一般滚齿或插齿
齿顶圆柱面	作基准	1.6	1.6～3.2	1.6～3.2	3.2～6.3
	不作基准	6.3～12.5			
齿轮基准孔		0.8～1.6	0.8～1.6	1.6～3.2	3.2～6.3
齿轮轴的轴颈					
齿轮基准端面		0.8～1.6	1.6～3.2	1.6～3.2	3.2～6.3
平键键槽	工作面	1.6～3.2			
	非工作面	6.3～12.5			
其他加工表面		6.3～12.5			

5. 技术要求

齿轮类零件的主要技术要求有：

(1) 对铸件、锻件等毛坯件的要求。

(2) 对齿(蜗)轮材料机械性能、表面性能(如热处理方法、齿面硬度等)的要求。

(3) 对未注明的圆角、倒角尺寸或其他的必要说明(如对大型或高速齿轮的平衡检验要求等)。

图 4-6 为圆柱齿轮零件工作图例。

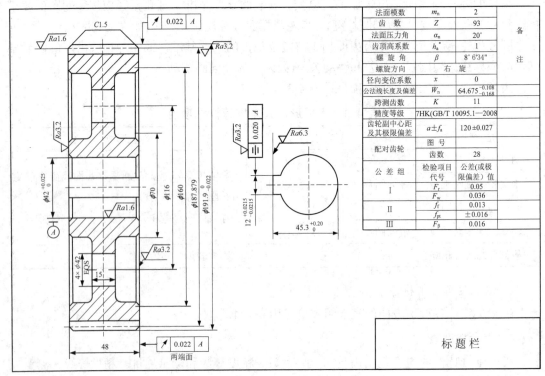

图 4-6　圆柱齿轮零件工作图

4.4　箱体零件图的设计

1. 视图的选择

箱体零件的结构比较复杂，绘图时可按箱体工作位置布置主视图、俯视图及若干局部视图，全面表达箱体的内外结构形状。箱体上的螺纹孔、放油孔、油尺孔、销钉孔等结构可用局部剖视图、剖面图和方向视图进一步表达。

2. 尺寸及公差的标注

箱体结构复杂，标注时应考虑设计、制造、测量的要求。箱体尺寸和公差的标注注意事项如下：

(1) 认清形体特征，找出尺寸基准，将各部分结构的形状尺寸和定位尺寸区分清楚。形状尺寸是箱体各部分形状大小的尺寸，必须直接标出，如箱体的长、宽、高、壁厚、孔径等。定位尺寸是确定箱体各部分相对于基准的位置尺寸，如孔的中心位置尺寸。定位尺寸必须从基准直接标出。

(2) 设计基准和工艺基准力求一致，使标注尺寸便于加工时测量。如箱体、箱盖高度方向的尺寸以剖分面为基准，宽度方向的尺寸以形体宽度对称中心线为基准，长度方向的尺寸以轴孔中心线为基准。

(3) 影响减速器工作性能的尺寸必须标出，从保证加工的准确性。如轴承孔间的中心距按齿轮传动中心距标注，并加注极限偏差值±f。影响零部件装配性能的尺寸也必须直接标出，如采用嵌入式端盖结构时，箱体上沟槽位置尺寸影响轴承的轴向固定。如果尺寸 B 是控制轴承间隙的尺寸链的组成环之一，则还应标注尺寸偏差ΔB。

(4) 标注尺寸要考虑铸造工艺特点。箱体大多是铸件，因此，标注尺寸要便于木模的制作。木模是由一些基本形体拼接而成，在基本形体的定位尺寸标出后，定形尺寸即以自己的基准标出。例如，窥视孔、油标孔、螺塞孔等均属这类情况。

(5) 所有圆角、倒角、拔模斜度等都必须标注或在技术要求中说明。

3. 形位公差等级及粗糙度的标注

箱体的形位公差等级推荐见表 4-5。箱体工作表面的表面粗糙度值见表 4-6。其值可在第 14 章中相关表格查取。

表 4-5　箱体的形位公差等级推荐

类别	项　目	等级	作　用
形状公差	轴承座孔的圆度或圆柱度	11～12	影响箱体与轴承的配合性能及对中性
	剖分面的平面度	7～8	影响剖分面的密封性及防渗漏性能
位置公差	轴承座孔中心线间的平行度	6～8	影响齿面接触斑点及传动的平稳性
	两轴承座孔中心线的同轴度	6～8	影响轴系安装及齿面负荷分布的均匀性
	轴承座孔端面对中心线的垂直度	7～8	影响轴承固定及轴向受载的均匀性
	轴承座孔中心线对剖分面的位置度	<0.3 mm	影响孔隙精度及轴系装配
	两轴承座孔中心线间的垂直度	7～8	影响传动精度及负荷分布的均匀性

表 4-6　箱体工作表面的粗糙度推荐值

加工表面	Ra/mm	加工表面	Ra/mm
减速器剖分面	3.2～1.6	减速器底面	12.5～6.3
轴承座孔面	1.6～0.8	轴承座孔外端面	6.3～3.2
圆锥销孔面	3.2～1.6	螺栓孔座面	12.5～6.3
嵌入式端盖凸缘槽面	6.3～3.2	油塞孔座面	12.5～6.3
视孔盖接触面	12.5	其他表面	>12.5

4. 技术要求

箱体零件的技术要求主要有以下几点：

(1) 对铸件清砂、清洗、表面防护(如涂漆)的要求。

(2) 铸件的时效处理。

(3) 对铸件质量的要求(如不允许有缩孔、砂眼和渗漏现象等)。

(4) 未注明的倒角、圆角和铸造斜度的说明。

(5) 箱体箱盖组装后配作定位销孔，并加工轴承座孔和外端面的说明。

(6) 组装后分箱面处不许有渗漏现象，必要时可涂密封胶等的说明。

(7) 其他必要的说明(如图中个别未注明的轴承座孔中心线的平行度或垂直度)。

第 5 章　机械设计课程设计说明书

课程设计说明书的编写是课程设计中的一项重要内容。它既是设计计算过程的总结，也是图纸设计的理论依据，又是审核设计结果是否合理的重要技术文件之一。课程设计说明书一般是在完成全部设计计算及图纸绘制完成之后进行整理编写。注意，必须保证说明书与图样中对应内容的一致性。

1. 设计说明书的内容

设计说明书的具体内容由设计内容而定。例如，以减速器设计为主的机械设计课程设计说明书的内容，一般要求写出主要过程，写明计算结果或结论。其编写格式分为两栏，左栏为设计计算及说明，内容为主要设计计算过程；右栏为计算结果，内容为设计计算结果或结论，如图 5-1(b)所示。

设计说明书不仅应有相关的设计计算内容，还应包括有关设计简图，如传动方案简图、轴的受力分析图、弯矩图、传动零件草图等。除此之外，还应有设计总结和参考文献等。对于以减速器为主的机械传动装置的设计，其计算说明书的内容大致包括如下项目：

(1) 目录(标题、页码)。

(2) 设计任务书(设计题目)。

(3) 传动系统方案的拟订(简要说明方案并附传动方案简图)。

(4) 电动机的选择和计算。

(5) 传动装置运动和动力参数的选择和计算(包括传动比的分配，计算各轴的转速、功率和转矩)。

(6) 传动零件的设计计算。

(7) 轴的设计计算。

(8) 键连接的选择和计算。

(9) 滚动轴承的选择和计算。

(10) 联轴器的选择和计算。

(11) 润滑方式、润滑剂及密封装置的选择。

(12) 箱体及附件的结构设计和选择。

(13) 设计小结(简要说明课程设计的体会，设计的优、缺点和设计中存在的问题)。

(14) 参考文献(资料编号、编者姓名、书名、出版单位所在地、出版单位、出版年份)。

2. 课程设计说明书的编写要求

设计说明书应系统地说明设计中所考虑的主要问题和全部计算项目，并简要说明设计的合理性和经济性问题。在编写中，要求做到论述简明扼要，计算正确完整，插图清楚规整，文字简洁通顺，书写整齐规范。

(1) 设计计算说明书必须书写于 A4 纸上，要求字体工整，文字简明，图形清晰，计算正确。要求统一封面，有目录、页码，并且装订成册。

(2) 设计计算说明书以计算内容为主，应列出计算公式，代入相应数据后得出计算结果(不需要写出推导过程)，并注明计算单位。整个计算过程必须含有必要的说明，对每一个自成单元的内容，都应有大、小标题或相应的编写序号。

(3) 对所引用的重要公式和数据，应注明来源出处，即参考文献的编号和页次。

3. 设计说明书的书写格式示例

设计说明书封面应有统一格式，封面主要内容以及说明书书写格式可参考图 5-1。

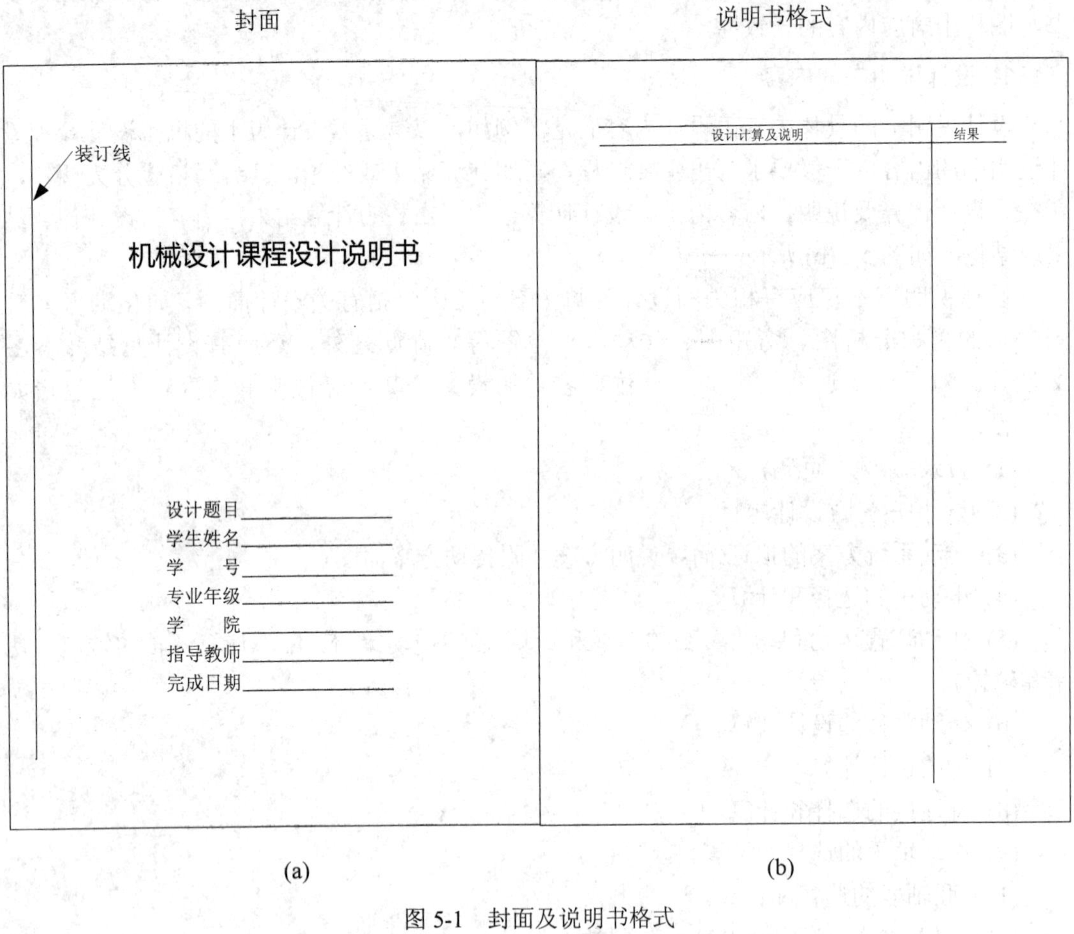

封面　　　　　　　　　　　　　　　　　　　　说明书格式

(a)　　　　　　　　　　　　　　　　　　(b)

图 5-1　封面及说明书格式

第6章　机械设计中常见错误分析及参考图例

6.1　减速器装配图常见错误分析

1. 箱体及附件结构设计中常见的不合理结构及改正

结构设计中常见的不合理之处及正确画法可参考表 6-1。

表 6-1　结构设计中常见的不合理之处及正确画法

错误位置	错误点	正确画法	错误原因
齿轮啮合			1：齿轮啮合处的 5 条线分别为从动轮齿根圆、主动轮齿顶圆、分度圆，从动轮齿顶圆，主动轮齿根圆。其中，分度圆用点画线表示，从动件齿顶圆用虚线表示
普通螺栓连接			1：应有沉孔，避免螺栓受到附加应力； 2：螺栓杆与孔之间应有间隙； 3：普通螺栓连接中，此处应有 3 根线，分别为螺栓小径线、螺栓大径线和钉孔线； 4：应有沉孔； 5：弹簧垫片开口旋向错
端盖上的螺钉及箱体接合面			1：上下箱体接合面处应用实线表示； 2:端盖螺钉不能设计在箱盖和箱体的接合面上； 3：上下箱体接合面处应用实线表示
轴承座孔旁螺栓连接的位置			1：轴承座孔旁的螺栓连接的位置不能与端盖的连接螺钉互相干涉

错误位置	错误点	正确画法	错误原因
轴承座孔端面及定位销	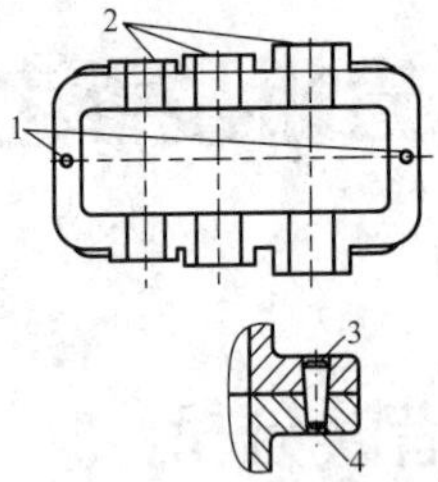	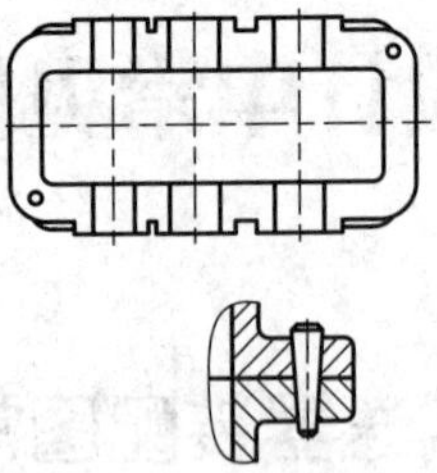	1：定位销位置应对角设置，并尽可能远离； 2：各轴承座孔外端面不平齐，不利于加工； 3、4：定位销的长度应大于连接箱体
放油螺塞的设计	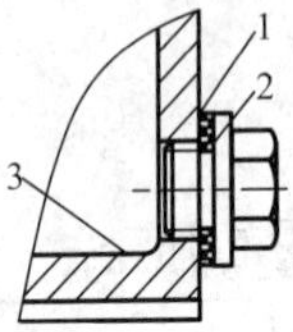	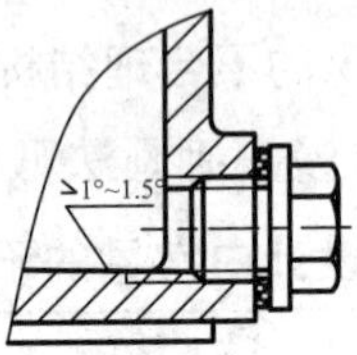	1：无凸台； 2：垫片直径太大，无法装入； 3：放油孔位置偏高，箱内的油放不干净
油标尺的位置	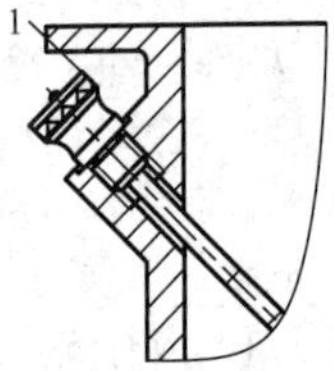	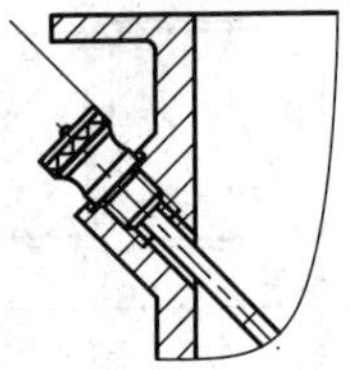	1：插孔位置太高，油标尺不便插入和拔出，凸台无法加工
吊环螺钉	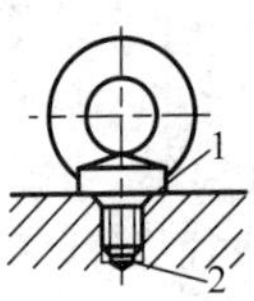	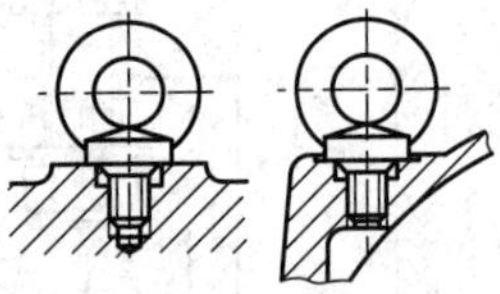	1：螺钉安装处为加工面，应加工沉孔或凸台，以区分加工面与非加工面； 2：孔的深度应比螺纹的深度更长
轴承座旁凸台	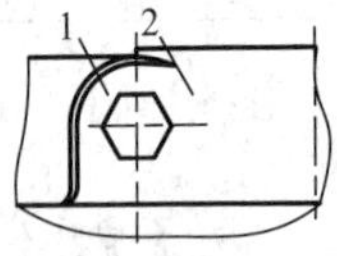	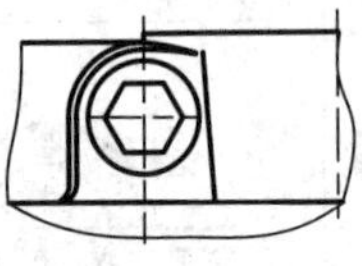	1：螺栓安装处缺少沉孔投影线； 2：缺少轴承座旁的凸台与轴承座的相交线
视孔盖	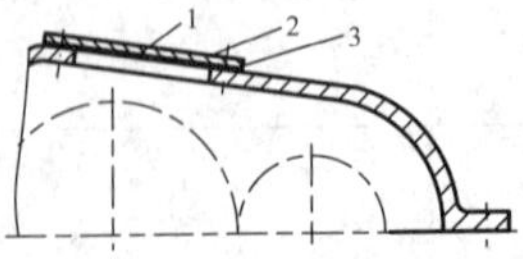	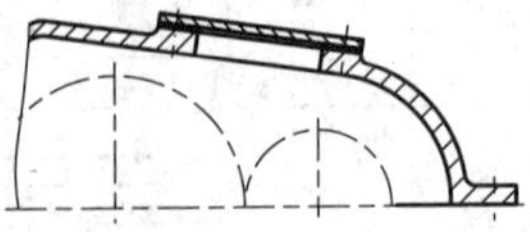	1：视孔盖位置应利于观察减速器内部齿轮传动啮合情况； 2：图示垫片的位置为中空位置，不能全部涂黑； 3：视孔盖与箱体接触处为加工面，应设计凸台
轴承油润滑用端盖	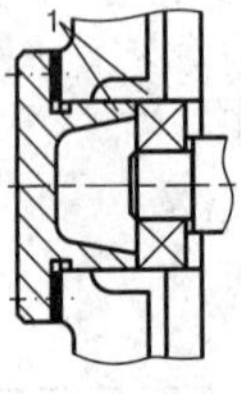	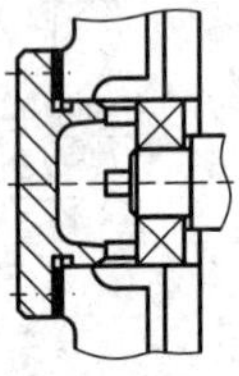	1：轴承油润滑用的端盖脚处应设计缺口，以使输油沟的润滑油对轴承进行润滑，且回流至减速器内部

续表二

错误位置	错误点	正确画法	错误原因
透盖孔径与轴径			1：端盖孔与轴的伸出端相应轴间应有间隙，保证轴的灵活运转

2. 轴系结构常见错误分析

轴系结构常见错误分析可参考表 6-2 和表 6-3。

表 6-2　轴系结构常见错误示例

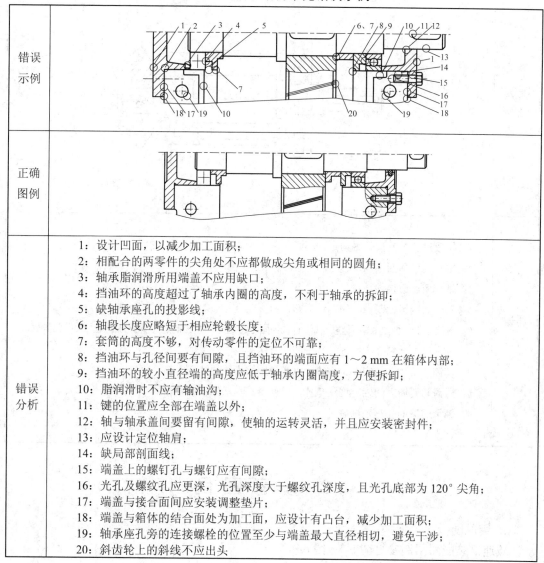

错误示例	

正确图例	

错误分析：

1：设计凹面，以减少加工面积；
2：相配合的两零件的尖角处不应都做成尖角或相同的圆角；
3：轴承脂润滑所用端盖不应用缺口；
4：挡油环的高度超过了轴承内圈的高度，不利于轴承的拆卸；
5：缺轴承座孔的投影线；
6：轴段长度应略短于相应轮毂长度；
7：套筒的高度不够，对传动零件的定位不可靠；
8：挡油环与孔径间要有间隙，且挡油环的端面应有 1～2 mm 在箱体内部；
9：挡油环的较小直径端的高度应低于轴承内圈高度，方便拆卸；
10：脂润滑时不应有输油沟；
11：键的位置应全部在端盖以外；
12：轴与轴承盖间要留有间隙，使轴的运转灵活，并且应安装密封件；
13：应设计定位轴肩；
14：缺局部剖面线；
15：端盖上的螺钉孔与螺钉应有间隙；
16：光孔及螺纹孔应更深，光孔深度大于螺纹孔深度，且光孔底部为 120° 尖角；
17：端盖与接合面间应安装调整垫片；
18：端盖与箱体的结合面处为加工面，应设计有凸台，减少加工面积；
19：轴承座孔旁的连接螺栓的位置至少与端盖最大直径相切，避免干涉；
20：斜齿轮上的斜线不应出头。

表6-3　小锥齿轮轴系结构常见错误示例

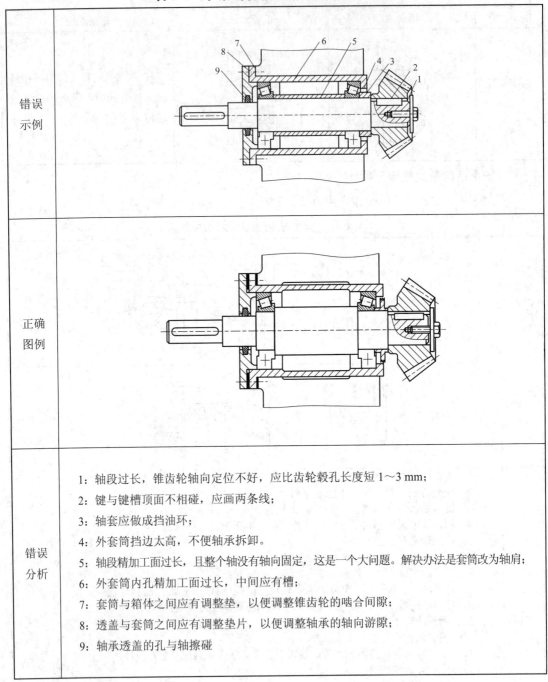

错误示例	
正确图例	
错误分析	1：轴段过长，锥齿轮轴向定位不好，应比齿轮毂孔长度短 1～3 mm； 2：键与键槽顶面不相碰，应画两条线； 3：轴套应做成挡油环； 4：外套筒挡边太高，不便轴承拆卸。 5：轴段精加工面过长，且整个轴没有轴向固定，这是一个大问题。解决办法是套筒改为轴肩； 6：外套筒内孔精加工面过长，中间应有槽； 7：套筒与箱体之间应有调整垫，以便调整锥齿轮的啮合间隙； 8：透盖与套筒之间应有调整垫片，以便调整轴承的轴向游隙； 9：轴承透盖的孔与轴擦碰

6.2　参 考 图 例

1. 装配图

减速器装配图图例参见图 6-1～图 6-4。

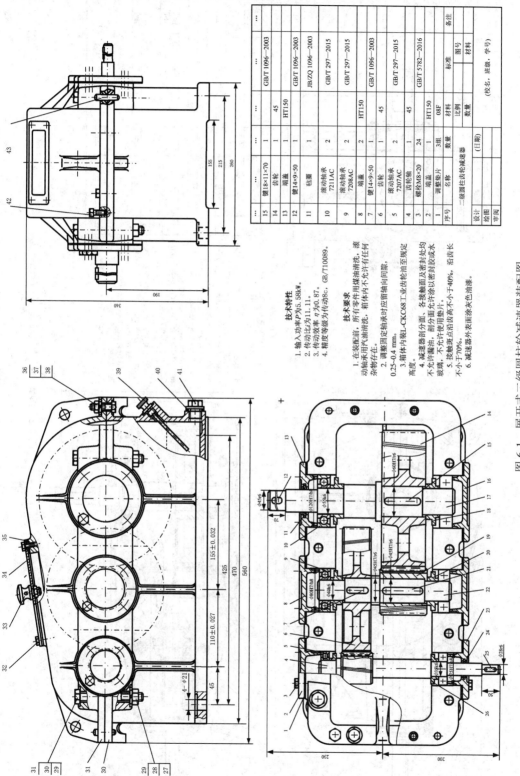

						备注
15	键18×11×70		1		GB/T 1096—2003	
14	齿轮		1	45	GB/T 1096—2003	
13	端盖		1	HT150		
12	键14×9×50		1		JB/ZQ 1096—2003	
11	档圈		1		GB/T 297—2015	
10	滚动轴承7211AC		2		GB/T 297—2015	
9	滚动轴承7208AC		2			
8	端盖		2	HT150		
7	键14×9×50		1	45	GB/T 1096—2003	
6	齿轮		1	45		
5	滚动轴承7207AC		2		GB/T 297—2015	
4	齿轮轴		1	45		
3	螺栓M8×20		24	08F	GB/T 5782—2016	
2	端盖		1	HT150		
1	调整垫片		3组	08F		
序号	名称		数量	材料	标准 图号	材料
	二级圆柱齿轮减速器					
设计					比例 图号	
绘图					数量	(校名、班级、学号)
审阅						
		(日期)				

技术特性

1. 输入功率 P 为 5.58kW。
2. 传动比 i 为 11.11。
3. 传动效率 η 为 0.87。
4. 精度等级为 8 级。GB/T10089。

技术要求

1. 在装配前，所有零件用煤油清洗。滚动轴承用汽油清洗，箱体内不允许有任何杂物存在。
2. 减速器剖分面、各接触面及密封处均不允许漏油。剖分面允许涂以密封胶或水玻璃，不允许使用其他垫片。
3. 箱体内装 L-CKC68 工业齿轮油至规定高度：0.25~0.4 mm。
4. 调整固定轴承时应留轴向间隙 0.25~0.4 mm。
5. 按接触点涂齿高 40%，沿齿长不小于 70%。
6. 减速器外表面涂灰色油漆。

图 6-1　展开式二级圆柱齿轮减速器装配图

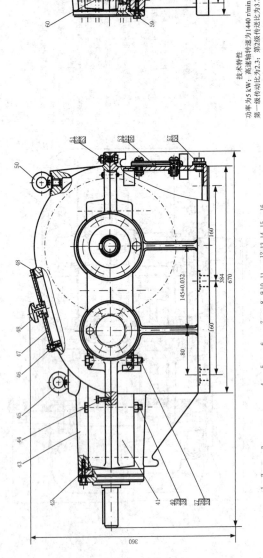

序号	名称	数量	材料	图号	备注
11	轴承30306	2			
10	小锥齿轮	1	45调质	GB/T 292—2007	$m_n=2.25$ $Z=24$
9	大圆锥齿轮	1	45调质		$m_n=2.25$ $Z=100$
8	轴承30311	2		GB/T 292—2007	
7	轴	1	45		
6	垫片	2	石棉纸		
5	键14×50	1		GB/T 1095—2003	
4	毡圈	1		JB/ZQ4606—1997	
3	螺栓M10×20	4		GB/T 5783—2016	
2	轴承盖	2		GB/T 5782—2016	4.6
1	启盖螺钉M10×30	2	Q235		4.6

圆锥圆柱齿轮减速器

（校名、班级、姓名、学号）

设计　绘图　审阅　（日期）　材料　比例　数量　图号

技术特性

功率为5 kW；高速轴转速为1440 r/min。
第一级传动比为2.3；第2级传动比为3.75。

技术要求

1. 装配前，所有零件用煤油清洗，轴承用汽油清洗；箱体内不许有任何杂物，箱体内壁涂耐油侵蚀的涂料两次；
2. 啮合侧隙用铅丝检验不小于0.16 mm，铅丝不得大于最小侧隙的4倍；
3. 用涂色法检验齿轮：按齿高方向不少于40%，按齿长方向不小于50%，必要时可用研开齿长方向改善接触状况；
4. 应调整轴承轴向间隙为0.05～0.10 mm；
5. 检查剖分面、各接触面及密封处，均不允许漏油，部分方面允许涂以密封胶或水玻璃，剖分面上不允许使用其他填料；
6. 机座内装工业用齿轮油（SY1172-80）至规定高度；
7. 表面涂以灰色油漆。

图 6-2 圆锥圆柱齿轮减速器装配图

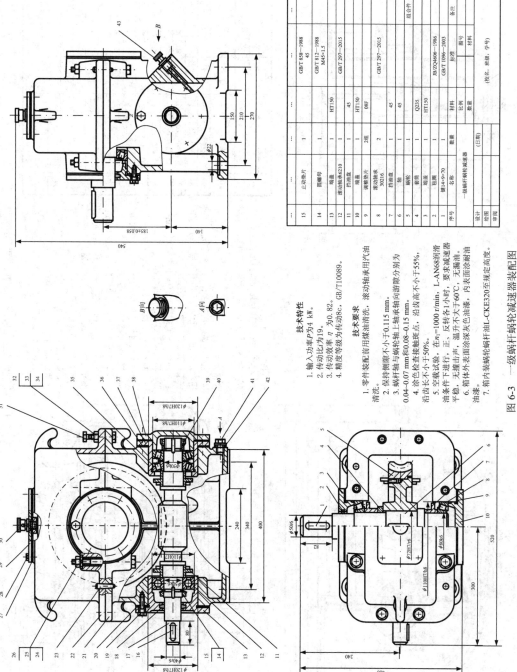

序号	名称	数量	材料	标准	备注
				组合件	
15	止动垫片	1		GB/T 858—1988	
14	圆螺母	1	45	GB/T 812—1988 M45×1.5	
13	滚动轴承210	1		GB/T 297—2015	
12	挡油盘	1	HT150		
11	挡油盘	1	45		
10	调整垫片	2组	HT150		
9	滚动轴承30216	2	08F		
8	挡油盘	2		GB/T 297—2015	
7	轴	1	45		
6	蜗轮	1	45		
4	套筒	1	Q235		
3	铝挡盘	1	HT150		
2	键14×9×70	1		JB/ZQ4606—1986	
1	一级蜗杆蜗轮减速器			GB/T 1096—2003	图号 材料
					(校名、班级、学号)
设计					
绘图		(日期)	比例		图号
审核			数量		

技术特性

1. 输入功率 P 为4 kW。
2. 传动比 i 为19。
3. 传动效率 η 为0.82。
4. 精度等级为传动8c, GB/T10089。

技术要求

1. 零件装配前用煤油清洗、滚动轴承用汽油清洗。
2. 保持侧隙不小于0.115 mm。
3. 蜗杆轴与蜗轮轴上轴承轴向游隙分别为0.04～0.07 mm和0.08～0.15 mm。
4. 涂色检查接触斑点,沿齿高不小于55%,沿齿长不小于50%。
5. 空载试验,在 n_1=1000 r/min,反转各1小时,要求减速器平稳、无撞击声,温升不大于60℃,无漏油。
6. 蜗杆蜗轮蜗杆用油L-AN68润滑油、L-CKE320至规定高度。
7. 箱体外表面涂浅灰色油漆,内表面涂耐油油漆。

图6-3 一级蜗杆蜗轮减速器装配图

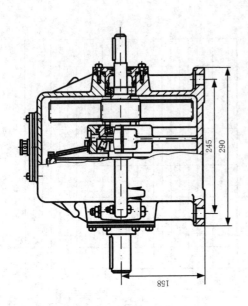

序号	名称	数量	材料	标准	备注
11	封油圈	1	耐油橡胶	GB/T 292—2007	$m_n=2.25$ $Z=24$
10	油塞	1	Q235		$m_n=2.25$ $Z=24$
9	观察窗	1	有机玻璃		
8	弹簧垫圈6	4	耐油橡胶	GB/T 93—1987	4.8
7	螺栓M6×20	4	45	GB/T 5782—2016	
6	密封毡片	1	0.8F		
5	弹簧垫圈12	1	耐油橡胶	GB/T 93—1987	4.8
4	螺栓M12×35	2		GB/T 5782—2016	
3	中间连接上盖	1	HT200		
2	旋盖式油杯	2	Q235	GB/T 1154—1989	
1	密封圈	1	Q235		
序号	名称	数量	材料	标准	图号	备注

圆锥圆柱齿轮减速器

设计		比例		(校名，班级，姓名，学号)
绘图		数量		
审阅	(日期)	材料		

技术特性

功率为5 kW；高速轴转速为1440 r/min。
第一级传动比为4；第2级传送比为3.47。

技术要求

1.装配前，所有零件用煤油清洗，轴承用汽油清洗，箱体内不许有任何杂物，内壁彼机油侵蚀的涂料两次；

2.啮合侧隙用铅丝检验不小于0.16 mm，铅丝不得大于最小侧隙的4倍；

3.用涂色法检验斑点：按齿高方向不小于40%，沿齿长方向不小于50%，必要时可用刮开后研磨改善轴向接触状况；

4.应调整轴承轴向同隙为0.05~0.10 mm；

5.检查剖分面、各接触面及密封处，均不允许漏油，剖分面允许涂密封胶或水玻璃，但不许使用其他填料；

6.机座内装工业用齿轮油（SY1172—80）至规定高度；

7.表面涂以灰色油漆。

图6-4 同轴式二级圆柱齿轮减速器装配图

2. 零件图

减速器常见零件图图例参见图 6-5~图 6-11。

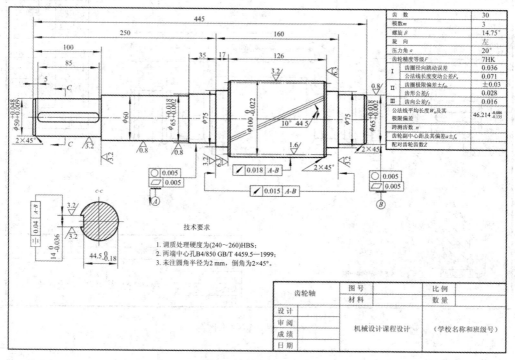

图 6-5　齿轮轴工作图

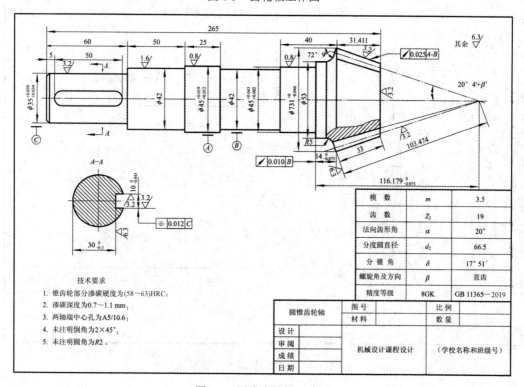

图 6-6　圆锥齿轮轴工作图

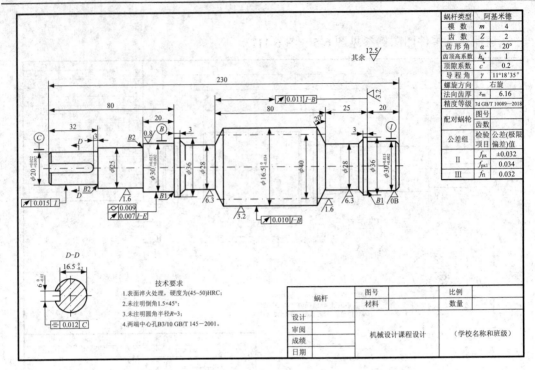

图 6-7 蜗杆零件工作图

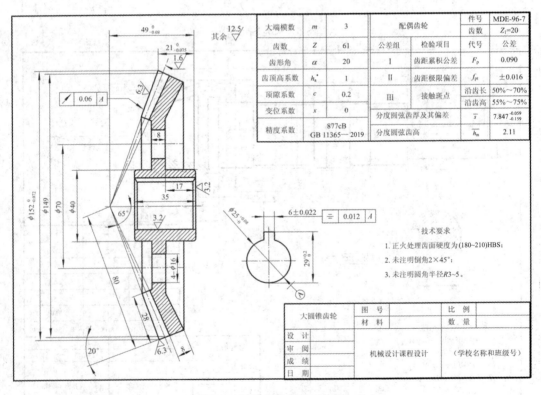

图 6-8 圆锥齿轮零件工作图

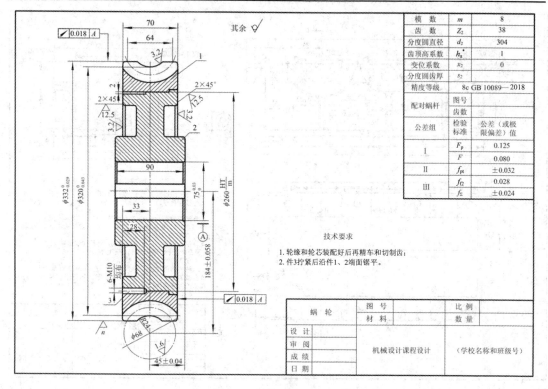

模 数	m	8
齿 数	Z_2	38
分度圆直径	d_2	304
齿顶高系数	h_a^*	1
变位系数	x_2	0
分度圆齿厚	s_2	
精度等级		8c GB 10089—2018
配对蜗杆	图号	
	齿数	
公差组	检验标准	公差（或极限偏差）值
I	F_p	0.125
	F	0.080
II	f_{pt}	±0.032
III	f_{f2}	0.028
	f_{Σ}	±0.024

技术要求

1. 轮缘和轮芯装配好后再精车和切制齿；
2. 件3拧紧后沿件1、2端面锯平。

蜗 轮	图 号		比 例	
	材 料		数 量	
设 计				
审 阅		机械设计课程设计	（学校名称和班级号）	
成 绩				
日 期				

图 6-9 蜗轮零件工作图

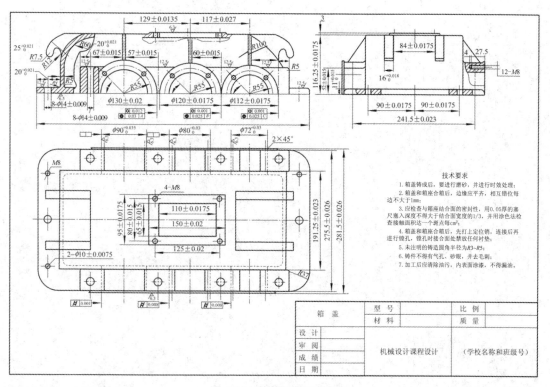

技术要求

1. 箱盖铸成后，要进行磨砂，并进行时效处理；
2. 箱盖和箱座合箱后，边缘应平齐，相互错位每边不大于1mm；
3. 应检查与箱座结合面的密封性，用0.05厚的塞尺塞入深度不得大于结合面宽度的1/3，并用涂色法检查接触面积达一个斑点每cm²；
4. 箱盖和箱座合箱后，先打上定位销，连接后再进行镗孔，镗孔时接合面处禁放任何衬垫；
5. 未注明的铸造圆角半径为R3~R5；
6. 铸件不得有气孔、砂眼，并去毛刺；
7. 加工后应清除油污，内表面涂漆，不得漏油。

箱 盖	型 号		比 例	
	材 料		质 量	
设 计				
审 阅		机械设计课程设计	（学校名称和班级号）	
成 绩				
日 期				

图 6-10 箱盖零件工作图

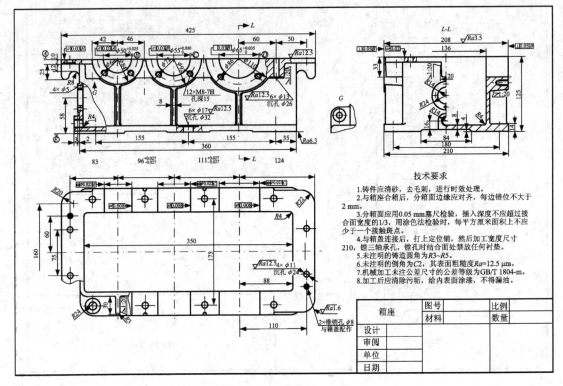

技术要求

1.铸件应清砂，去毛刺，进行时效处理。

2.与箱座合箱后，分箱面边缘应对齐，每边错位不大于2 mm。

3.分箱面应用0.05 mm塞尺检验，插入深度不应超过接合面宽度的1/3，用涂色法检验时，每平方厘米面积上不应少于一个接触斑点。

4.与箱盖连接后，打上定位销，然后加工宽度尺寸210，镗三轴承孔，镗孔时结合面处禁放任何衬垫。

5.未注明的铸造圆角为R3~R5。

6.未注明的倒角为C2，其表面粗糙度Ra=12.5 μm。

7.机械加工未注公差尺寸的公差等级为GB/T 1804-m。

8.加工后应清除污垢，给内表面涂漆，不得漏油。

箱座	图号		比例	
	材料		数量	
设计				
审阅				
单位				
日期				

图 6-11　箱体零件工作图

第 7 章　课程设计题目

7.1　带式运输机传动装置设计 1

1. 设计任务

设计带式运输机的传动装置。

2. 传动方案

传动方案见图 7-1。

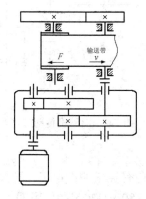

图 7-1　带式输送机传动方案

3. 工作条件

两班制,常温下连续工作;空载启动,工作载荷平稳;三相交流电源,电压为 380/220 V;使用期为 5 年;一般机械厂制造,小批量生产。

4. 原始数据

原始数据见表 7-1。

表 7-1　原 始 数 据

序号	1	2	3	4	5	6	7
F/N	8000	8200	8500	9000	9500	8000	9000
$v/(m/s)$	0.3	0.375	0.35	0.4	0.375	0.4	0.45
D/mm	400	425	450	475	500	530	560

5. 设计工作量

(1) 减速器装配图 1 张(A0 或 A1)。

(2) 零件工作图 2 张。

(3) 设计说明书 1 份。

7.2 铸工车间混砂机传动装置设计

1. 设计任务
设计铸工车间混砂机传动装置。

2. 传动方案
传动方案见图 7-2。

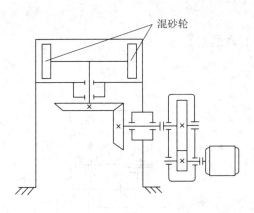
混砂轮

图 7-2 混砂机传动方案

3. 工作条件
两班制，连续单向运转，载荷有轻微冲击；工作环境室内，灰尘较大，环境最高温度为 35℃；三相交流电源，电压为 380 V/220 V；使用期为 8 年，3 年一次大修，1 年一次小修；一般机械厂制造，小批量生产。

4. 原始数据
原始数据见表 7-2。

表 7-2 原 始 数 据

序号	1	2	3	4	5	6	7	8	9	10
工作机主轴上的功率 P_w/kW	1.2	1.5	1.8	1.9	2	2.3	2.4	2.5	2.8	3
工作机主轴上的转速 n_w/(r/min)	20	25	30	32	35	28	30	25	35	37

5. 设计工作量
(1) 减速器装配图 1 张(A0 或 A1)。

(2) 零件工作图 2 张。

(3) 设计说明书 1 份。

7.3　带式输送机传动装置设计

1. 设计任务

设计带式输送机传动装置。

2. 传动方案

参考传动方案见图 7-3。

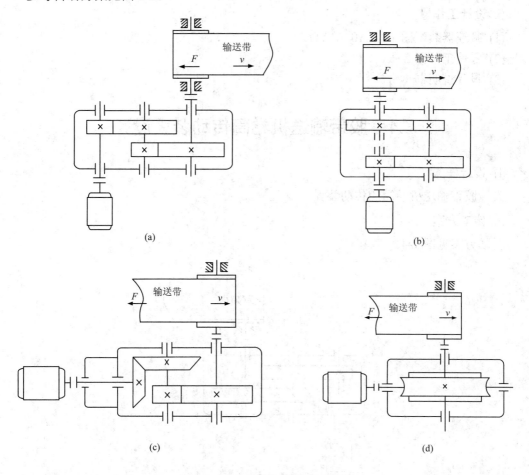

(a)　　　　　　　　　　　　　　　(b)

(c)　　　　　　　　　　　　　　　(d)

图 7-3　带式输送机参考传动方案

3. 工作条件

两班制，连续单向运转，载荷较平稳；工作环境室内，灰尘较大，环境最高温度为 35℃；三相交流电源，电压为 380 V/220 V；使用折旧期为 8 年，四年一次大修，两年一次中修，半年一次小修；一般机械厂制造，小批量生产。

4. 原始数据

原始数据见表 7-3。

表 7-3　原 始 数 据

序号	1	2	3	4	5	6	7	8	9	10
输送带工作拉力 $F/(kN)$	7	6.5	6	5.5	5.2	5	4.8	4.5	4.2	4
输送带工作速度 $v/(m/s)$	1.1	1.2	1.3	1.4	1.5	1.6	1.7	1.8	1.9	2.0
滚筒直径 D/mm	400	400	400	450	400	500	450	400	450	45

注：滚筒效率 $\eta_j = 0.96$(包括滚筒与轴承的效率损失)。

5. 设计工作量

(1) 减速器装配图 1 张(A0 或 A1)。

(2) 零件工作图 2 张。

(3) 设计说明书 1 份。

7.4　胶带输送机卷筒传动装置设计

1. 设计任务

设计胶带输送机卷筒的传动装置。

2. 传动方案

传动方案见图 7-4。

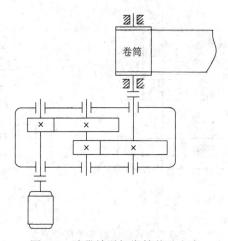

图 7-4　胶带输送机卷筒传动方案

3. 工作条件

两班制，连续单向运转，载荷平稳，空载启动；室内工作，有粉尘；三相交流电源，电压为 380 V/220 V；使用期为 10 年，大修期为 3 年；中等规模机械厂小批量生产。输送带速度允许误差为±5%。

4. 原始数据

原始数据见表 7-4。

表 7-4　原 始 数 据

序号	1	2	3	4	5	6	7	8	9	10
输送带工作拉力 F/N	1600	1800	2000	2200	2400	2500	2500	2900	3000	2300
输送带速度 v/(m/s)	1	1.1	0.9	0.9	1.2	1	1.6	1.5	1.4	1.5
卷筒直径 D/mm	400	350	300	300	300	300	450	400	400	320

注：卷筒效率 $\eta_j = 0.96$(包括卷筒与轴承的效率损失)。

5. 设计工作量

(1) 减速器装配图 1 张(A0 或 A1)。

(2) 零件工作图 2 张。

(3) 设计说明书 1 份。

7.5　卷扬机卷筒传动装置设计

1. 设计任务

设计卷扬机卷筒的传动装置。

2. 传动方案

传动方案见图 7-5。

3. 工作条件

间歇工作，两班制，每班工作时间不超过 15%，每次工作时间不超过 10 min；满载启动，工作中有中等振动；三相交流电源，电压为 380 V/220 V；使用期为 10 年；中等规模机械厂小批量生产；提升速度容许误差为±5%。

4. 原始数据

原始数据见表 7-5。

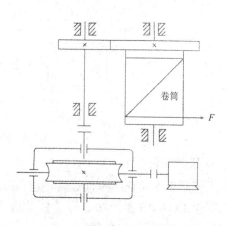

图 7-5　卷扬机卷筒传动方案

表 7-5　原 始 数 据

序号	1	2	3	4	5	6	7	8	9	10
钢绳拉力 Q/N	10 000	12 000	14 000	15 000	16 000	18 000	20 000	11 000	13 000	17 000
钢绳速度 v/(m/min)	12	12	10	10	10	8	8	12	1.4	12
卷筒直径 D/mm	450	460	400	380	390	310	450	320	440	480

5. 设计工作量

(1) 减速器装配图 1 张(A0 或 A1)。

(2) 零件工作图 2 张。

(3) 设计说明书 1 份。

7.6　带式运输机传动装置设计 2

1. 设计任务

设计带式运输机的传动装置。

2. 传动系统参考方案

传动方案见图 7-6。

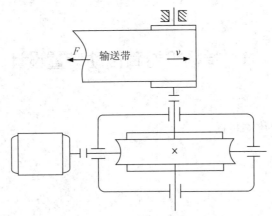

图 7-6　带式运输机传动方案

3. 工作条件

两班制工作，连续单向运转，载荷有轻微振动；三相交流电源，电压为 380 V/220 V；使用期为 15 年，3 年一次大修；生产 20 台，中等规模机械厂，可加工 7～8 级蜗轮、蜗杆；运输带速度允许误差为±5%。

4. 原始数据

原始数据见表 7-6。

表 7-6　原 始 数 据

序号	1	2	3	4	5	6	7	8	9	10
运输带工作拉力 F/N	2400	2500	2800	2800	3000	3200	3500	2400	2800	2500
运输带工作速度 v/(m/s)	1.0	1.0	1.0	1.1	1.1	1.1	1.1	1.2	1.2	1.2
卷筒直径 D/mm	380	400	420	380	400	420	450	400	420	410

注：卷筒支承及卷筒与运输带间的摩擦影响在运输带工作拉力 F 中已考虑。

5. 设计工作量

(1) 减速器装配图 1 张(A0 或 A1)。

(2) 零件工作图 2 张。

(3) 设计说明书 1 份。

7.7　胶带运输机传动装置设计

1. 设计任务

设计胶带运输机的传动装置。

2. 传动方案

传动方案见图 7-7。

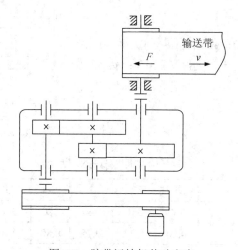

图 7-7　胶带运输机传动方案

3. 工作条件

两班制工作，连续单向运转，工作时有轻微振动，室内工作；三相交流电源，电压为 380 V/220 V；使用期限为 15 年，3 年一次大修；运输带速度允许误差为±5%。

4. 原始数据

原始数据见表 7-7。

表 7-7　原 始 数 据

序号	1	2	3	4	5	6	7	8	9	10
运输带工作拉力 F/N	1500	1600	1800	2000	2200	2400	2500	2800	3000	2900
运输带工作速度 v/(m/s)	1.3	1.3	1.4	1.4	1.5	1.3	1.4	1.5	1.6	1.6
卷筒直径 D/mm	300	320	320	340	340	350	300	320	340	320

注：胶带运输机中的卷筒支承及卷筒与运输带间的摩擦影响在运输带工作拉力 F 中已考虑。

5. 设计工作量

(1) 减速器装配图 1 张(A0 或 A1)。

(2) 零件工作图 2 张。

(3) 设计说明书 1 份。

7.8　自动送料机传动装置设计

1. 设计任务

设计自动送料机传动装置。

2. 传动方案

传动方案见图 7-8。

3. 工作条件

两班工作制，载荷平稳；使用期限为 10 年，3 年一次大修；三相交流电源，电压为 380 V/220 V；传送带速度允许偏差为±5%。

4. 原始数据

原始数据见表 7-8。

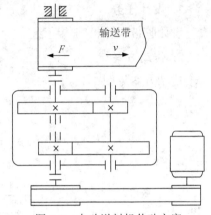

图 7-8　自动送料机传动方案

表 7-8　原 始 数 据

序号	1	2	3	4	5	6	7	8
鼓轮直径/mm	360	350	340	320	320	300	300	300
传送带速度/(m/s)	0.80	0.77	0.75	0.80	0.70	0.85	0.75	0.80
传送带主动轴所需扭矩/(N·m)	1300	1750	1700	900	1350	760	900	900

5. 设计工作量

(1) 减速器装配图 1 张(A0 或 A1)。

(2) 零件工作图 2 张。

(3) 设计说明书 1 份。

7.9　悬挂式输送机传动装置设计

1. 设计任务

设计一悬挂式输送机(用于在通用生产线中传送半成品、成品，被运送物品悬挂在输送链上)的传动装置。

2. 传动系统方案

传动方案见图 7-9。

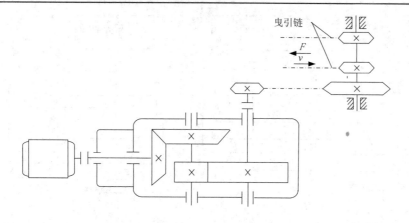

图 7-9　悬挂式输送机传动方案

3. 工作条件

两班制工作，连续单向运转，轻度振动；使用期为 8 年，每年工作 320 天，3 年一次大修；三相交流电源，电压为 380 V/220 V；生产 20 台，中等规模机械厂，可加工 7～8 级齿轮；曳引链速度的允许误差为±5%。

4. 原始数据

原始数据见表 7-9。

表 7-9　原　始　数　据

	1	2	3	4	5	6	7	8	9	10
曳引链拉力 F/kN	3.5	3.5	3.5	5.5	5.5	5.5	7	7	7	9
曳引链速度 v/(m/s)	0.9	1.0	1.1	0.9	1.0	1.1	0.9	1.0	1.1	0.9
曳引链轮齿数	7	9	11	7	9	11	7	9	11	7

5. 设计工作量

(1) 减速器装配图 1 张(A0 或 A1)。

(2) 零件工作图 2 张。

(3) 设计说明书 1 份。

7.10　通用两级斜齿圆柱齿轮减速器设计

1. 设计任务

设计一通用两级斜齿圆柱齿轮减速器。

2. 传动系统参考方案

参考传动方案见图 7-10。

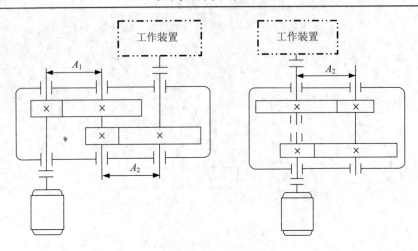

图 7-10　通用两级斜齿圆柱齿轮减速器传动方案

3. 工作条件

两班制工作，连续单向运转，载荷平稳；使用期为 10 年，每年工作 320 天，3 年一次一修；三相交流电源，电压为 380 V/220 V；成批生产，中等规模机械厂，可加工 7~8 级齿轮；允许误差为 ±5%。

4. 原始数据

原始数据见表 7-10。

表 7-10　原 始 数 据

	展 开 式				同 轴 式			
输入转速/(r/min)	960				1440			
中心距	A_1=100 mm，A_2=140 mm				A_1=A_2=140 mm			
传动比	i=10	i=12.5	i=16	i=20	i=10	i=12.5	i=16	i=20
齿面硬度	硬齿面	软齿面			硬齿面		软齿面	

5. 设计工作量

(1) 减速器装配图 1 张(A0 或 A1)。

(2) 零件工作图 2 张。

(3) 设计说明书 1 份。

第二篇　机械设计常用标准和规范

第8章　常用数据和一般标准

8.1　常　用　数　据

常用材料的物理性能数据见表8-1～表8-4。典型部件的摩擦系数和常用机械传动和摩擦副的效率概略值见表8-5～表8-6。

表8-1　常用材料的密度

材料名称	密度 $\rho/(g/cm^3)$	材料名称	密度 $\rho/(g/cm^3)$	材料名称	密度 $\rho/(g/cm^3)$
碳钢	7.8～7.85	锡	7.29	橡胶石棉板	1.5～2.0
合金钢	7.9	镁合金	1.74	酚醛层压板	1.3～1.45
球墨铸铁	7.3	硅钢片	7.55～7.8	尼龙6	1.13～1.14
灰铸铁	7.25	锡基轴承合金	7.34～7.75	尼龙66	1.14～1.15
黄铜	8.4～8.85	铅基轴承合金	9.33～10.67	木材	0.4～0.75
锡青铜	8.7～8.9	胶木板、纤维板	1.3～1.4	石灰石	2.6
磷青铜	8.8	玻璃	2.4～2.6	花岗石	2.6～3
工业用铝	2.7	有机玻璃	1.18～1.19	砌砖	1.9～2.3
铅	11.37	矿物油	0.92	混凝土	1.8～2.45

表8-2　常用材料的弹性模量及泊松比

名称	弹性模量 E/GPa	切变模量 G/GPa	泊松比 μ	名称	弹性模量 E/GPa	切变模量 G/GPa	泊松比 μ
灰铸铁、白口铸铁	113～157	44	0.23～0.27	铸铝青铜	103	41	0.25
球墨铸铁	140～154	73～76	0.25～0.29	硬铝合金	70	26	
碳钢	196～206	79	0.24～0.28	冷拔黄铜	89～97	34～36	0.32～0.42
合金钢	206	79.38	0.25～0.3	轧制纯铜	108	39	0.31～0.34
铸钢	172～202	70～84	0.25～0.29	轧制锌	82	31	0.27
轧制磷锡青铜	115	41	0.32～0.35	轧制铝	68	25～26	0.32～0.36
轧制锰青铜	110	39	0.35	铅	17	7	0.42

表 8-3　常用材料极限强度的近似关系

材料名称	极限强度					
	对称应力疲劳极限			脉动应力疲劳极限		
	拉压疲劳极限 σ_{-1t}	弯曲疲劳极限 σ_{-1}	扭转疲劳极限 τ_{-1}	拉压脉动疲劳极限 σ_{0t}	弯曲脉动疲劳极限 σ_0	扭转脉动疲劳极限 τ_0
结构钢	$\approx 0.3\sigma_b$	$\approx 0.43\sigma_b$	$\approx 0.25\sigma_b$	$\approx 1.42\sigma_{-1t}$	$\approx 1.33\sigma_{-1t}$	$\approx 1.5\tau_{-1t}$
铸铁	$\approx 0.225\sigma_b$	$\approx 0.45\sigma_b$	$\approx 0.36\sigma_b$	$\approx 1.42\sigma_{-1t}$	$\approx 1.35\sigma_{-1t}$	$\approx 1.35\tau_{-1t}$
铝合金	$\approx \dfrac{\sigma_b}{6}+73.5$	$\approx \dfrac{\sigma_b}{6}+73.5$	$\approx(0.25\sim0.36)\sigma_{-1}$	$\approx 1.5\sigma_{-1t}$		

注：对于结构钢，$\sigma_b=(3.2\sim3.5)$HBS MPa，$\sigma_s=(0.52\sim0.65)\sigma_b$。

表 8-4　常用材料的摩擦系数

摩擦副材料	摩擦系数 f		摩擦副材料	摩擦系数 f	
	无润滑	有润滑		无润滑	有润滑
钢-钢	0.15	0.1~0.12	青铜-青铜	0.15~0.20	0.04~0.10
钢-软钢	0.2	0.1~0.2	青铜-钢	0.16	—
钢-铸铁	0.2~0.3	0.05~0.15	青铜-夹布胶木	0.23	—
钢-黄铜	0.19	0.03	铝-不淬火的 T8 钢	0.18	0.03
钢-青铜	0.15~0.18	0.1~0.15	铝-淬火的 T8 钢	0.17	0.02
钢-铝	0.17	0.02	铝-黄铜	0.27	0.02
钢-轴承合金	0.2	0.04	铝-青铜	0.22	—
钢-夹布胶木	0.22	—	铝-钢	0.30	0.02
铸铁-铸铁	0.15	0.15~0.16	铝-夹布胶木	0.26	—
铸铁-青铜	0.28	0.16	钢-粉末冶金	0.35~0.55	—
软钢-铸铁	—	0.05~0.15	木材-木材	0.4~0.6	0.10
软钢-青铜	—	0.07~0.15	铜-铜	0.20	

表 8-5　典型部件的摩擦系数

名称		摩擦系数 f	名称		摩擦系数 f
滑动轴承	液体摩擦	0.001~0.008	滚动轴承	深沟球轴承	0.002~0.004
	半液体摩擦	0.008~0.08		角接触球轴承	0.003~0.005
	半干摩擦	0.1~0.5		圆锥滚子轴承	0.008~0.02
密封软填料盒中填料与轴的摩擦		0.2		圆柱滚子轴承	0.002
制动器普通石棉制动带（无润滑）$p=0.2\sim0.6$ MPa		0.35~0.46		推力球轴承	0.003
离合器装有黄铜丝的压制石棉 $p=0.2\sim1.2$ MPa		0.40~0.43		调心球轴承	0.0015

表 8-6　常用机械传动和摩擦副的效率概略值

种　类		效率 η	种　类		效率 η
圆柱齿轮传动	很好跑合的 6 级精度和 7 级精度齿轮传动(油润滑)	0.98～0.99	摩擦传动	平摩擦传动	0.85～0.92
	8 级精度的一般齿轮传动(油润滑)	0.97		槽摩擦传动	0.88～0.90
	9 级精度的齿轮传动(油润滑)	0.96	联轴器	十字滑块联轴器	0.97～0.99
	加工齿的开式齿轮传动(脂润滑)	0.94～0.96		齿式联轴器	0.99
	铸造齿的开式齿轮传动	0.90～0.93		弹性联轴器	0.99～0.995
锥齿轮传动	很好跑合的 6 级精度和 7 级精度齿轮传动(油润滑)	0.97～0.98		万向联轴器($\alpha \leqslant 3°$)	0.97～0.98
	8 级精度的一般齿轮传动(油润滑)	0.94～0.97		万向联轴器($\alpha \geqslant 3°$)	0.95～0.97
	加工齿的开式齿轮传动(脂润滑)	0.92～0.95	滑动轴承	润滑不良	0.94(一对)
	铸造齿的开式齿轮传动	0.88～0.92		润滑正常	0.97(一对)
蜗杆传动	自锁蜗杆(油润滑)	0.40～0.45		润滑良好(压力润滑)	0.98(一对)
	单头蜗杆(油润滑)	0.70～0.75		液体摩擦	0.99(一对)
	双头蜗杆(油润滑)	0.75～0.82	滚动轴承	球轴承	0.99(一对)
	四头蜗杆(油润滑)	0.80～0.92		滚子轴承	0.98(一对)
	环面蜗杆传动(油润滑)	0.85～0.95	卷筒		0.96
带传动	平带无压紧轮的开式传动	0.98	链传动	滚子链传动	0.96
	平带有压紧轮的开式传动	0.97		齿形链传动	0.97
	平带交叉传动	0.90	螺旋传动	滑动螺旋	0.30～0.60
	V 带传动	0.96		滚动螺旋	0.85～0.95

8.2 一般标准

常用的一般标准见表8-7～表8-18。

1. 图纸幅面、图样比例

表8-7 图纸幅面

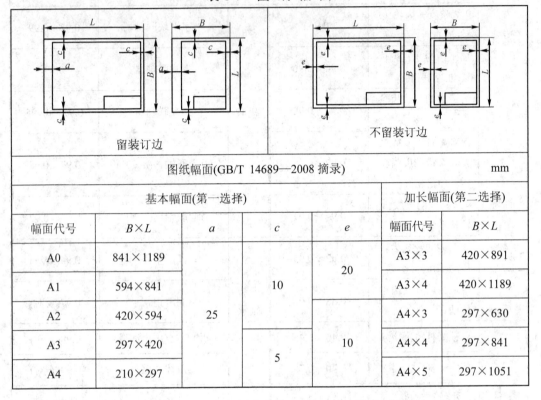

图纸幅面(GB/T 14689—2008 摘录)　　　　　　　mm

基本幅面(第一选择)					加长幅面(第二选择)	
幅面代号	$B \times L$	a	c	e	幅面代号	$B \times L$
A0	841×1189			20	A3×3	420×891
A1	594×841		10		A3×4	420×1189
A2	420×594	25			A4×3	297×630
A3	297×420		5	10	A4×4	297×841
A4	210×297				A4×5	297×1051

表8-8 图样比例

种类	比　列
原值比例	1:1
放大比例	2：1，(2.5：1)，(4：1)，5：1，1×10^n：1，2×10^n：1，5×10^n：1
缩小比例	(1：1.5)，1：2，(1：2.5)，(1：4)，(1：4)，1：5，1：1×10^n，(1：1.5×10^n)， 1：2×10^n，(1：2.5×10^n)，(1：3×10^n)，(1：4×10^n)，1：5×10^n

注：① 表中 n 为正整数。

② 括号内为必要时也允许选用的比例。

③ 同一视图的比例应相同，当某个视图需要采用不同比例，必须另行标注。

④ 当图形中的直径或薄片的厚度小于等于 2 mm，或斜度或锥度较小时，可以按不同比例夸大画出。

2. 标准尺寸(直径、长度、高度等)

表 8-9　标准尺寸(直径、长度、高度等摘自 GB/T 2822—2005)　　　mm

R			R'			R			R'			R			R'		
R_{10}	R_{20}	R_{40}	R'_{10}	R'_{20}	R'_{40}	R_{10}	R_{20}	R_{40}	R'_{10}	R'_{20}	R'_{40}	R_{10}	R_{20}	R_{40}	R'_{10}	R'_{20}	R'_{40}
2.50	2.50		2.5	2.5		40.0	40.0	40.0	40	40	40		280	280			280
	2.80			2.8				42.5			42			300			300
3.15	3.15		3.0	3.0			45.0	45.0		45	45		315	315	320	320	320
	3.55			3.5				47.5			48			335			340
4.00	4.00		4.0	4.0		50.0	50.0	50.0	50	50	50		355	355			360
	4.50			4.5				53.0			53			375			380
5.00	5.00		5.0	5.0			56.0	56.0		56	56	400	400	400	400	400	400
	5.60			5.5				60.0			60			425			420
6.30	6.30		6.0	6.0		63.0	63.0	63.0	63	63	63		450	450			450
	7.10			7.0				67.0			67			475			480
8.00	8.00		8.0	8.0			71.0	71.0		71	71	500	500	500	500	500	500
	9.00			9.0				75.0			75			530			530
10.0	10.0		10.0	10.0		80.0	80.0	80.0	80	80	80		560			560
	11.2			11				85.0			85			600			600
12.5	12.5	12.5	12	12	12		90.0	90.0		90	90	630	630	630	630	630	630
		13.2			13			95.0			95			670			670
	14.0	14.0		14	14	100	100	100	100	100	100		710	710		710	710
		15.0			15			106			105			750			750
16.0	16.0	16.0	16	16	16		112	112		110	110	800	800	800	800	800	800
		17.0			17			118			120			850			850
	18.0	18.0		18	18	125	125	125	125	125	125		900	900		900	900
		19.0			19			132			130			950			950
20.0	20.0	20.0	20	20	20		140	140		140	140	1000	1000	1000	1000	1000	1000
		21.2			21			150			150			1060			
	22.4	22.4		22	22	160	160	160	160	160	160		1120	1120			
		23.6			24			170			170			1180			
25.0	25.0	25.0	25	25	25		180	180		180	180	1250	1250	1250			
		26.5			26			190			190			1320			
	28.0	28.0		28	28	200	200	200	200	200	200		1400	1400			
		30.0			30			212			210			1500			
31.5	31.5	31.5	32	32	32		224	224		220	220	1600	1600	1600			
		33.5			34			236			240			1700			
	35.5	35.5		36	36	250	250	250	250	250	250		1800	1800			
		37.5			38			265			260			1900			

注: ①　"标准尺寸"为直径、长度、高度等系列尺寸。

② 选择尺寸时，优先选用 R 系列，按照 R_{10}、R_{20}、R_{40} 顺序选择；如必须将数值圆整，可选用相应的 R' 系列，应按照 R'_{10}、R'_{20}、R'_{40} 顺序选择。

③ 本标准适用于互换性或系列化要求的主要尺寸，其他结构尺寸也应尽可能采用。不适用于由主要尺寸导出的因变量尺寸和工艺上工序间的尺寸和已有专用标准规定的尺寸。

3. 中心孔与中心孔表示方法

表 8-10　中心孔(GB/T 145—2001)　　　　　　　mm

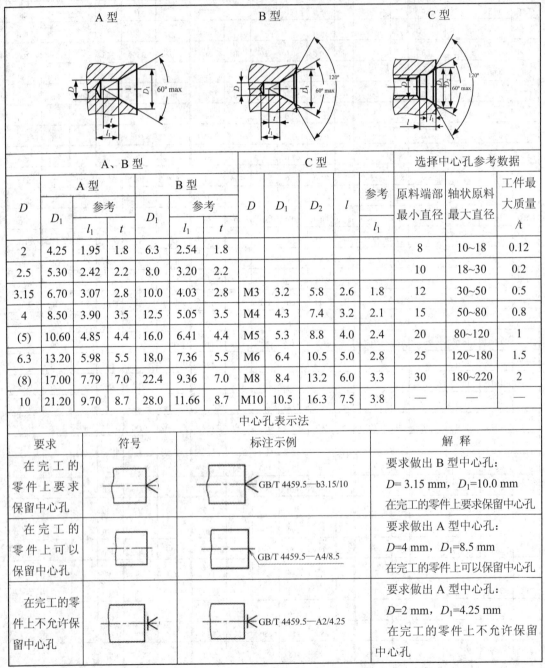

A、B 型						C 型					选择中心孔参考数据		
	A 型			B 型						参考	原料端部最小直径	轴状原料最大直径	工件最大质量 /t
D	D_1	参考		D_1	参考		D	D_1	D_2	l			
		l_1	t		l_1	t					l_1			
2	4.25	1.95	1.8	6.3	2.54	1.8						8	10~18	0.12
2.5	5.30	2.42	2.2	8.0	3.20	2.2					10	18~30	0.2
3.15	6.70	3.07	2.8	10.0	4.03	2.8	M3	3.2	5.8	2.6	1.8	12	30~50	0.5
4	8.50	3.90	3.5	12.5	5.05	3.5	M4	4.3	7.4	3.2	2.1	15	50~80	0.8
(5)	10.60	4.85	4.4	16.0	6.41	4.4	M5	5.3	8.8	4.0	2.4	20	80~120	1
6.3	13.20	5.98	5.5	18.0	7.36	5.5	M6	6.4	10.5	5.0	2.8	25	120~180	1.5
(8)	17.00	7.79	7.0	22.4	9.36	7.0	M8	8.4	13.2	6.0	3.3	30	180~220	2
10	21.20	9.70	8.7	28.0	11.66	8.7	M10	10.5	16.3	7.5	3.8	—	—	—

中心孔表示法

要求	符号	标注示例	解释
在完工的零件上要求保留中心孔		GB/T 4459.5—b3.15/10	要求做出 B 型中心孔：D=3.15 mm，D_1=10.0 mm 在完工的零件上要求保留中心孔
在完工的零件上可以保留中心孔		GB/T 4459.5—A4/8.5	要求做出 A 型中心孔：D=4 mm，D_1=8.5 mm 在完工的零件上可以保留中心孔
在完工的零件上不允许保留中心孔		GB/T 4459.5—A2/4.25	要求做出 A 型中心孔：D=2 mm，D_1=4.25 mm 在完工的零件上不允许保留中心孔

4. 零件倒角与圆角

表 8-11 零件倒角与圆角(GB/T 6403.4—2008) mm

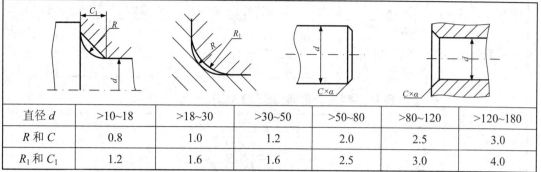

直径 d	>10~18	>18~30	>30~50	>50~80	>80~120	>120~180
R 和 C	0.8	1.0	1.2	2.0	2.5	3.0
R_1 和 C_1	1.2	1.6	1.6	2.5	3.0	4.0

注：① 与滚动轴承相配合的轴及座孔处的圆角半径，见有关轴承标准。

② α 一般采用 45°，也可以采用 30°或 60°。

5. 回转面及端面砂轮越程槽

表 8-12 回转面及端面砂轮越程槽(GB/T 6403.5—2008) mm

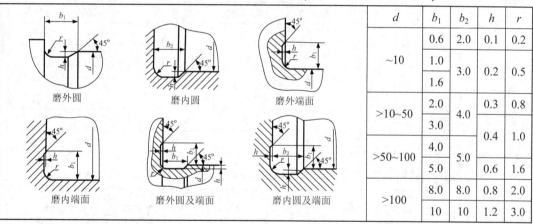

d	b_1	b_2	h	r
~10	0.6	2.0	0.1	0.2
	1.0	3.0	0.2	0.5
	1.6			
>10~50	2.0	4.0	0.3	0.8
	3.0		0.4	1.0
>50~100	4.0	5.0		
	5.0		0.6	1.6
>100	8.0	8.0	0.8	2.0
	10	10	1.2	3.0

磨外圆　磨内圆　磨外端面

磨内端面　磨外圆及端面　磨内圆及端面

注：① 越程槽内两直线相交处，不允许产生尖角。

② 越程槽深度 h 与圆弧半径 r，要满足 $r \leqslant 3h$。

6. 退刀槽

表 8-13 公称直径相同具有不同配合的退刀槽(JB/ZQ 4238—2006) mm

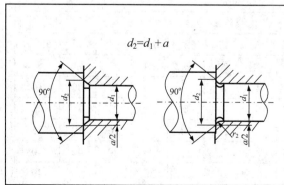

$d_2 = d_1 + a$

退刀槽尺寸	倒角最小值 α		倒圆角最小 r_2	
$R_1 \times t_1$	A 型	B 型	A 型	B 型
0.6×0.2	0.4	0.1	1	0.3
0.6×0.3	0.3	0	0.8	0
1×0.2	0.6	0	1.5	0
1×0.4	0.8	0.4	2	0.1
1.6×0.3	1.3	0.6	3.2	1.4
2.5×0.4	2.1	1.0	5.2	2.4
4×0.5	3.5	2.0	8.8	5

7. 铸件设计的一般规范

表 8-14　铸件最小壁厚(不小于)　　　　　　　　　mm

铸造方法	铸件尺寸	铸钢	灰铸铁	球墨铸铁	可锻铸铁	铝合金	铜合金
砂型	≤200×200	8	~6	6	5	3	3~5
	>200×200~500×200	10~12	>6×10	12	8	4	6~8
	>200×200	15~20	15~20			6	

表 8-15　铸造外圆角(JB/ZQ 4256—2006 摘录)

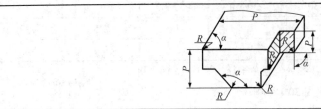

表面的最小边尺寸/ mm	R/mm					
	外圆角 α					
	<50°	51°~70°	76°~105°	106°~135°	136°~165°	>165°
≤25	2	2	2	4	6	8
>25~60	2	4	4	6	10	16
>60~160	4	4	6	8	16	25
>160~250	4	6	8	12	20	30
>250~400	6	8	10	16	25	40
>400~600	6	8	12	20	30	50

表 8-16　铸造内圆角形式及尺寸(JB/ZQ 4255—2006 摘录)　　　　　　　mm

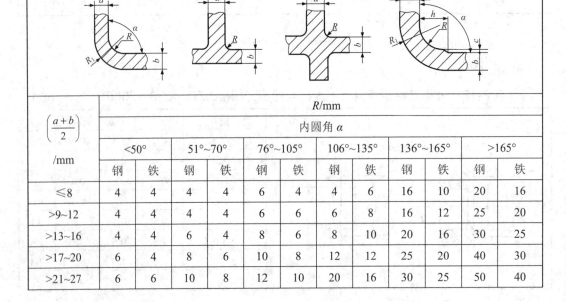

$\left(\dfrac{a+b}{2}\right)$ /mm	R/mm											
	内圆角 α											
	<50°		51°~70°		76°~105°		106°~135°		136°~165°		>165°	
	钢	铁	钢	铁	钢	铁	钢	铁	钢	铁	钢	铁
≤8	4	4	4	4	6	4	4	6	16	10	20	16
>9~12	4	4	4	4	6	6	8	8	16	12	25	20
>13~16	4	4	6	4	8	6	8	10	20	16	30	25
>17~20	6	4	8	6	10	8	12	12	25	20	40	30
>21~27	6	6	10	8	12	10	20	16	30	25	50	40

表 8-17　"c" 和 "h" 的值

b/a		<0.4	0.5~0.65	0.66~0.8	>0.8
$c\approx$		0.7(a-b)	0.8(a-b)	a-b	—
$h\approx$	钢	8c			
	铁	9c			

表 8-18　铸造斜度(JB/ZQ 4257—1997)摘录

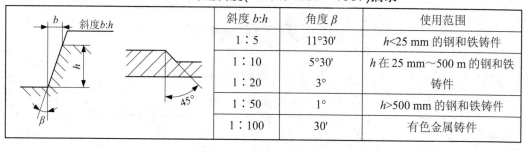

斜度 b:h	角度 β	使用范围
1：5	11°30'	h<25 mm 的钢和铁铸件
1：10	5°30'	h 在 25 mm～500 m 的钢和铁
1：20	3°	铸件
1：50	1°	h>500 mm 的钢和铁铸件
1：100	30'	有色金属铸件

第9章 常用材料

9.1 黑色金属材料

常用黑色金属材料的工艺性能和力学性能见表 9-1～表 9-9。

表 9-1 钢的常用处理方法及应用

名称	说　明	应　用
退火	将钢件(或钢坯)加热到适当温度,保温一段时间,再缓慢地冷却下来(一般用炉冷)	消除铸、锻、焊零件的内应力,降低硬度,以易于切削加工,细化金属晶粒,改善组织,增加韧度
正火	将钢件加热到相交点以上 30~50℃保温一段时间,然后在空气中冷却,冷却速度快于退火	处理低碳和中碳结构钢材及渗碳零件,使其组织细化,增强强度和韧度,减小内应力,改善切削性能
淬火	将钢件加热到相变点以上某一温度,保温一段时间,然后放入水、盐水或油中(个别材料在空气中),急剧冷却,使其得到高硬度	提高钢的硬度和强度极限。但淬火时会引起内应力使钢变脆,故淬火后必须回火
回火	将淬硬的钢件加热到相变点以下的某一温度,保温一段时间,然后在空气中或油中冷却	消除淬火后的脆性和内应力,提高钢的塑性和冲击韧度
调质	淬火后高温回火	使钢获得高的韧度和足够的强度,多数重要零件需要调质处理
表面淬火	仅对零件表层进行淬火,使零件表层有高的硬度和耐磨性,而心部保持原有的强度和韧度	多用于齿轮表面的处理
时效	使钢加热至 120~130℃,长时间保温后,随炉或取出在空气中冷却	用来消除或减小淬火后的微观应力,防止变形和开裂,稳定工件形状和尺寸,消除机械加工的残余应力
渗碳	使表面增碳,渗碳层深度为 0.4~6 mm 或大于 6 mm,硬度为 56~65HRC	增强钢件的耐磨性能、表面硬度、抗拉强度及疲劳极限

表 9-2　常用热处理工艺及代号(GB/T 12603—2005 摘录)

工艺	代号	工艺	代号	工艺代号意义
退火	511	表面淬火和回火	521	
正火	512	感应淬火和回火	521-04	
调质	515	火焰淬火和回火	521-05	
淬火	513	渗碳	531	5 1 3 - O
空冷淬火	513-A	固体渗碳	531-09	冷却介质(油) 工艺名称(淬火) 工艺类型(整体热处理) 热处理
油冷淬火	513-O	盐浴(液体)渗碳	531-03	
水冷淬火	513-W	可控气氛(气体)渗碳	531-01	
感应加热淬火	513-04	渗氮	533	
淬火和回火	514	碳氮共渗	532	

表 9-3　材料名称表示符号(部分摘自 GB/T 221—2008)

名称	采用汉字	采用符号	位置	名称	采用汉字	采用符号	位置
碳素结构钢		Q	版号头	球墨铸铁用生铁	球	Q	版号头
碳素工具钢	碳	T	版号头	球墨铸铁	铸铁	QT	版号头
滚珠轴承钢	滚	G	版号头	耐磨生铁	耐磨	NM	版号头
易切削钢	易	Y	版号头	碳素铸钢	铸钢	ZG	版号头
沸腾钢	沸	F	版号头	可锻铸钢	可、铁、灰	KTH	版号头
炼钢用生铁	炼	L	版号头	灰铸铁	灰、铁	HT	版号头
铸造用生铁	铸	Z	版号头				版号头

表 9-4　碳素结构钢(GB/T 700—2019摘录)

牌号	等级	屈服强度 R_{eH}/(N/mm²) 钢材厚度(直径)/mm 不小于						抗拉强度 R_m/(N/mm²)	伸长率 A/% 钢材厚度(直径)/mm 不小于					冲击实验 V型冲击功(纵向) 温度/°C	冲击功(纵向)/J 不小于	应用举例
		≤16	>16~40	>40~60	>60~100	>100~150	>150		≤40	>40~60	>60~100	>100~150	>150~200			
Q195	—	195	185	—	—	—	—	315~430	33	—	—	—	—	—	—	制造塑性好的零件，如轧制薄板、拉制线材、制钉和焊接钢管
Q215	A	215	205	195	185	175	165	335~450	31	29	28	27	26	—	—	金属结构件、拉杆、螺栓、套圈、铆钉、短轴、心轴、凸轮(轻载)、垫圈、渗碳零件及焊接件
	B													+20	27	
Q235	A	235	225	215	215	195	185	370~500	26	25	24	22	21	—	—	金属结构件，心部强度要求不高的渗碳或碳氮共渗零件，如吊钩、拉杆、套圈、汽缸、齿轮、螺栓、螺母、连杆、轮轴、盖及焊接件
	B													+20	27	
	C													0		
	D													−20		
Q275	A	275	265	255	245	225	215	410~540	22	21	20	18	17	—	—	轴、轴销、刹车杆、连杆、螺母、螺栓、垫圈、连杆、齿轮以及其他强度较高的零件，焊接性尚可
	B													+20	27	
	C													0		
	D													−20		

注：① 括号内的数值仅供参考。

　　② 表中 A、B、C、D 为 4 种质量等级。

表 9-5 优质碳素结构钢(GB/T 699—2015 摘录)

牌号	推荐热处理/℃			试件毛坯尺寸/mm	力学性能					钢材交货状态硬度/HBW (不大于)		应用举例
	正火	淬火	回火		抗拉强度/MPa	屈服强度/MPa	伸长率/%	收缩率/%	冲击功/J	未热处理	退火钢	
					不小于							
08	930	—	—	25	325	195	33	60	—	131	—	制造塑性好的零件，如管子、垫片、垫圈；心部强度要求不高的渗碳和碳氮共渗零件，如套筒、短轴、支架、靠模、离合器盘
10	930	—	—	25	335	205	31	55	—	137	—	制造拉杆、卡头、钢管垫片、垫圈、铆钉。该种钢无回火脆性，焊接性好，适于制造焊接零件
15	920	—	—	25	375	225	27	55	—	143	—	制造受力不大，韧性要求较高的零件，及不需热处理的低负荷零件，如螺栓、螺钉、拉条、法兰盘及化工储器、蒸汽锅炉
20	910	—	—	25	410	245	25	55	—	156	—	制造不经受大应力而韧性要求很大的机械零件，如杠杆、轴套、螺钉、起重钩等；制造压力小于 6 MPa、温度低于 450℃，在非腐蚀介质中使用的零件，如管子、导管等；还可制造表面硬度高而心部强度要求不大的渗碳与氢化零件
25	900	870	600	25	450	275	23	50	71	170	—	制造焊接设备，以及经锻造、热冲压和机械加工的不承受高应力的零件，如轴、联轴器、辊子、垫圈、螺栓、螺钉及螺母
35	870	850	600	25	530	315	20	45	55	197	—	制造曲轴、转轴、轴销、杠杆、连杆、横梁、链轮、圆盘、垫圈、螺钉、螺母。该种钢多在正火和调质状态下使用，一般不作焊接处理

续表

牌号	推荐热处理/°C			试件毛坯尺寸/mm	力学性能					钢材交货状态硬度/HBW(不大于)		应用举例
	正火	淬火	回火		抗拉强度/MPa	屈服强度/MPa	伸长率/%	收缩率/%	冲击功/J	未热处理	退火钢	
					不小于							
40	860	840	600	25	570	335	19	45	47	217	187	制造辊子、轴、曲柄销、活塞杆、圆盘
45	850	840	600	25	600	355	16	40	39	229	197	制造齿轮、链轮、键、销、压缩机及泵的零件、轧辊等;可替代渗碳钢制作齿轮、轴、活塞销等,但应高频或表面淬火
50	830	830	600	25	630	375	14	40	31	241	207	制造齿轮、拉杆、轧辊、轴、圆盘
55	820	—	—	25	645	380	13	35	—	255	217	制造齿轮、连杆、轮缘、扁弹簧、轧辊等
60	810	—	—	25	675	400	12	35	—	255	229	制造轧辊、轴、弹簧、轮箍、弹簧垫圈、离合器、凸轮、钢绳等
20Mn	910	—	—	25	450	275	24	50	—	197	—	制造凸轮轴、齿轮、联轴器、铰链等
30Mn	880	860	600	25	540	315	20	45	63	217	187	制造螺栓、螺母、螺钉、杠杆及刹车踏板等
40Mn	860	840	600	25	590	355	17	45	47	229	207	制造承受疲劳载荷的零件,如轴、万向联轴器、曲轴、连杆及在高应力下工作的螺栓、螺母等
50Mn	830	830	600	25	645	390	13	40	31	255	219	制造耐磨性要求很高,在高负荷作用下的热处理零件,如齿轮、齿轮轴、摩擦盘、凸轮和截面在80 mm以下的心轴等
60Mn	810	—	—	25	695	410	11	35	—	269	229	制造弹簧、弹簧垫圈、弹簧环和片、钢丝(≤57 mm)和发条

注: ① 表中所列正火推荐保温时间不少于30 min,水冷。
② 淬火推荐保温时间不少于30 min,水冷。
③ 回火推荐保温时间不少于1 h。

表9-6 合金结构钢(GB/T 3077—2015 摘录)

牌号	热处理 淬火 温度/℃	淬火 冷却剂	回火 温度/℃	回火 冷却剂	试件毛坯尺寸/mm	力学性能 抗拉强度/MPa	屈服强度/MPa	伸长率/%	收缩率/%	冲击功/J	钢材退火或高温回火供应状态布氏硬度 HB100/3000	应用举例
						不小于					不大于	
20Mn2	850 880	水、油	200 440	水、空	15	785	590	10	40	47	187	截面小时与20Cr相当，制造渗碳小齿轮、小轴、钢套、链板等，渗碳淬火后硬度为(56~62)HRC
35Mn2	840	水	500	水	25	835	685	12	45	55	207	对截面较小的零件可替代40Cr，制造直径≤15 mm的重要用途的冷镦螺栓及小轴等，表面淬火后硬度为(40~50)HRC
45Mn2	840	油	550	水、油	25	885	735	10	45	47	217	制造较高应力与磨损条件下工作的零件，在直径≤60 mm时，与40Cr相当，可制造方向联轴器、齿轮、齿轮轴、曲轴、连杆、花键轴和摩擦盘等，表面淬火后硬度为(45~55)HRC
35SiMn	900	水	570	水、油	25	885	735	15	45	47	229	除要求低温(-20℃以下)及冲击韧性很高的情况外，可全面代替40Cr作调质钢，也可部分代替40CrNi，制造中小型轴类、齿轮等零件以及430℃以下工作的重要紧固件，表面淬火后硬度为(45~55)HRC
42SiMn	880	水	590	水	25	885	735	15	40	47	229	与35SiMn钢相同，可替代40Cr、34CrMo钢制作大齿圈；适于制造表面淬火件，表面淬火后硬度为(44~55)HRC
20MnV	880	水、油	200	水、空	15	785	590	10	40	40	187	相当于20CrNi的渗碳钢，渗碳淬火后硬度为(56~62)HRC

续表一

牌号	热处理 淬火 温度/℃	热处理 淬火 冷却剂	热处理 回火 温度/℃	热处理 回火 冷却剂	试件毛坯尺寸/mm	抗拉强度/MPa	屈服强度/MPa	伸长率/%	收缩率/%	冲击功/J	钢材退火或高温回火供应状态布氏硬度 HB100/3000	应用举例
						不小于					不大于	
40MnB	850	油	500	水、油	25	980	785	10	45	45	207	可替代40Cr制造重要调质件，如齿轮、轴、连杆、螺栓等
37SiMn3MoV	870	水、油	650	水、空	25	980	835	12	50	50	269	可替代34CrNi-Mo等制造高强度重负荷载、曲轴、齿轮、蜗杆等零件，表面淬火后硬度为(50~55)HRC
20CrMnMo	850	油	200	水、空	15	1180	885	10	45	55	217	制造要求表面硬度高、耐磨、心部较高强度、韧性的零件，如传动齿轮和的轴等，渗碳淬火后硬度为(56~62)HRC
20CrMnTi	第一次 880 第二次 870	油	200	水、空	15	1080	850	10	45	55	217	强度、韧性均高，是铬镍钢的代用品，制造高速、中等或重负荷以及冲击磨损等的重要零件，如渗碳齿轮、凸轮等，渗碳淬火后硬度为(56~62)HRC
38CrMnAl	940	水、油	640	水、油	30	980	835	14	50	71	229	制造要求高耐磨性、高疲劳强度、高波劳强度和相当高强度且热处理后变形较小的零件，如镗杆、主轴、蜗杆、齿轮、套筒、套环等，渗氮后表面硬度为1100HRc

续表二

牌号	热处理				试件毛坯尺寸/mm	力学性能					钢材退火或高温回火供应状态布氏硬度 HB100/3000	应用举例
	淬火		回火			抗拉强度	屈服强度	伸长率	收缩率	冲击功		
	温度/℃	冷却剂	温度/℃	冷却剂		/MPa	/MPa	/%	/%	/J		
						不小于					不大于	
20Cr	第一次880 第二次870~820	水、油	200	水、空	15	835	540	10	40	47	179	制造要求心部强度较高，承受磨损、尺寸较大的渗碳零件，如齿轮、齿轮轴、蜗杆、凸轮、活塞销等；也适于速度较大、受中等冲击的调质零件，渗碳淬火后硬度为(56~62)HRC
40Cr	850	油	520	水、油	25	980	785	9	45	47	207	制造承受交变负荷、中等速度、强烈磨损而无很大冲击的重要零件，如重要的齿轮、轴、曲轴、连杆、螺栓、螺母等零件；制造直径大于 400 mm 要求低温冲击韧性的轴与齿轮等，表面淬火后硬度为(48~55)HRC
20CrNi	850	水、油	460	水、油	25	785	590	10	50	63	197	制造承受较高载荷的渗碳零件，如齿轮、轴、花键轴、活塞销等
40CrNi	820	油	500	水、油	25	980	785	10	45	55	241	制造要求强度高、韧性高的零件，如齿轮、轴、链条、连杆等
40CrNiMoA	850	油	600	水、油	25	980	785	10	45	63	217	制造特大截面的重要调质件，如机床主轴、传动轴、转子轴等

表 9-7　灰铸铁(GB/T 9439—2010)

牌号	铸件壁厚/mm		最小抗拉强度 R_m/MPa	硬度 HBW	应用举例
	大于	至			
HT100	5	40	100	≤170	制造盖、外罩、油盘、手轮、手把、支架等
HT150	5	10	155	125～205	制造端盖、汽轮泵体、轴承盖、阀壳、管子及管路附件、手轮、一般机床底座、床身及其他复杂零件、滑座、工作台等
	10	20	130		
	20	40	110		
HT200	5	10	205	150～230	制造汽缸、齿轮、底架、箱体、飞轮、齿条、衬筒、一般机床铸有导轨的床身及中等压力(8 MPa 以下)的油缸、液压泵和阀的壳体等
	10	20	180		
	20	30	155		
HT250	5	10	250	180～250	制造壳体、汽缸、联轴器、箱体、齿轮、齿轮箱外壳、飞轮、衬筒、凸轮、轴承座等
	10	20			
	20	40			
HT300	10	20	300	200～275	制造齿轮、凸轮、车床卡盘、剪床、压力机的机身、导板、转塔自动车床及其他重负荷机床铸有导轨的床身、高压油缸、液压泵和滑阀的壳体等
	20	40			
HT350	10	20	350	220～290	
	20	40			

表 9-8　球墨铸铁(GB/T 1348—2019 摘录)

牌号	抗拉强度 /MPa	屈服强度 /MPa	伸长率 /%	供参考 布氏硬度 /HBS	应用举例
	最小值				
QT400-18	400	250	18	120～175	制作减速器箱体、管路、阀体、阀盖、压缩机汽缸、拨叉、飞轮壳等
QT400-15	400	250	15	120～180	
QT450-10	450	310	10	160～210	制作油泵齿轮、阀门体、车辆轴瓦、凸轮、犁铧、轴承座等
QT500-7	500	320	7	170～230	
QT600-3	600	370	3	190～270	制作轴、缸体、缸套、连杆、矿车轮、农机零件等
QT700-2	700	420	2	225～305	
QT800-2	800	480	2	245～335	
QT900-2	900	600	2	280～360	制作曲轴、凸轮轴、连杆、履带式拖拉机链轨板等

注：表中牌号系单铸试块测定的力学性能。

表9-9 一般工程用铸造碳钢(GB 11352—2009 摘录)

牌号	抗拉强度 /MPa	屈服强度 /MPa	伸长率 %	根据合同选拔		硬度		应用举例
				收缩率	冲击功 /J	正火 回火 /HRW	表面淬 火/HRC	
	最小值							
ZG200-400	400	200	25	40	30	—	—	制作各种形状的机件,如机架、变速箱体等
ZG230-450	450	230	22	32	25	≥131	—	焊接性良好,制造平坦的零件,如机座、机盖、箱体、铁砧台,工作温度在450℃以下的管路附件
ZG200-500	500	270	18	25	22	≥143	40~45	焊接性尚可,制造各种形状的机件,如飞轮、机架、蒸汽锤、联轴器、水压机工作缸、横梁等
ZG310-570	570	310	15	21	15	≥153	40~45	制造各种形状的机件,如联轴器、汽缸、齿轮、齿轮圈及重负荷的机架等
ZG340-640	640	340	10	18	10	169~229	45~55	制造起重运输中的齿轮、联轴器及重要的机件等

注: ① 各牌号铸钢的性能,适用于厚度为100 mm以下的铸件,当厚度超过100 mm时,仅表中规定的屈服强度可供设计使用。

② 表中力学性能的实验环境温度为(20±10)℃。

③ 表中硬度仅供参考。

9.2　有色金属

常用有色金属的力学性能见表 9-10~表 9-12。

表 9-10　铸造铜合金力学性能(GB/T 1176—2013)

合金牌号 合金名称	铸造 方法	力学性能(不低于)				应用举例
		抗拉强度 R_m /(N/mm²)	屈服强度 $R_{p0.2}$ /(N/mm²)	伸长率A /%	布氏 硬度 /HBW	
ZCuSn5Pb5Zn5 5－5－5锡青铜	S、J	200	90	13	60	耐磨性和耐蚀性好,易加工,制造较高负荷、中速下工作的耐磨耐蚀件,如轴瓦、衬套、缸套及蜗轮等
	Li、La	250	100		65	
ZCuSn10Pb 10－1锡青铜	S	220	130	3	80	硬度高,耐磨性极好,不易产生咬死现象,铸造性和加工性好,制造高负荷和高滑动速度(8 m/s)下工作的耐磨件,如连杆、衬套、轴瓦、蜗轮等
	J	310	170	2	90	
	Li	330	170	4	90	
	La	360	170	6	90	
ZCuSn10Pb5 10－5锡青铜	S	195	—	10	70	制造耐蚀、耐酸件及破碎机衬套、轴瓦等
	J	245	—			
ZCuPb17Sn2Zn4 17－4－4铅青铜	S	150	—	5	50	制造一般耐磨件、轴承等
	J	175	—	7	60	
ZCuAl10Fe3 10－3铝青铜	S	490	180	13	100	制造要求强度高、耐磨耐蚀的零件,如轴套、螺母、蜗轮、齿轮等
	J	540	200	15	110	
	Li、La	540	200	15	110	
ZCuAl10Fe3Mn2 10－3－2铝青铜	S、R	490	—	15	110	
	J	540	—	20	120	
ZCuZn38 38黄铜	S	295	95	30	60	制造一般结构件和耐蚀件,如法兰、阀座、螺母等
	J				70	
ZCuZn40Pb2 40－2铅黄铜	S、R	220	95	15	80	制造一般用途的耐磨、耐蚀件,如轴套、齿轮等
	J	280	120	20	90	
ZCuZn38Mn2Pb2 38－2－2锰黄铜	S	245		10	70	制造一般用途的耐磨、耐蚀件,如套筒、衬套、轴瓦、滑块等
	J	345		18	80	

注：铸造方法代号中,S 为砂型铸造,J 为金属型铸造,Li 为离心铸造,La 为连续铸造。

表 9-11　铸造铝合金的力学性能及应用举例(GB/T 1173—2013)

合金牌号 合金名称	铸造 方法	力学性能(不低于)			应用举例
		抗拉强度 /MPa	伸长率 /%	布氏硬度 /HBS	
ZAlSi2 ZL102铝硅合金	SB、JB	145	4	50	制造气缸活塞以及高温 工作的承受冲击负荷的复 杂薄壁零件
	RB、KB	135	4		
	J	155	2		
		145	3		
ZAlSi9Mg ZL104铝硅合金	S、J、R、K	150	2	50	制造形状复杂的高温静 载荷或受冲击作用的大型 零件,如风机叶片、水冷 气缸头
	J	200	1.5	65	
	SB、RB、KB	230	2	70	
	J、JB	240	2	70	
ZAlMg5Si1 ZL303铝镁合金	S、J、R、K	143	1	55	制造高耐蚀性或在高温 下工作的零件
ZAlZn11Si7 ZL401铝锌合金	S、R、K	195	2	80	铸造性能较好,可不热 处理,制造形状复杂的大 型薄壁零件,耐蚀性差
	J	245	1.5	90	

注：铸造方法代号中，S 为砂型铸造，J 为金属型铸造，R 为熔模铸造，K 为壳型铸造，B 为变质处理。

表 9-12　铸造轴承合金的力学性能及应用举例(GB/T 1174—1992)

组别	合金牌号	铸造 方法	力学性能(不低于)	应用举例
			布氏硬度(HBS)	
锡基轴 承合金	ZSnSb12Pb10Cu4	J	29	制造汽轮机、压缩机、机车、发电机、 球磨机、轧机减速器、发电机等各种机 器的滑动轴承
	ZSnSb11Cu6	J	27	
铅基轴 承合金	ZSnSb16Sn16Cu2	J	30	
	ZPbSb15Sn5	J	20	

注：铸造方法代号 J 表示金属型铸造。

9.3　非金属材料

常用工程塑料的性能见表 9-13。

表 9-13　常用工程塑料的力学性能

品　名		密度/ (g/cm³)	抗拉 强度 /MPa	抗弯 强度 /MPa	拉压 强度 /MPa	弹性 模量 /MPa	硬度	应用举例
尼龙 6	未增强	1.13～ 1.15	40～50	52.92～ 76.44	68.6～ 98	0.81～2.55	R85～114	具有良好的机械强度和耐磨性；制造机械、化工及电器零件，如轴承、齿轮、凸轮、滚子、辊轴、泵叶轮、风扇叶轮、涡轮、螺钉、螺母、垫圈、高压密封圈、阀座、输油管、储油容器等；尼龙粉末还可喷涂于各种零件表面，以提高耐磨损性能和密封性能
	增强3% 玻纤	1.34	—	107.81～ 127.4	117.6～ 137.2	—	M92～94	
尼龙 66	未增强	1.14～ 1.15	50～60	55.86～ 81.34	98～ 107.8	1.3～ 3.23	R100～ 118	
	增强 20%～ 40%玻纤	1.30～ 1.52	—	96.43～ 213.52	123.97～ 225.88	—	M94～E75	
尼龙 1010	未增强	1.04～ 1.06	45	50.96～ 53.9	80.3～ 87.22	1.57	7.1 (布氏)	
	增强	1.485	177	192.37	303.8		14.97 (布氏)	

第 10 章　连接件和紧固件

10.1　螺　纹

螺纹的结构和尺寸见表 10-1 和表 10-2。

表 10-1　普通螺纹的基本尺寸　　　　　　　　mm

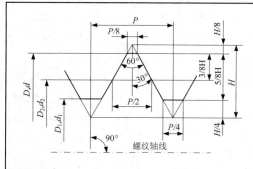

D，d—内、外螺纹大径；D_2，d_2—内、外螺纹中径；

D_1，d_1—内外螺纹小径；P—螺距。

标记示例：

　M24(粗牙普通螺纹，直径 24 mm，螺距 3(mm))

　M24×1.5(细牙普通螺纹，直径 24 mm，螺距 1.5(mm))

公称直径 D，d		螺距 P		中径 D_2，d_2	小径 D_1，d_1	公称直径 D，d		螺距 P		中径 D_2，d_2	小径 D_1，d_1
第一系列	第二系列	粗牙	细牙			第一系列	第二系列	粗牙	细牙		
3		0.5		2.675	2.459	16		2		14.701	13.835
			0.35	2.773	2.621				1.5	15.026	14.376
	3.5		(0.6)	3.110	2.850				1	15.350	14.917
			0.35	3.273	3.121		18	2.5		16.376	15.294
4		0.7	0.5	3.545	3.242				2	16.701	15.835
				3.675	3.459				1.5	17.026	16.376
	4.5	(0.75)		4.013	3.688				1	17.350	16.917
			0.5	4.175	3.959	20		2.5		18.376	17.294
5		0.8		4.480	4.134				2	18.701	17.835
			0.5	4.675	4.459				1.5	19.026	18.376
6		1		5.350	4.917				1	19.350	18.917
			0.75	5.513	5.188					20.376	19.294
8		1.25		7.188	6.647	22		2.5	2	20.701	19.835
			1	7.350	6.917				1.5	21.026	20.376
			0.75	7.513	7.188				1	21.350	20.917

续表

公称直径 D, d		螺距 P		中径	小径	公称直径 D, d		螺距 P		中径	小径
第一系列	第二系列	粗牙	细牙	D_2, d_2	D_1, d_1	第一系列	第二系列	粗牙	细牙	D_2, d_2	D_1, d_1
10		1.5		9.026	8.376	24		3		22.051	20.752
			1.25	9.188	8.647				2	22.701	21.835
			1	9.350	8.917				1.5	23.026	22.376
			0.75	9.513	9.188				1	23.350	22.917
12		1.75		10.863	10.106		27	3		25.051	23.752
			1.5	11.026	10.376				2	25.701	24.835
			1.25	11.188	10.647				1.5	26.026	25.376
			1	11.350	10.917				1	26.350	25.917
	14	2		12.701	11.835	30		3.5		27.727	26.211
			1.5	13.026	12.376				(3)	28.051	26.752
			(1.25)	13.188	12.647				2	28.701	27.835
			1	13.350	12.917				1.5	29.026	28.376
	33	3.5		30.727	29.211				1	29.350	28.917
			(3)	31.051	29.752	48		5		44.752	42.587
			2	31.701	30.835				(4)	45.402	43.670
			1.5	32.026	31.376				3	46.051	44.752
36		4		33.402	31.670				2	46.701	45.835
			3	34.051	32.752				1.5	47.026	46.376
			2	34.701	33.835		52	5		48.752	46.587
			1.5	35.026	34.376				(4)	49.402	47.670
	39	4		36.402	34.670				3	50.051	48.752
			3	37.051	35.752				2	50.701	49.835
			2	37.701	36.835				1.5	51.026	50.376
			1.5	38.026	37.376	56		5.5		52.428	50.046
42		4.5		39.077	37.129				4	53.402	51.670
			(4)	39.402	37.670				3	54.051	52.752
			3	40.051	38.752				2	54.701	53.835
			2	40.701	39.835				1.5	55.026	54.376
			1.5	41.026	40.376		60	(5.5)		56.428	54.046
	45	4.5		42.077	40.129				4	57.402	55.670
			(4)	42.402	40.670				3	58.051	56.752
			3	43.051	41.752				2	58.701	57.835
			2	43.701	42.835				1.5	59.026	58.376
			1.5	44.026	43.367						

注：① 表中内容摘自 GB/T 196—2003 和 GB/T 193—2003；② 优先选用第一系列，其次是第二系列；
③ M14×1.25 仅用于火花塞；④ 括号内尺寸尽可能不用。

表 10-2　梯形螺纹基本尺寸、设计牙型尺寸、螺纹直径及螺距　　　mm

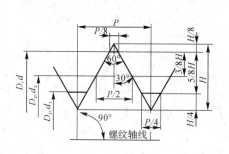

D, d—内、外螺纹大径；D_2, d_2—内、外螺纹中径；
D_1, d_1—内外螺纹小径；P—螺距。

标记示例：

　　直径 24 mm、螺距 3 mm 的粗牙普通螺纹：M24
　　直径 24 mm、螺距 1.5 mm 的细牙普通螺纹：M24×1.5

公称直径 d		螺距	中径	大径	小径		公称直径 d		螺距	中径	大径	小径	
第一系列	第二系列	P	$d_2=D_2$	D	D_1	D_1	第一系列	第二系列	p	$d_2=D_2$	D	D_1	D_1
16		2	15	16.5	13.5	14			3	36.5	38.5	34.5	35
		4	14	16.5	11.5	12		38	7	34.5	39	30	31
	18	2	17	18.5	15.5	16			10	33	39	27	28
		4	16	18.5	13.5	14			3	38.5	40.5	36.5	37
20		2	19	20.5	17.5	18	40		7	36.5	41	32	33
		4	18	20.5	15.5	16			10	35	41	29	30
	22	3	20.5	22.5	18.5	19			3	40.5	42.5	38.5	39
		5	19.5	22.5	16.5	17		42	7	38.5	43	34	35
		8	18	23	13	14			10	37	43	31	32
24		3	22.5	24.5	20.5	21			3	42.5	44.5	40.5	41
		5	21.5	24.5	18.5	19	44		7	40.5	45	36	37
		8	20	25	15	16			12	38	45	31	32
	26	3	24.5	26.5	22.5	23			3	44.5	46.5	42.5	43
		5	23.5	26.5	20.5	21		46	8	42	47	37	38
		8	22	27	17	18			12	40	47	33	34
28		3	26.5	28.5	24.5	25			3	46.5	48.5	44.5	45
		5	25.5	28.5	22.5	23	48		8	44	49	39	40
		8	24	29	19	20			12	42	49	35	36
	30	3	28.5	30.5	26.5	27			3	48.5	50.5	46.5	47
		6	27	31	23	245	50		8	46	51	41	42
		10	25	31	19	20			12	44	51	37	38

公称直径 d		螺距	中径	大径	小径		公称直径 d		螺距	中径	大径	小径	
第一系列	第二系列	P	$d_2=D_2$	D	D_1	D_1	第一系列	第二系列	P	$d_2=D_2$	D	D_1	D_1
32		3	30.5	32.5	28.5	29	52		3	50.5	52.5	48.5	49
		6	29	33	25	26			8	48	53	43	44
		10	27	33	21	22			12	46	53	39	40
	34	3	32.5	34.5	30.5	31		55	3	53.5	55.5	51.5	52
		6	31	35	27	28			9	50.5	56	45	46
		10	29	35	23	24			14	48	57	39	41
36		3	34.5	36.5	32.5	33	60		3	58.5	60.5	56.5	57
		6	33	37	29	30			9	55.5	61	50	51
		10	31	37	25	26			14	53	62	44	46

10.2　螺栓、螺柱及螺钉

螺栓、螺柱及螺钉的结构和尺寸见表 10-3～表 10-7。

表 10-3　六角头螺栓-A 级和 B 级、六角头螺栓-全螺纹-A 级和 B 级　　　mm

六角头螺栓-A 级和 B 级(GB/T 5782—2016)　　　　六角头螺栓-全螺纹-A 级和 B 级(GB/T 5783—2016)

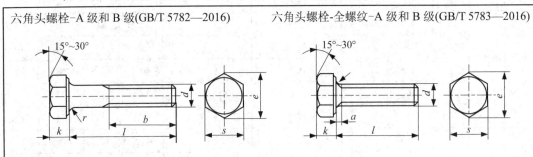

标记示例：

螺纹规格 d = M12，公称长度 l = 80 mm，性能等级为 8.8 级，表面氧化，A 级的六角螺栓标记：螺栓 GB/T 5782　　M12×80

螺纹规格 d		M3	M4	M5	M6	M8	M10	M12	(M14)
s_{max}		5.5	7	8	10	13	16	18	21
k		2	2.8	3.5	4	5.3	6.4	7.5	8.8
e		6.01	7.66	8.79	11.05	14.38	17.77	20.03	23.35
a		1.5	2.1	2.4	3	4	4.5	5.3	6
b 参 考	$l_{公称} \leqslant 125$	12	14	16	18	22	26	30	34
	$125 \leqslant l_{公称} \leqslant 200$	18	20	22	24	28	32	36	40
	$l_{公称} > 200$	31	33	35	37	41	45	49	57
l		20~30	25~40	25~50	30~60	40~80	45~100	50~120	60~140
全螺纹长度 l		6~30	8~40	10~50	12~60	16~80	20~100	25~120	30~140

续表

螺纹规格 d	M3	M4	M5	M6	M8	M10	M12	(M14)
l 系列	6，8，10，12，16，20~50(5 进位)，(55)，60,(65)，70~160(10 进位)，180~400(20 进位)							

技术条件	材料	力学性能等级				螺纹公差	产品公差等级	表面处理
	钢	GB/T 5782	$d{\leqslant}39$ mm 为 8.8			6g	A，B	①氧化
			$D{>}39$ mm 按协议					②镀锌钝化
		GB/T 5783	8.8，10.9					

螺纹规格 d	M16	(M18)	M20	(M22)	M24	M27	M30	M36
s_{max}	24	27	30	34	36	41	46	55
k	10	11.5	12.5	14	15	17	18.7	22.5
e	26.75	30.04	33.53	34.72	39.98	45.2	—	—
a	6	7.5	7.5	7.5	9	9	10.5	12
b 参考	$l_{公称}{\leqslant}125$	38	42	46	50	54	60	66	—
	$125{\leqslant}l_{公称}{\leqslant}200$	44	48	52	56	60	66	72	84
	$l_{公称}{>}200$	57	61	65	69	73	79	85	97
l	65~150	70~180	80~200	90~220	90~240	100~260	110~300	140~360
全螺纹长度 l	30~150	35~160	40~150	45~150	50~150	≥55	≥60	≥70

l 系列	6，8，10，12，16，20~50(5 进位)，(55)，60，(65)，70~160(10 进位)，180~400(20 进位)							

技术条件	材料	力学性能等级				螺纹公差	产品公差等级	表面处理
	钢	GB/T 5782	$d{\leqslant}39$ mm 为 8.8			6 g	A，B	①氧化;
			$d{>}39$ mm 按协议					②镀锌钝化
		GB/T 5783	8.8，10.9					

注：① 表中内容摘自 GB/T 5782—2016 和 GB/T 5783—2016。

　　② 产品等级 A 级用于 $d{\leqslant}24$ mm 和 $l{\leqslant}10d$ 或 $l{\leqslant}150$ mm 的螺栓，B 级用于 $d{>}24$ mm 和 $l{>}150$ mm 的螺栓。

　　③ M3~M6 为商品规格，M42~M64 为通用规格，带括号的规格尽量不用。

表 10-4　六角头螺栓-C 级、六角头螺栓-全螺纹-C 级　　　mm

六角头螺栓-C 级(GB/T 5780—2016)　　　　　六角头螺栓-全螺纹-C 级(GB/T 5781—2016)

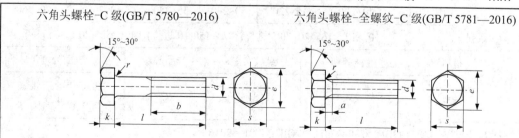

标记示例：

　　螺纹规格 d = M12，公称长度 l = 80 mm，性能等级为 4.8 级，不经表面处理，C 级的六角头螺栓

　　标记：螺栓 GB/T 5780　M12×80

续表

螺纹规格 d		M5	M6	M8	M10	M12	(M14)	M16	(M18)
s_{max}		8	10	13	16	18	21	24	27
$k_{公称}$		3.5	4	5.3	6.4	87.5	8.8	10	11.5
e_{min}		8.63	10.89	14.2	17.59	19.85	22.8	26.17	29.6
a_{max}		2.4	3	4	4.5	5.3	6	6	7.5
b 参考	$l_{公称}$≤125	16	18	22	26	30	34	38	42
	125≤$l_{公称}$≤200	22	24	28	32	36	40	44	48
	$l_{公称}$>200	35	37	41	45	49	53	57	61
l	GB/T 5780	25~50	30~60	40~80	45~100	55~120	60~140	65~160	80~180
	GB/T 5781	10~50	12~60	16~80	20~100	25~120	30~140	30~160	35~180
l 系列		10，12，16，20~70(5 进位)，70~150(10 进位)，180~500(20 进位)							

技术条件	材料	力学性能等级		螺纹公差		产品等级		表面处理
	钢	3.6, 4.6, 4.8		8 g		C		① 不经处理； ② 镀锌钝化

螺纹规格 d		M20	(M22)	M24	(M27)	M30	M36
s_{max}		30	34	36	41	46	55
$k_{公称}$		12.5	14	15	17	18.7	22.5
e_{min}		32.95	37.3	39.55	45.2	50.85	60.79
a_{max}		7.5	7.5	9	9	10.5	12
b 参考	$l_{公称}$≤125	46	50	54	60	66	—
	125≤$l_{公称}$≤200	52	56	60	66	72	84
	$l_{公称}$>200	65	69	73	79	85	97
l	GB/T 5780	80~200	90~220	100~240	110~260	120~300	140~360
	GB/T 5781	40~200	45~220	50~240	55~280	60~300	70~360
l 系列		10，12，16，20~70(5 进位)，70~150(10 进位)，180~500(20 进位)					

技术条件	材料	力学性能等级		螺纹公差		产品等级		表面处理
	钢	3.6, 4.6, 4.8		8g		C		① 不经处理 ② 镀锌钝化

注：① 表中内容摘自 GB/T 5780—2016 和 GB/T 5781—2016。

② M5~M36 为商品规格，为销售储备的产品最常用的规格。

③ M42~M64 为通用规格，较商品规格低一级，有时买不到要定做。

④ 带括号的规格为尽量不采用规格，除表外还有(M33)、(M39)、(M45)、(M52)和(M60)。

表 10-5 双头螺柱 $b_m=d$、$b_m=1.25d$、$b_m=1.5d$ 和 $b_m=2d$ mm

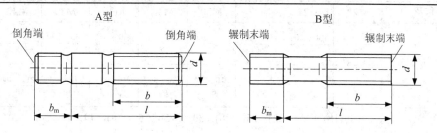

标记示例：

两端均为粗牙普通螺纹，$d=10$，$l=50$ mm，性能等级为 4.8 级，不经表面处理，B 级，$b_m=d$ 的双头螺柱：螺柱 GB/T 897 M10×50

旋入机体一端为粗牙普通螺纹，旋螺母一端为 $p=1$ mm 的细牙普通螺纹，$d=10$，$l=50$，性能等级为 4.8 级，不经表面处理，A 型，$b_m=d$ 的双头螺柱：螺柱 GB/T 897 AM10-M10×1×50

旋入机体一端为过渡配合螺纹第一种配合，旋螺母一端为粗牙普通螺纹，$d=10$，$l=50$，性能等级为 8.8 级，镀锌钝化，B 型，$b_m=d$ 的双头螺柱：螺柱 GB/T 897 GM10-M10×50-8.8-Zn·D

螺纹规格 d		M5	M6	M8	M10	M12	(M14)	M16	(M18)	M20
b_m	GB/T 897	5	6	8	10	12	14	16	18	20
	GB/T 898	6	8	10	12	15	18	20	22	25
	GB/T 899	8	10	12	15	18	21	24	27	30
	GB/T 900	10	12	16	20	24	28	32	36	40
$\dfrac{l}{b}$		$\dfrac{16\sim22}{10}$	$\dfrac{20\sim22}{10}$	$\dfrac{20\sim22}{12}$	$\dfrac{25\sim28}{14}$	$\dfrac{25\sim30}{16}$	$\dfrac{20\sim35}{18}$	$\dfrac{30\sim38}{20}$	$\dfrac{35\sim44}{22}$	$\dfrac{35\sim40}{25}$
		$\dfrac{25\sim50}{16}$	$\dfrac{25\sim30}{14}$	$\dfrac{25\sim30}{16}$	$\dfrac{30\sim38}{16}$	$\dfrac{32\sim40}{20}$	$\dfrac{38\sim45}{25}$	$\dfrac{40\sim55}{30}$	$\dfrac{45\sim60}{35}$	$\dfrac{45\sim65}{35}$
			$\dfrac{32\sim75}{18}$	$\dfrac{32\sim90}{22}$	$\dfrac{40\sim120}{26}$	$\dfrac{45\sim120}{30}$	$\dfrac{50\sim120}{34}$	$\dfrac{60\sim120}{38}$	$\dfrac{65\sim120}{42}$	$\dfrac{70\sim120}{46}$
					$\dfrac{130}{32}$	$\dfrac{130\sim180}{36}$	$\dfrac{130\sim180}{40}$	$\dfrac{130\sim200}{44}$	$\dfrac{130\sim200}{48}$	$\dfrac{130\sim200}{52}$

螺纹规格 D		M22	M24	M27	M30	M33	M36	M39	M42	M48
b_m	GB/T 6170	22	24	27	30	33	36	39	42	48
	GB/T 41	28	30	35	38	41	45	49	52	60
	GB/T 6170	33	36	40	45	49	54	58	63	72
	GB/T 41	34	38	54	60	66	72	78	84	96
$\dfrac{l}{b}$		$\dfrac{40\sim45}{30}$	$\dfrac{45\sim50}{30}$	$\dfrac{50\sim60}{35}$	$\dfrac{60\sim65}{40}$	$\dfrac{65\sim70}{45}$	$\dfrac{65\sim75}{45}$	$\dfrac{70\sim75}{50}$	$\dfrac{70\sim80}{50}$	$\dfrac{80\sim90}{60}$
		$\dfrac{50\sim70}{40}$	$\dfrac{55\sim75}{45}$	$\dfrac{65\sim85}{50}$	$\dfrac{70\sim90}{50}$	$\dfrac{75\sim95}{60}$	$\dfrac{80\sim110}{60}$	$\dfrac{85\sim110}{65}$	$\dfrac{85\sim110}{70}$	$\dfrac{95\sim110}{80}$
		$\dfrac{75\sim120}{50}$	$\dfrac{80\sim120}{54}$	$\dfrac{90\sim130}{60}$	$\dfrac{95\sim120}{66}$	$\dfrac{100\sim120}{72}$	$\dfrac{120}{78}$	$\dfrac{120}{84}$	$\dfrac{120}{90}$	$\dfrac{120}{102}$

续表

螺纹规格 D	M22	M24	M27	M30	M33	M36	M39	M42	M48
$\dfrac{l}{b}$	$\dfrac{130\sim200}{56}$	$\dfrac{130\sim200}{60}$	$\dfrac{130\sim200}{66}$	$\dfrac{130\sim200}{72}$	$\dfrac{130\sim200}{78}$	$\dfrac{130\sim200}{84}$	$\dfrac{130\sim200}{90}$	$\dfrac{130\sim200}{96}$	$\dfrac{130\sim200}{108}$
		$\dfrac{210\sim250}{85}$	$\dfrac{210\sim300}{91}$	$\dfrac{210\sim300}{97}$	$\dfrac{210\sim300}{103}$	$\dfrac{210\sim300}{109}$	$\dfrac{130\sim200}{121}$		
l 系列	16, (18), 20, (22), 25, (28), 30, (32), 35, (38), 40, 45, 50, (55), 60, (65), 70, (75), 80, (85), 90, (95), 100, 110, 120, 130, 140, 150, 160, 170, 180, 190, 200								

注：① 表中内容摘自 GB/T 897—1988、GB/T 899—1988 和 GB/T 900—1988。

　　② 括弧中的值尽量不用。GB/T 897—1988 中 $d=M5\sim M20$ 为商品规格，其余均为通用规格。

　　③ 螺纹公差 6g 过渡配合螺纹 GM、G_2M，钢为 4.8、5.8、6.8、8.8、10.9、12.9；GB/T 900 还可用过盈配合螺纹 YM。

　　④ $b_m=d$ 一般用于钢对钢，$b_m=(1.25\sim1.5)d$ 一般用于钢对铸铁，$b_m=2d$ 一般用于钢对铝合金。

表 10-6　　内六角圆柱头螺钉　　　　　　　　　　　　　　mm

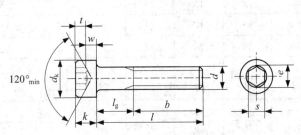

标记示例：

　　螺纹规格 $d=M5$、公称长度 $l=20$ mm、性能等级为 8.8 级、表面氧化的 A 级六角圆柱头螺钉：螺钉 GB/T 70.1　M5×20

螺纹规格 d	M5	M6	M8	M10	M12	M16	M20	M24	M30	M36
b(参考)	22	24	28	32	36	44	52	60	72	84
d_k(max)	8.5	10	13	16	18	24	30	36	45	54
e(min)	4.583	5.723	6.083	9.149	11.429	15.996	19.437	21.734	25.154	30.854
k(max)	5	6	8	10	12	16	20	24	30	36
s(公称)	4	5	6	8	10	14	17	19	22	27
t(min)	2.5	3	4	5	6	8	10	12	15	19
l(范围)	8~50	10~60	12~80	16~100	20~120	25~160	30~200	40~200	45~200	55~200
制成全螺纹时 $l\leqslant$	25	30	35	40	45	55	65	80	90	110
l 系列(公称)	8, 10, 12, 16, 20~25(5 进位), 55, 60, 65, 70~160(10 进位), 180, 200									

技术条件	材料	力学性能等级	螺纹公差	产品等级	表面处理
	钢	8.8, 12.9	12.9 级为 5g 或 6g 其他等级为 6g	A	氧化或镀锌钝化

注：表中内容摘自 GB/T 70.1—2008、GB/T 73—2017 和 GB/T 75—2018。

表 10-7 开槽锥端紧定螺钉、开槽平端紧定螺钉和开槽长圆柱端紧定螺钉 mm

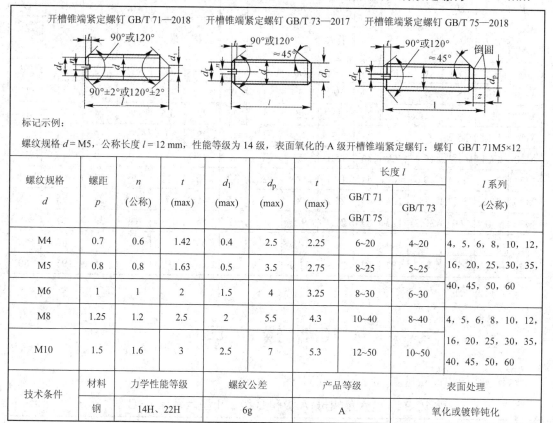

标记示例:

螺纹规格 d = M5,公称长度 l = 12 mm,性能等级为 14 级,表面氧化的 A 级开槽锥端紧定螺钉:螺钉 GB/T 71M5×12

螺纹规格 d	螺距 p	n (公称)	t (max)	d_1 (max)	d_p (max)	t (max)	长度 l		l 系列 (公称)
							GB/T 71 GB/T 75	GB/T 73	
M4	0.7	0.6	1.42	0.4	2.5	2.25	6~20	4~20	4、5、6、8、10、12、16、20、25、30、35、40、45、50、60
M5	0.8	0.8	1.63	0.5	3.5	2.75	8~25	5~25	
M6	1	1	2	1.5	4	3.25	8~30	6~30	
M8	1.25	1.2	2.5	2	5.5	4.3	10~40	8~40	4、5、6、8、10、12、16、20、25、30、35、40、45、50、60
M10	1.5	1.6	3	2.5	7	5.3	12~50	10~50	
技术条件	材料	力学性能等级		螺纹公差		产品等级		表面处理	
	钢	14H、22H		6g		A		氧化或镀锌钝化	

注:表中内容摘自 GB/T 71—2018、GB/T 73—2017 和 GB/T 75—2018。

10.3 吊 环 螺 钉

吊环螺钉的结构和尺寸见表 10-8。

表 10-8 吊环螺钉(摘自 GB/T 825—1988) mm

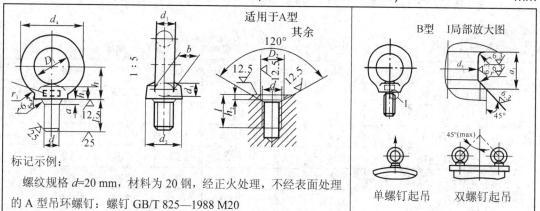

标记示例:

螺纹规格 d=20 mm,材料为 20 钢,经正火处理,不经表面处理的 A 型吊环螺钉:螺钉 GB/T 825—1988 M20

单螺钉起吊 双螺钉起吊

d	d_1	d_2	d_3	d_4	h	h_1	h_2	r	r_1	l	a	a_1	b	D_1	D_2
螺纹规格	最大	最大	公称最大	参考		最大	公称最小	最小		公称	最大	最大		公称	公称最小
M8	9.1	21.1	6	36	18	7	2.5	1	4	16	2.5	3.75	10	20	13
M10	11.1	25.1	7.7	44	22	9	3	1	4	20	3	4.5	12	24	15
M12	13.1	29.1	9.4	52	26	11	3.5	1	6	22	3.5	5.25	14	28	15
M16	15.2	35.2	13	62	31	13	4.5	1	6	28	4	6	16	34	22
M20	17.4	41.4	16.4	72	36	15.1	5	1	8	35	5	7.5	19	40	28
M24	21.4	49.4	19.6	88	44	19.1	7	2	12	40	6	9	24	48	32
M30	25.7	57.7	25	104	53	23.2	8	2	15	45	7	10.5	28	56	38
M36	30	69	30.8	123	63	27.4	9.5	3	18	55	8	12	32	67	45
M42	34.4	82.4	35.6	144	74	31.7	10.5	3	20	65	9	13.5	38	80	52
M48	40.7	97.7	41	171	87	36.9	11.5	3	22	70	10	15	46	95	60

注：M8~M36 为商品规格。

10.4　螺　　母

螺母结构和尺寸见表 10-9～表 10-11。

表 10-9　Ⅰ型六角螺母-A 级和 B 级、Ⅰ型六角螺母-C 级　　　　　mm

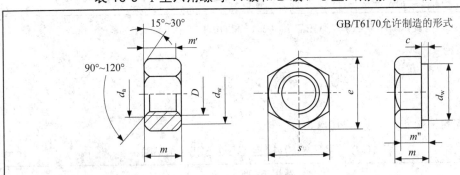

标记示例：

螺纹规格 D=M12，性能等级为 8 级；不经表面处理，A 级的Ⅰ型六角螺母：螺母 GB/T 6170　M12

螺纹规格 D		M5	M6	M8	M10	M12	(M14)	M16	(M18)
e/(min)	GB/T6170	8.79	11.05	14.38	17.77	20.03	23.35	26.75	29.56
	GB/T 41	8.63	10.89	14.20	17.29	19.85	22.78	26.17	29.56
m	GB/T6170	4.7	5.2	6.8	8.4	10.8	12.8	14.8	15.8
	GB/T 41	5.6	6.4	7.9	9.5	12.2	13.9	15.9	16.9
s/(max)		8	10	13	16	18	21	24	27
e/(min)	GB/T6170	32.95	37.29	39.55	45.2	50.85	55.37	60.79	

续表

螺纹规格 D		M20	(M22)	M24	(M27)	M30	(M33)	M36	
	GB/T 41	32.95	37.29	39.55	45.2	50.85	55.37	60.79	
m	GB/T 6170	18	19.4	21.5	23.8	25.6	28.7	31	
	GB/T 41	19	20.2	22.3	24.7	26.4	—	31	
s/(max)		30	34	36	41	46	50	55	

技术条件		材料	力学性能等级	螺纹公差	产品等级	表面处理
	GB/T 6170	钢	6，8，10	6H	A 级用于 D≤16 mm B 级用于 D>16 mm	不经处理或表面镀锌钝化
	GB/T 41		4，5	7H	C	

注：① 表中内容摘自 GB/T 6170—2015 和 GB/T 41—2016。

　　② 括弧中的值尽量不用。

表 10-10　圆螺母(GB/T 812—1988)　　　　　　　　　mm

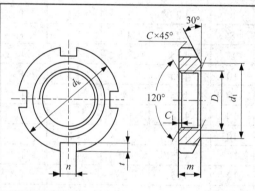

D≤M100×2 槽数 4；D≥M105×2 槽数 6

材料：45 钢。

螺纹公差：6H。

热处理及表面处理：① 槽或全部热处理后 HRC35~45；② 调质 HRC24~30；③ 氧化。

标记示例：

　　螺纹规格 D=M16×1.5、材料为 45 钢、槽或全部热处理后硬度 HRC35~45、表面氧化的圆螺母的标记：螺母 GB 812 M16×1.5

螺纹规格 D×P	d_k	d_1	m	n		t		C	C_1
				max	min	max	min		
M10×1	22	16	8	4.3	4	2.6	2	0.5	0.5
M12×1.25	25	19	8	4.3	4	2.6	2	0.5	0.5
M14×1.5	28	20	8	4.3	4	2.6	2	0.5	0.5
M16×1.5	30	22	8	5.3	5	3.1	2.5	0.5	0.5
M18×1.5	32	24	8	5.3	5	3.1	2.5	0.5	0.5
M20×1.5	35	27	8	5.3	5	3.1	2.5	0.5	0.5
M22×1.5	38	30	10	5.3	5	3.1	2.5	1	0.5
M24×1.5	42	34	10	5.3	5	3.1	2.5	1	0.5
M25×1.5△	42	34	10	5.3	5	3.1	2.5	1	0.5
M27×1.5	45	37	10	5.3	5	3.1	2.5	1	0.5
M30×1.5	48	40	10	5.3	5	3.1	2.5	1	0.5

续表

螺纹规格 $D \times P$	d_k	d_1	m	n max	t min	n max	t min	C	C_1
M33×1.5	52	43	10	6.3	6	3.6	3	1	0.5
M35×1.5△	52	43	10	6.3	6	3.6	3	1	0.5
M36×1.5	55	46	10	6.3	6	3.6	3	1.5	0.5
M39×1.5	58	49	10	6.3	6	3.6	3	1.5	0.5
M40×1.5△	58	49	10	6.3	6	3.6	3	1.5	0.5
M42×1.5	62	53	10	6.3	6	3.6	3	1.5	0.5
M45×1.5	68	59	10	6.3	6	3.6	3	1.5	0.5
M48×1.5	72	61	12	8.36	8	4.25	3.5	1.5	0.5
M50×1.5△	72	61	12	8.36	8	4.25	3.5	1.5	0.5
M52×1.5	78	67	12	8.36	8	4.25	3.5	1.5	0.5
M55×2△	78	67	12	8.36	8	4.25	3.5	1.5	0.5
M56×2	85	74	12	8.36	8	4.25	3.5	1.5	1
M60×2	90	79	12	8.36	8	4.25	3.5	1.5	1
M64×2	95	84	12	8.36	8	4.25	3.5	1.5	1
M65×2△	95	84	12	8.36	8	4.25	3.5	1.5	1
M68×2	100	88	12	8.36	8	4.25	3.5	1.5	1
M72×2	105	93	15	10.36	10	4.75	4	1.5	1
M75×2△	105	93	15	10.36	10	4.75	4	1.5	1
M76×2	110	98	15	10.36	10	4.75	4	1.5	1
M80×2	115	103	15	10.36	10	4.75	4	1.5	1
M85×2	120	108	15	10.36	10	4.75	4	1.5	1
M90×2	125	112	18	12.43	12	5.75	5	1.5	1
M95×2	130	117	18	12.43	12	5.75	5	1.5	1
M100×2	135	122	18	12.43	12	5.75	5	1.5	1
M105×2	140	127	18	12.43	12	5.75	5	1.5	1

注：△仅用于滚动轴承锁紧装置。

表 10-11　小圆螺母(GB/T 810—1988)　　　　　mm

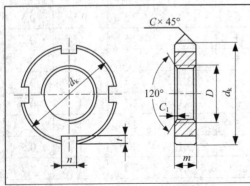

$D \leqslant$ M100×2　槽数 4；$D \geqslant$ M105×2　槽数 6

材料：45 钢；螺纹公差：6H。

热处理及表面处理：① 槽或全部热处理后 HRC35~45；② 调质 HRC24~30；③ 氧化。

标记示例：

螺纹规格 $D =$ M16×1.5、材料为 45 钢、槽或全部热处理后硬度 HRC35~45、表面氧化的小圆螺母：螺母 GB 810 M16×1.5

续表

螺纹规格 $D \times P$	d_k	m	n		t		C	C_1
			max	min	max	min		
M10×1	20	6	4.3	4	2.6	2	0.5	0.5
M12×1.25	22	6	4.3	4	2.6	2	0.5	0.5
M14×1.5	25	6	4.3	4	2.6	2	0.5	0.5
M16×1.5	28	6	4.3	4	2.6	2	0.5	0.5
M18×1.5	30	6	5.3	5	3.1	2.5	0.5	0.5
M20×1.5	32	6	5.3	5	3.1	2.5	0.5	0.5
M22×1.5	35	8	5.3	5	3.1	2.5	0.5	0.5
M24×1.5	38	8	5.3	5	3.1	2.5	0.5	0.5
M27×1.5	42	8	5.3	5	3.1	2.5	1	0.5
M30×1.5	45	8	5.3	5	3.1	2.5	1	0.5
M33×1.5	48	8	5.3	5	3.1	2.5	1	0.5
M36×1.5	52	8	6.3	6	3.6	3	1	0.5
M39×1.5	55	8	6.3	6	3.6	3	1	0.5
M42×1.5	58	8	6.3	6	3.6	3	1	0.5
M45×1.5	62	8	6.3	6	3.6	3	1	0.5
M48×1.5	68	10	6.3	6	3.6	3	1	0.5
M52×1.5	72	10	8.36	8	4.25	3.5	1	0.5
M56×2	78	10	8.36	8	4.25	3.5	1	1
M60×2	80	10	8.36	8	4.25	3.5	1	1
M64×2	85	10	8.36	8	4.25	3.5	1	1
M68×2	90	10	8.36	8	4.25	3.5	1	1
M72×2	95	12	8.36	8	4.25	3.5	1	1
M76×2	100	12	10.36	10	4.75	4	1	1
M80×2	105	12	10.36	10	4.75	4	1.5	1
M85×2	110	12	10.36	10	4.75	4	1.5	1
M90×2	115	12	10.36	10	4.75	4	1.5	1
M95×2	120	12	10.36	10	4.75	4	1.5	1
M100×2	125	12	12.43	12	5.75	5	1.5	1
M105×2	130	15	12.43	12	5.75	5	1.5	1
M110×2	135	15	12.43	12	5.75	5	1.5	1
M115×2	140	15	12.43	12	5.75	5	1.5	1
M120×2	145	15	14.43	14	6.75	6	1.5	1

10.5　垫　　圈

常见的垫圈尺寸见表 10-12～表 10-17。

表 10-12　圆螺母用止动垫圈　　　　　　　　mm

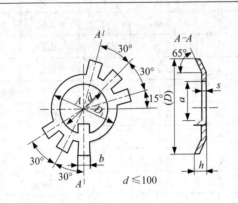

标记示例:

　　规格为 16mm，材料为 Q235A ，经退火、表面氧化的圆螺母用止动垫圈：垫圈 GB/T 858 16

$d \leqslant 100$

公称规格 (螺纹大径)	d	D(参考)	D_1	s	b	a	h
18	18.5	35	24			15	
20	20.5		27			17	
22	22.5		30			19	4
24	24.5	45	34	1	4.8	21	
25*	25.5					22	
27	27.5	48	37			24	
30	30.5	52	40			27	
33	33.5	56	43			30	
35*	35.5					32	
36	36.5	60	46			33	
39	39.5	62	49		5.7	36	5
40*	40.5					37	
42	42.5	66	53			39	
45	45.5	72	59	1.5		42	
48	48.5	76	61			45	
50*	50.5					47	
52	52.5	82	67		7.7	49	
55*	56					52	6
56	57	90	74			53	
60	61	94	79			57	

续表

公称规格 (螺纹大径)	d	D(参考)	D_1	s	b	a	h
64	65	100	84	1.5	7.7	61	7
65*	66	100	84	1.5	7.7	62	7
68	69	105	88	1.5	7.7	65	7
72	73	110	93	1.5	9.6	69	7
75*	76	110	93	1.5	9.6	71	7
76	77	115	98	1.5	9.6	72	7
80	81	120	103	1.5	9.6	76	7
85	86	125	108	1.5	9.6	81	7
90	91	130	112	1.5	9.6	86	7
95	96	135	117	2	11.6	91	7
100	101	140	122	2	11.6	96	7
105	106	145	127	2	11.6	101	7

注：① 表中内容摘自 GB/T 858—1988。

② *仅用于滚动轴承锁紧装置。

表 10-13　圆螺母用止动垫圈(GB/T 858—1988)、平垫圈-倒角型-A 级

平垫圈-A 级(GB/T 97.1—2002，GB/T 97.2—2002)　　　mm

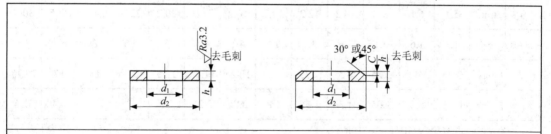

标记示例：

　　小系列(或标准系列)、公称规格 d=8 mm、性能等级为 200HV 级、不经表面处理的小垫圈(或平垫圈、或倒角型平垫圈)：垫圈 GB/T 848　8(或 GB/T 97.1　8 或 GB/T 97.2　8)

	公称规格 (螺纹大径 d)	1.6	2	2.5	3	4	5	6	8	10	12	(14)	16	20	24	30	36
d_1	GB/T 848—2002	1.7	2.2	2.7	3.2	4.13	5.3	6.4	8.4	10.5	13	15	17	21	25	31	37
	GB/T 97.1—2002					4.13	5.3	6.4	8.4	10.5	13	15	17	21	25	31	37
	GB/T 97.2—2002	—	—	—	—	4.13	5.3	6.4	8.4	10.5	13	15	17	21	25	31	37

续表

公称规格 (螺纹大径 d)		1.6	2	2.5	3	4	5	6	8	10	12	(14)	16	20	24	30	36
d_2	GB/T 848—2002	3.5	4.5	5	6	8	9	11	15	18	20	24	28	34	39	50	60
	GB/T 97.1—2002	4	5	6	7	8	10	12	16	20	24	28	30	37	44	56	66
	GB/T 97.2—2002	—	—	—	—	—	10	12	16	20	24	28	30	37	44	56	66
h	GB/T 848—2002	0.3	0.3	0.5	0.5	0.5	1	1.6	1.6	1.6	2	2.5	2.5	2.5	3	4	5
	GB/T 97.1—2002	0.3	0.3	0.5	0.5	0.8	1	1.6	1.6	2	2.5	2.5	3	3	3	4	5
	GB/T 97.2—2002	—	—	—	—	—	1	1.6	1.6	2	2.5	2.5	3	3	3	4	5

注：表中内容摘自 GB/T 848—2002、GB/T 97.1—2002 和 GB/T 97.2—2002。

表 10-14　标准型弹簧垫圈　　　　　　　　　　　　　　mm

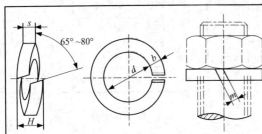

标记示例：

规格为 16 mm，材料为 Mn，表面氧化的标准型弹簧垫圈标记：垫圈 GB/T 93 16

规格 (螺纹大径)		5	6	8	10	12	(14)	16	(18)	20	(22)	24	(27)	30
d	min	5.1	6.1	8.1	10.2	12.2	14.2	16.2	18.2	20.2	22.5	24.5	27.5	30.5
$s(b)$	公称	1.3	1.6	2.1	2.6	3.1	3.6	4.1	4.5	5	5.5	6	6.8	7.5
H	max	3.25	4	5.25	6.5	7.75	9	10.25	11.25	12.5	13.75	15	17	18.75
$m \leqslant$		0.65	0.8	1.05	1.3	1.55	1.8	2.05	2.25	2.5	2.75	3	3.4	3.75

注：表中内容摘自 GB/T 93—1987。

表 10-15　外舌止动垫圈　　　　　　　　　　　　　　mm

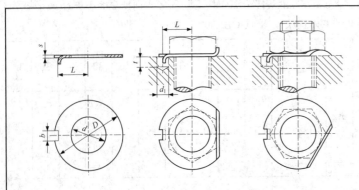

标记示例：

规格为 10 mm、材料为 Q235A，经退火、不经表面处理的外舌止动垫圈：垫圈 GB/T 856 10

规格(螺纹大径)	5	6	8	10	12	14	16	18	20	22	24	27	30	36
d	5.3	6.4	8.4	10.5	13	15	17	19	21	23	25	28	31	37
D	17	19	22	26	32	32	40	45	45	50	50	58	63	75
b	3.5	3.5	3.5	4.5	4.5	4.5	5.5	6	6	7	7	8	8	11
L	7	7.5	8.5	10	12	12	15	18	18	20	20	23	25	31
s	0.5	0.5	0.5	0.5	1	1	1	1	1	1	1	1.5	1.5	15
d_1	4	4	4	5	5	5	6	7	7	8	8	9	9	12
t	4	4	4	5	6	6	6	7	7	7	7	10	10	10

注：表中内容摘自 GB/T 856—1988。

表 10-16　单耳止动垫圈(GB/T 854—1988)　　　　　　mm

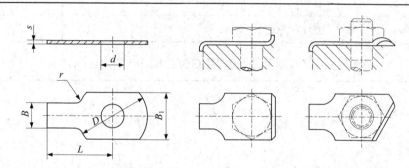

标记示例：

规格 10 mm、材料为 Q215、经退火、表面氧化的单耳止动垫圈：垫圈　GB 854 10

规格(螺纹大径)	d		D		L			s	B	B_1	r
	max	min	max	min	公称	min	max				
2.5	2.95	2.7	8	7.64	10	9.71	10.29	0.4	3	6	2.5
3	3.5	3.2	10	9.64	12	11.65	12.35	0.4	4	7	2.5
4	4.5	4.2	14	13.57	14	13.65	14.35	0.4	5	9	2.5
5	5.6	5.3	17	16.57	16	15.65	16.35	0.5	6	11	2.5
6	6.76	6.4	19	18.48	18	17.65	18.35	0.5	7	12	4
8	8.76	8.4	22	21.48	20	19.58	20.42	0.5	8	16	4
10	10.93	10.5	26	25.48	22	21.58	22.42	0.5	10	19	6
12	13.43	13	32	31.38	28	27.58	28.42	1	12	21	10
(14)	15.43	15	32	31.38	28	27.58	28.42	1	12	25	10
16	17.43	17	40	39.38	32	31.5	32.5	1	15	32	10

续表

规格(螺纹大径)	d		D		L			s	B	B_1	r
	max	min	max	min	公称	min	max				
(18)	19.52	19	45	44.38	36	35.5	36.5	1	18	38	10
20	21.52	21	45	49.38	36	36.5	36.5	1	18	38	10
(22)	23.52	23	50	49.38	42	41.5	42.5	1	20	39	10
24	25.52	25	50	49.38	42	41.5	42.5	1	20	42	10
(27)	28.52	28	58	57.26	48	47.5	48.5	1.5	24	48	16
30	31.62	31	63	62.26	52	51.4	52.6	1.5	26	55	16
36	37.62	37	75	74.26	62	61.4	62.6	1.5	30	65	16
42	43.62	43	88	87.13	70	69.4	70.6	1.5	35	78	16
48	50.62	50	100	99.13	80	79.4	80.6	1.5	40	90	16

表 10-17 双耳止动垫圈(GB/T 855—1988)   mm

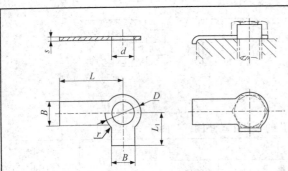

标记示例:

规格 10 mm、材料为 Q215、经退火、表面氧化的双耳止动垫圈的标记:垫圈 GB/T 855 10

规格(螺纹大径)	d		D		L			L_1			B	s	r
	max	min	max	min	公称	min	max	公称	min	max			
2.5	2.95	2.7	5	4.7	10	9.71	10.29	4	3.76	4.24	3	0.4	1
3	3.5	3.2	5	4.7	12	11.65	12.35	5	4.76	5.24	4	0.4	1
4	4.5	4.2	8	7.64	14	13.65	14.35	7	6.71	7.29	5	0.4	1
5	5.6	5.3	9	8.64	16	15.65	16.35	8	7.71	8.29	6	0.5	1
6	6.76	6.4	11	10.5	18	17.65	18.35	9	8.71	9.29	7	0.5	1
8	8.76	8.4	14	13.5	20	19.58	20.42	11	10.65	11.35	8	0.5	2
10	10.9	10.5	17	16.5	22	21.58	22.42	13	12.65	13.35	10	0.5	2
12	13.4	13	22	21.4	28	27.58	28.42	16	15.65	16.35	12	1	2
(14)	15.4	15	22	21.4	28	27.58	28.42	16	15.65	16.35	12	1	2
16	17.4	17	27	26.4	32	31.5	32.5	20	19.58	20.42	15	1	2

规格 (螺纹大径)	d		D		L			L_1			B	s	r
	max	min	max	min	公称	min	max	公称	min	max			
(18)	19.5	19	32	31.3	36	35.5	36.5	22	21.58	22.42	18	1	3
20	21.5	21	32	31.3	36	36.5	36.5	22	21.58	22.42	18	1	3
(22)	23.5	23	36	35.3	42	41.5	42.5	25	24.58	25.42	20	1	3
24	25.5	25	36	35.3	42	41.5	42.5	25	24.58	25.42	20	1	3
(27)	28.5	28	41	40.3	48	47.5	48.5	30	29.58	30.42	24	1.5	3
30	31.6	31	46	45.3	52	51.4	52.5	32	31.5	32.5	26	1.5	3
36	37.6	37	55	54.4	62	61.4	62.6	38	37.5	38.5	30	1.5	3
42	43.6	43	65	64.2	70	69.4	70.6	44	43.5	44.5	35	1.5	4
48	50.6	50	75	74.2	80	79.4	80.6	50	49.5	50.5	40	1.5	4

10.6 挡 圈

常见的挡圈见表 10-18～表 10-21。

表 10-18 螺钉紧固轴端挡圈(GB/T 891—1986) mm

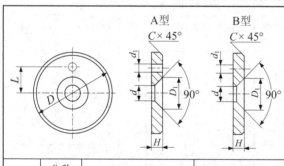

标记示例:

公称直径 $D=45$ mm、材料为 Q235、不经表面处理的 A 型螺钉紧固轴端挡圈的标记:挡圈 GB/T 891 45

按 B 型制造时,应加标记 B:挡圈 GB/T 891 B45

轴径	公称 直径	H		L		d	d_1	D_1	C	螺钉 GB/T 891	圆柱销 GB/T 119
≤	D	基本 尺寸	极限 偏差	基本 尺寸	极限 偏差					(推荐)	(推荐)
14	20	4	0 −0.3	—	±0.11	5.5	—	11	0.5	M5×12	—
16	22	4	0 −0.3	—	±0.11	5.5	—	11	0.5	M5×12	—
18	25	4	0 −0.3	—	±0.11	5.5	—	11	0.5	M5×12	—
20	28	4	0 −0.3	7.5	±0.11	5.5	2.1	11	0.5	M5×12	A2×10

轴径	公称直径	H		L		d	d_1	D_1	c	螺钉 GB/T 891	圆柱销 GB/T 119
≤	D	基本尺寸	极限偏差	基本尺寸	极限偏差					(推荐)	(推荐)
22	30	4	0 −0.3	7.5	±0.11	5.5	2.1	11	0.5	M5×12	A2×10
25	32	5	0 −0.3	10	±0.11	6.6	3.2	13	1	M6×16	A3×12
28	35	5	0 −0.3	10	±0.11	6.6	3.2	13	1	M6×16	A3×12
30	38	5	0 −0.3	10	±0.11	6.6	3.2	13	1	M6×16	A3×12
32	40	5	0 −0.3	12	±0.135	6.6	3.2	13	1	M6×16	A3×12
35	45	5	0 −0.3	12	±0.135	6.6	3.2	13	1	M6×16	A3×12
40	50	5	0 −0.3	12	±0.135	6.6	3.2	13	1	M6×16	A3×12
45	55	6	0 −0.3	16	±0.135	9	4.2	17	1.5	M8×20	A4×14
50	60	6	0 −0.3	16	±0.135	9	4.2	17	1.5	M8×20	A4×14
55	65	6	0 −0.3	16	±0.135	9	4.2	17	1.5	M8×20	A4×14
60	70	6	0 −0.3	20	±0.165	9	4.2	17	1.5	M8×20	A4×14
65	75	6	0 −0.3	20	±0.165	9	4.2	17	1.5	M8×20	A4×14
70	80	6	0 −0.3	20	±0.165	9	4.2	17	1.5	M8×20	A4×14
75	90	8	0 −0.36	25	±0.165	13	5.2	25	2	M10×25	A5×16
85	100	8	0 −0.36	25	±0.165	13	5.2	25	2	M10×25	A5×16

表 10-19　螺栓紧固轴端挡圈(GB/T 892—1986)　　　　　mm

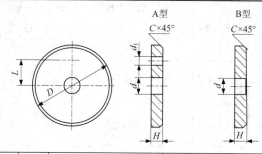

标记示例：

　　公称直径 D=45mm、材料为 Q235、不经表面处理的 A 型螺栓紧固轴端挡圈：挡圈 GB/T 892 45

　　按 B 型制造时，应加标记 B：挡圈 GB/T 892 B45

轴径	公称直径	H		L		d	d_1	C	螺栓 GB/T 5783	圆柱销 GB/T 119	垫圈 GB/T 93
≤	D	基本尺寸	极限偏差	基本尺寸	极限偏差				(推荐)	(推荐)	(推荐)
14	20	4	0 −0.3	—	±0.11	5.5	-	0.5	M5×16	—	5
16	22	4	0 −0.3	—	±0.11	5.5	-	0.5	M5×16	—	5
18	25	4	0 −0.3	—	±0.11	5.5	-	0.5	M5×16	—	5
20	28	4	0 −0.3	7.5	±0.11	5.5	2.1	0.5	M5×16	A2×10	5
22	30	4	0 −0.3	7.5	±0.11	5.5	2.1	0.5	M5×16	A2×10	5
25	32	5	0 −0.3	10	±0.11	6.6	3.2	1	M6×20	A3×12	6
28	35	5	0 −0.3	10	±0.11	6.6	3.2	1	M6×20	A3×12	6
30	38	5	0 −0.3	10	±0.11	6.6	3.2	1	M6×20	A3×12	6
32	40	5	0 −0.3	12	±0.135	6.6	3.2	1	M6×20	A3×12	6
35	45	5	0 −0.3	12	±0.135	6.6	3.2	1	M6×20	A3×12	6
40	50	5	0 −0.3	12	±0.135	6.6	3.2	1	M6×20	A3×12	6
45	55	6	0 −0.3	16	±0.135	9	4.2	1.5	M8×25	A4×14	8
50	60	6	0 −0.3	16	±0.135	9	4.2	1.5	M8×25	A4×14	8

续表

轴径 ≤	公称直径 D	H 基本尺寸	H 极限偏差	L 基本尺寸	L 极限偏差	d	d_1	C	螺栓 GB/T 5783 (推荐)	圆柱销 GB/T 119 (推荐)	垫圈 GB/T 93 (推荐)
55	65	6	0 −0.3	16	±0.135	9	4.2	1.5	M8×25	A4×14	8
60	70	6	0 −0.3	20	±0.165	9	4.2	1.5	M8×25	A4×14	8
65	75	6	0 −0.3	20	±0.165	9	4.2	1.5	M8×25	A4×14	8
70	80	6	0 −0.3	20	±0.165	9	4.2	1.5	M8×25	A4×14	8
75	90	8	0 −0.36	25	±0.165	13	5.2	2	M12×30	A5×16	12
85	100	8	0 −0.36	25	±0.165	13	5.2	2	M12×30	A5×16	12

注: 当挡圈装在带螺纹孔的轴端时, 紧固用螺栓允许加长。

表 10-20 孔用弹性挡圈—A 型(GB/T 893—2017)　　mm

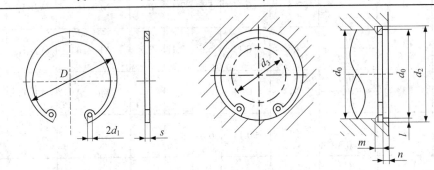

d_3——允许套入的最大轴径。

标记示例:

孔径 d_0＝50、材料 65Mn、热处理硬度 HRC44~51、经表面氧化处理的 A 型孔用弹性挡圈: 挡圈　GB/T 893 50

孔径 d_0	挡 圈					沟槽(推荐)					轴 $d_3 \leqslant$
	D 基本尺寸	D 极限偏差	s 基本尺寸	s 极限偏差	d_1	d_2 基本尺寸	d_2 极限偏差	m 基本尺寸	m 极限偏差	$n \geqslant$	
20	21.5	0.42 −0.13	1	0.05 −0.13	2	21	0.13 0	1.1	0.14 0	1.5	10
21	22.5	0.42 −0.13	1	0.05 −0.13	2	22	0.13 0	1.1	0.14 0	1.5	11

孔径 d_0	挡 圈					沟槽(推荐)					轴 $d_3 \leqslant$
	D		s		d_1	d_2		m		$n \geqslant$	
	基本尺寸	极限偏差	基本尺寸	极限偏差		基本尺寸	极限偏差	基本尺寸	极限偏差		
22	23.5	0.42 / −0.13	1	0.05 / −0.13	2	23	0.13 / 0	1.1	0.14 / 0	1.5	12
24	25.9	0.42 / −0.21	1.2	0.05 / −0.13	2	25.2	0.21 / 0	1.3	0.14 / 0	1.8	13
25	26.9	0.42 / −0.21	1.2	0.05 / −0.13	2	26.2	0.21 / 0	1.3	0.14 / 0	1.8	14
26	27.9	0.42 / −0.21	1.2	0.05 / −0.13	2	27.2	0.21 / 0	1.3	0.14 / 0	1.8	15
28	30.1	0.5 / −0.25	1.2	0.05 / −0.13	2	29.4	0.21 / 0	1.3	0.14 / 0	2.1	17
30	32.1	0.5 / −0.25	1.2	0.05 / −0.13	2	31.4	0.25 / 0	1.3	0.14 / 0	2.1	18
31	33.4	0.5 / −0.25	1.2	0.05 / −0.13	2.5	32.7	0.25 / 0	1.3	0.14 / 0	2.6	19
32	34.4	0.5 / −0.25	1.2	0.05 / −0.13	2.5	33.7	0.25 / 0	1.3	0.14 / 0	2.6	20
34	36.5	0.5 / −0.25	1.5	0.06 / −0.15	2.5	35.7	0.25 / 0	1.7	0.14 / 0	2.6	22
35	37.8	0.5 / −0.25	1.5	0.06 / −0.15	2.5	37	0.25 / 0	1.7	0.14 / 0	3	23
36	38.8	0.5 / −0.25	1.5	0.06 / −0.15	2.5	38	0.25 / 0	1.7	0.14 / 0	3	24
37	39.8	0.5 / −0.25	1.5	0.06 / −0.15	2.5	39	0.25 / 0	1.7	0.14 / 0	3	25
38	40.8	0.5 / −0.25	1.5	0.06 / −0.15	2.5	40	0.25 / 0	1.7	0.14 / 0	3	26
40	43.5	0.9 / −0.39	1.5	0.06 / −0.15	2.5	42.5	0.25 / 0	1.7	0.14 / 0	3.8	27
42	45.5	0.9 / −0.39	1.5	0.06 / −0.15	3	44.5	0.25 / 0	1.7	0.14 / 0	3.8	29
45	48.5	0.9 / −0.39	1.5	0.06 / −0.15	3	47.5	0.25 / 0	1.7	0.14 / 0	3.8	31
47	50.5	1.1 / −0.46	1.5	0.06 / −0.15	3	49.5	0.25 / 0	1.7	0.14 / 0	3.8	32
48	51.5	1.1 / −0.46	1.5	0.06 / −0.15	3	50.5	0.3 / 0	1.7	0.14 / 0	3.8	33

孔径 d_0	挡 圈					沟槽(推荐)					轴 $d_3 \leq$
	D		s		d_1	d_2		m		$n \geq$	
	基本尺寸	极限偏差	基本尺寸	极限偏差		基本尺寸	极限偏差	基本尺寸	极限偏差		
50	54.2	1.1 / −0.46	2	0.06 / −0.18	3	53	0.3 / 0	2.2	0.14 / 0	4.5	36
52	56.2	1.1 / −0.46	2	0.06 / −0.18	3	55	0.3 / 0	2.2	0.14 / 0	4.5	38
55	59.2	1.1 / −0.46	2	0.06 / −0.18	3	58	0.3 / 0	2.2	0.14 / 0	4.5	40
56	60.2	1.1 / −0.46	2	0.06 / −0.18	3	59	0.3 / 0	2.2	0.14 / 0	4.5	41
58	62.2	1.1 / −0.46	2	0.06 / −0.18	3	61	0.3 / 0	2.2	0.14 / 0	4.5	43
60	64.2	1.1 / −0.46	2	0.06 / −0.18	3	63	0.3 / 0	2.2	0.14 / 0	4.5	44
62	66.2	1.1 / −0.46	2	0.06 / −0.18	3	65	0.3 / 0	2.2	0.14 / 0	4.5	45
63	67.2	1.1 / −0.46	2	0.06 / −0.18	3	66	0.3 / 0	2.2	0.14 / 0	4.5	46
65	69.2	1.1 / −0.46	2.5	0.07 / −0.22	3	68	0.3 / 0	2.7	0.14 / 0	4.5	48
68	72.5	1.1 / −0.46	2.5	0.07 / −0.22	3	71	0.3 / 0	2.7	0.14 / 0	4.5	50
70	74.5	1.1 / −0.46	2.5	0.07 / −0.22	3	73	0.3 / 0	2.7	0.14 / 0	4.5	53
72	76.5	1.1 / −0.46	2.5	0.07 / −0.22	3	75	0.3 / 0	2.7	0.14 / 0	4.5	55
75	79.5	1.1 / −0.46	2.5	0.07 / −0.22	3	78	0.3 / 0	2.7	0.14 / 0	4.5	56
78	82.5	1.3 / −0.54	2.5	0.07 / −0.22	3	81	0.35 / 0	2.7	0.14 / 0	4.5	60
80	85.5	1.3 / −0.54	2.5	0.07 / −0.22	3	83.5	0.35 / 0	2.7	0.14 / 0	5.3	63
82	87.5	1.3 / −0.54	2.5	0.07 / −0.22	3	85.5	0.35 / 0	2.7	0.14 / 0	5.3	65
85	90.5	1.3 / −0.54 / −0.54 / −0.72	2.5	0.07 / −0.22 / −0.22 / −0.22	3	88.5	0.35 / 0 / 0 / 0	2.7	0.14 / 0 / 0 / 0	5.3	68

表 10-21 轴用弹性挡圈—A 型(GB/T 894—2017) mm

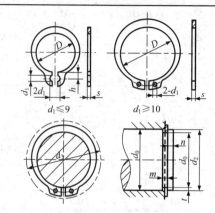

d_3 为允许套入的最小孔径。

标记示例：

轴径 d_0＝50 mm、材料 65Mn、热处理(44~51)HRC、经表面氧化处理的 A 型轴用弹性挡圈：挡圈 GB/T 894 50

轴径	挡 圈					沟槽(推荐)					孔 d_3
d_0	D		s		d_1	d_2		m		$n \geqslant$	$\leqslant$
	基本尺寸	极限偏差	基本尺寸	极限偏差		基本尺寸	极限偏差	基本尺寸	极限偏差		
16	14.7	0.1 / −0.36	1	0.05 / −0.13	1.7	15.2	0 / −0.11	1.1	0.14 / 0	1.2	24.4
17	15.7	0.1 / −0.36	1	0.05 / −0.13	1.7	16.2	0 / −0.11	1.1	0.14 / 0	1.2	25.6
18	16.5	0.1 / −0.36	1	0.05 / −0.13	1.7	17	0 / −0.11	1.1	0.14 / 0	1.5	27
19	17.5	0.1 / −0.36	1	0.05 / −0.13	2	18	0 / −0.11	1.1	0.14 / 0	1.5	28
20	18.5	0.13 / −0.42	1	0.05 / −0.13	2	19	0 / −0.13	1.1	0.14 / 0	1.5	29
21	19.5	0.13 / −0.42	1	0.05 / −0.13	2	20	0 / −0.13	1.1	0.14 / 0	1.5	31
22	20.5	0.13 / −0.42	1	0.05 / −0.13	2	21	0 / −0.13	1.1	0.14 / 0	1.5	32
24	22.2	0.21 / −0.42	1.2	0.05 / −0.13	2	22.9	0 / −0.21	1.3	0.14 / 0	1.7	34
25	23.2	0.21 / −0.42	1.2	0.05 / −0.13	2	23.9	0 / −0.21	1.3	0.14 / 0	1.7	35
26	24.2	0.21 / −0.42	1.2	0.05 / −0.13	2	24.9	0 / −0.21	1.3	0.14 / 0	1.7	36
28	25.9	0.21 / −0.42	1.2	0.05 / −0.13	2	26.6	0 / −0.21	1.3	0.14 / 0	2.1	38.4
29	26.9	0.21 / −0.42	1.2	0.05 / −0.13	2	27.6	0 / −0.21	1.3	0.14 / 0	2.1	39.8

续表一

轴径	挡　圈					沟槽(推荐)					孔 d_3
d_0	D		s		d_1	d_2		m		$n \geqslant$	$\leqslant$
	基本尺寸	极限偏差	基本尺寸	极限偏差		基本尺寸	极限偏差	基本尺寸	极限偏差		
30	27.9	0.21 / −0.42	1.2	0.05 / −0.13	2	28.6	0 / −0.21	1.3	0.14 / 0	2.1	42
32	29.6	0.21 / −0.42	1.2	0.05 / −0.13	2.5	30.3	0 / −0.25	1.3	0.14 / 0	2.6	44
34	31.5	0.25 / −0.5	1.5	0.06 / −0.15	2.5	32.3	0 / −0.25	1.7	0.14 / 0	2.6	46
35	32.2	0.25 / −0.5	1.5	0.06 / −0.15	2.5	33	0 / −0.25	1.7	0.14 / 0	3	48
36	33.2	0.25 / −0.5	1.5	0.06 / −0.15	2.5	34	0 / −0.25	1.7	0.14 / 0	3	49
37	34.2	0.25 / −0.5	1.5	0.06 / −0.15	2.5	35	0 / −0.25	1.7	0.14 / 0	3	50
38	35.2	0.25 / −0.5	1.5	0.06 / −0.15	2.5	36	0 / −0.25	1.7	0.14 / 0	3	51
40	36.5	0.39 / −0.9	1.5	0.06 / −0.15	2.5	37.5	0 / −0.25	1.7	0.14 / 0	3.8	53
42	38.5	0.39 / −0.9	1.5	0.06 / −0.15	3	39.5	0 / −0.25	1.7	0.14 / 0	3.8	56
45	41.5	0.39 / −0.9	1.5	0.06 / −0.15	3	42.5	0 / −0.25	1.7	0.14 / 0	3.8	59.4
48	44.5	0.39 / −0.9	1.5	0.06 / −0.15	3	45.5	0 / −0.25	1.7	0.14 / 0	3.8	62.8
50	45.8	0.39 / −0.9	2	0.06 / −0.18	3	47	0 / −0.25	2.2	0.14 / 0	4.5	64.8
52	47.8	0.39 / −0.9	2	0.06 / −0.18	3	49	0 / −0.25	2.2	0.14 / 0	4.5	67
55	50.8	0.46 / −1.1	2	0.06 / −0.18	3	52	0 / −0.3	2.2	0.14 / 0	4.5	70.4
56	51.8	0.46 / −1.1	2	0.06 / −0.18	3	53	0 / −0.3	2.2	0.14 / 0	4.5	71.7
58	53.8	0.46 / −1.1	2	0.06 / −0.18	3	55	0 / −0.3	2.2	0.14 / 0	4.5	73.6
60	55.8	0.46 / −1.1	2	0.06 / −0.18	3	57	0 / −0.3	2.2	0.14 / 0	4.5	75.8

续表二

轴径	挡　圈					沟槽(推荐)					孔 d_3
d_0	D		s		d_1	d_2		m		$n\geqslant$	$\leqslant$
	基本尺寸	极限偏差	基本尺寸	极限偏差		基本尺寸	极限偏差	基本尺寸	极限偏差		
62	57.8	0.46 / −1.1	2	0.06 / −0.18	3	59	0 / −0.3	2.2	0.14 / 0	4.5	79
63	58.8	0.46 / −1.1	2	0.06 / −0.18	3	60	0 / −0.3	2.2	0.14 / 0	4.5	79.6
65	60.8	0.46 / −1.1	2.5	0.07 / −0.22	3	62	0 / −0.3	2.7	0.14 / 0	4.5	81.6
68	63.5	0.46 / −1.1	2.5	0.07 / −0.22	3	65	0 / −0.3	2.7	0.14 / 0	4.5	85
70	65.5	0.46 / −1.1	2.5	0.07 / −0.22	3	67	0 / −0.3	2.7	0.14 / 0	4.5	87.2
72	67.5	0.46 / −1.1	2.5	0.07 / −0.22	3	69	0 / −0.3	2.7	0.14 / 0	4.5	89.4
75	70.5	0.46 / −1.1	2.5	0.07 / −0.22	3	72	0 / −0.3	2.7	0.14 / 0	4.5	92.8

10.7　螺纹零件的结构要素

螺纹零件结构要素尺寸见表 10-22～表 10-25。

表 10-22　普通螺纹的收尾、肩距、退刀槽和倒角　　　mm

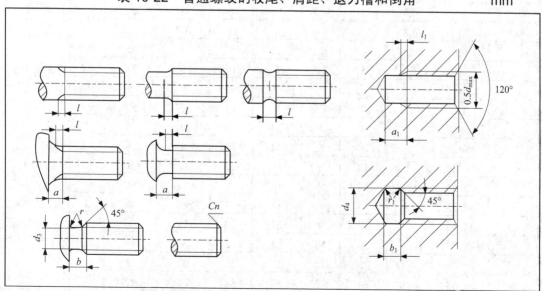

外　螺　纹

螺距 p	粗牙螺纹大径 d	螺纹收尾 l (不大于)		肩距 a (不大于)			退刀槽			
		一般	短	一般	长	短	b 一般	b 窄	r≈	d₃
0.5	3	1.25	0.7	1.5	2	1	1.5	0.8	0.2	d − 0.8
0.75	4.5	1.9	1	2.25	3	1.5	2.25	1.2	0.4	d − 1.2
0.8	5	2	1	2.4	3.2	1.6	2.4	1.3		d − 1.3
1	6,7	2.5	1.25	3	4	2	3	1.6	0.6	d − 1.6
1.25	8	3.2	1.6	4	5	2.5	3.75	2		d − 2
1.5	10	4.8	1.9	4.5	6	3	4.5	2.5	0.8	d − 2.3
1.75	12	4.3	2.2	5.3	7	3.5	5.25	3	1	d − 2.6
2	14, 16	5	2.5	6	8	4	6	3.4		d − 3
2.5	18, 20, 22	6.3	3.2	7.5	10	5	7.5	4.4	1.2	d − 3.6
3	24, 27	7.5	3.8	9	12	6	9	5.2	1.6	d − 4.4
3.5	30, 33	9	4.5	10.5	14	7	10.5	6.2		d − 5
4	36, 39	10	5	12	16	8	12	7	2	d − 5.7
4.5	42, 45	11	5.5	13.5	18	9	13.5	8	2.5	d − 6.4
5	48, 52	12.5	6.3	15	20	10	15	9		d − 7
5.5	56, 60	14	7	16.5	22	11	17.5	11	3.2	d − 7.7
6	64, 68	15	7.5	18	24	12	18	11		d − 8.3

内　螺　纹

螺距 p	粗牙螺纹大径 d	倒角 n	螺纹收尾 l₁ (不大于)		肩距 a₁ (不小于)		退刀槽			
			一般	窄	一般	长	b₁ 一般	b₁ 窄	r₁≈	d₄
0.5	3	0.5	2	1	3	4	2	1	0.2	
0.75	4.5	0.6	3	1.5	3.8	6	3	1.5	0.4	d+0.3
0.8	5	0.8	3.2	1.6	4	6.4	3.2	1.6		
1	6,7	1	4	2	5	8	4	2	0.5	
1.25	8	1.2	5	2.5	6	10	5	2.5	0.6	
1.5	10	1.5	6	3	7	12	6	3	0.8	
1.75	12	2	7	3.5	9	14	7	3.5	0.9	
2	14, 16		8	4	10	16	8	4	1	
2.5	18,20,22	2.5	10	5	12	18	9	5	1.2	
3	24, 27		12	6	14	22	12	6	1.5	d+0.5
3.5	30, 33	3	14	7	16	24	14	7	1.8	
4	36, 39		16	8	18	26	16	8	2	
4.5	42, 45	4	18	9	21	29	18	9	2.2	
5	48, 52		20	10	23	32	20	10	2.5	
5.5	56, 60	5	22	11	25	35	22	11	2.8	
6	64, 68		24	12	28	38	24	12	3	

续表二

单线梯形外螺纹与内螺纹的退刀槽	p	$b+b_1$	d_2	d_3	$r=r_1$	$n=n_1$
	2	2.5	$d-3$	$d+1$	1	1.5
	3	4	$d-4$			2
	4	5	$d-5.1$	$d+1.1$	1.5	2.5
	5	6.5	$d-6.6$	$d+1.6$		3
	6	7.5	$d-7.8$	$d+1.8$	2	3.5
	8	10	$d-9.8$		2.5	4.5
	10	12.5	$d-12$	$d+2$	3	5.5
	12	15	$d-14$			6.5
	16	20	$d-19.2$	$d+3.2$	4	9
	20	24	$d-23.5$	$d+3.5$	5	11
	24	30	$d-27.5$	$d+3.5$	5	13
	32	40	$d-36$	$d+4$	5.5	17

注：① 表中内容摘自 GB/T 3—1997。

② 外螺纹倒角和退刀槽的过渡角一般按 45°，也可以按 60° 或 30°。当螺纹按 60° 或 30° 倒角时，倒角深度约等于牙型高度。内螺纹倒角一般是 120° 角，也可以是 90° 锥角。

表 10-23 紧固件通孔沉头座孔尺寸   mm

螺栓或螺钉直径 d		4	5	6	8	10	12	14	16	18	20	22	24	27	30
螺栓螺柱和螺钉用通孔直径 d_1 GB/T 5277—1985	精装配	4.3	5.3	6.4	8.4	10.5	13	15	17	19	21	23	25	28	31
	中等装配	4.5	5.5	6.6	9	11	13.5	15.5	17.5	20	22	24	26	30	33
	粗装配	4.8	5.8	7	10	12	14.5	16.5	18.5	21	24	26	28	32	35
六角螺栓和六角螺母用沉孔 GB/T 152.4—1988	d_2	10	11	13	18	22	26	30	33	36	40	43	48	53	61
	d_3	—	—	—	—	—	16	18	20	22	24	26	28	33	36
圆柱头用沉孔 GB/T 152.3—1988	d_2	8.0	10.0	11.0	15.0	18.0	20.0	24.0	26.0	—	33.0	—	40.0	—	48.0
	t	4.6	5.7	6.8	9.0	11.0	15.0	15.0	17.5	—	21.5	—	25.5	—	32.0
	d_3	—	—	—	—	—	16	18	20	—	24	—	28	—	36

注：① 表中内容摘自 GB/T 5277—1985、GB/T 152.3—1988 和 GB/T 152.4—1988。

② 六角螺栓和六角螺母用沉孔尺寸 d_1 的公差带为 H13，尺寸 d_2 的公差带为 H15；尺寸 t 只要能制造出与通孔轴线垂直的圆平面即可。

③ 圆柱头用沉孔尺寸 d_1、d_2 和 t 的公差带均为 H13。

表 10-24　粗牙普通螺纹的余留长度、钻孔余留深度　　　　　mm

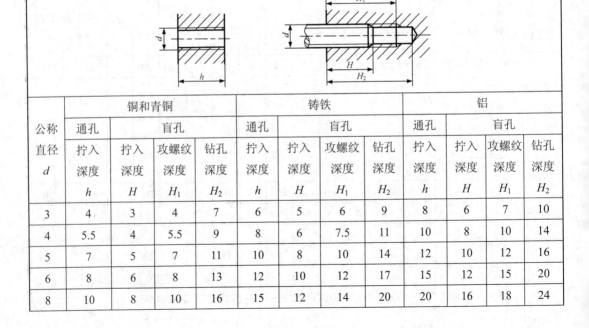

螺纹直径 d	l_1	l_2	l_3	a	l(参考)	
					用于钢	用于铸铁
4	1.5	2.5	5	2~3	4	6
5	1.5	2.5	6	2~3	5	8
6	2	3.5	7	2.5~4	6	10
8	2.5	4	9	2.5~4	8	12
10	3	4.5	10	3.5~5	10	15
12	3.5	5.5	13	3.5~5	12	18
14，16	4	6	14	4.5~6.5	16	22
18，20，22	5	7	17	4.5~6.5	20	28
24，27	6	8	20	5.5~8	24	35

注：表中内容摘自 JB/ZQ 4247—2017。

表 10-25　粗牙螺栓、螺钉的拧入深度、攻螺纹深度和钻孔深度　　　　　mm

公称直径 d	铜和青铜				铸铁				铝			
	通孔	盲孔			通孔	盲孔			通孔	盲孔		
	拧入深度 h	拧入深度 H	攻螺纹深度 H_1	钻孔深度 H_2	拧入深度 h	拧入深度 H	攻螺纹深度 H_1	钻孔深度 H_2	拧入深度 h	拧入深度 H	攻螺纹深度 H_1	钻孔深度 H_2
3	4	3	4	7	6	5	6	9	8	6	7	10
4	5.5	4	5.5	9	8	6	7.5	11	10	8	10	14
5	7	5	7	11	10	8	10	14	12	10	12	16
6	8	6	8	13	12	10	12	17	15	12	15	20
8	10	8	10	16	15	12	14	20	20	16	18	24

续表

公称直径 d	铜和青铜				铸铁				铝			
	通孔	盲孔			通孔	盲孔			通孔	盲孔		
	拧入深度 h	拧入深度 H	攻螺纹深度 H_1	钻孔深度 H_2	拧入深度 h	拧入深度 H	攻螺纹深度 H_1	钻孔深度 H_2	拧入深度 h	拧入深度 H	攻螺纹深度 H_1	钻孔深度 H_2
10	12	10	13	20	18	15	18	25	24	20	23	30
12	15	12	15	24	22	18	21	30	28	24	27	36
16	20	16	20	30	28	24	28	33	36	32	36	46
20	25	20	24	36	35	30	35	47	45	40	45	57
24	30	24	30	44	42	35	42	55	55	48	54	68
30	36	30	36	52	50	45	52	68	70	60	67	84
36	45	36	44	62	65	55	64	82	80	72	80	98
42	50	42	50	72	75	65	74	95	95	85	94	115
48	60	48	58	82	85	75	85	108	105	95	105	128

10.8　键　连　接

键连接见表 10-26～表 10-28。

表 10-26　平　键　　　　　　mm

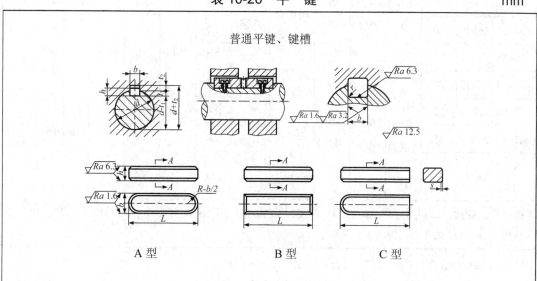

普通平键、键槽

A 型　　　　　　　　B 型　　　　　　　　C 型

标记示例:

b =16 mm, h =10 mm, L=100 mm 的 A 型圆头普通平键: GB/T 1096　键 A16×10×100

b =16 mm, h =10 mm, L=100 mm 的 B 型平头普通平键: GB/T 1096　键 B16×10×100

b =16 mm, h =10 mm, L=100 mm 的 C 型单圆头普通平键: GB/T 1096　键 C16×10×100

续表

轴	键	键槽												
			宽度 b					深度				半径 r		倒角或倒圆 s
		公称尺寸 b	极限偏差					轴 t_1		毂 t_2				
公称直径 d	公称尺寸 b×h		松连接		正常连接		紧密连接							
			轴 H9	毂 D10	轴 N9	毂 JS9	轴和毂 P9	公称尺寸	极限偏差	公称尺寸	极限偏差	最小	最大	
6~8	2×2	2	+0.025 0	+0.060 +0.020	+0.004 −0.029	±0.0125	−0.006 −0.031	1.2		1.0		0.08	0.16	0.16~0.25
>8~10	3×3	3						1.8		1.4				
>10~12	4×4	4	+0.030 0	+0.078 −0.030	0 −0.030	±0.015	−0.012 −0.042	2.5	+0.10	1.8	+0.10	0.16	0.25	0.25~0.40
>12~17	5×5	5						3.0		2.3				
>17~22	6×6	6						3.5		2.8				
>22~30	8×7	8	+0.036 0	+0.098 +0.040	0 −0.036	±0.018	−0.015 −0.081	4.0		3.3		0.25	0.40	0.40~0.60
>30~38	10×8	10						5.0		3.3				
>38~44	12×8	12	+0.043 0	+0.120 +0.050	0 −0.043	±0.0215	−0.018 −0.061	5.5		3.3				
>44~50	14×9	14						5.5		3.8				
>50~58	16×10	16						6.0		4.3				
>58~65	18×11	18						7.0	+0.20	4.4	+0.20			
>65~75	20×12	20	+0.052 0	+0.149 +0.065	0 −0.052	±0.026	−0.022 −0.074	7.5		4.9		0.40	0.60	0.60~0.80
>75~85	22×14	22						9.0		5.4				
>85~95	25×14	25						9.0		5.4				
>95~110	28×16	28						10.0		6.4				
键长系列	6, 8, 10, 12, 14, 16, 18, 20, 22, 25, 28, 32, 36, 40, 45, 50, 56, 63, 70, 80, 90, 100, 110, 125, 140, 160, 180, 200, 220, 250, 280, 320, 360													

注：　① 表中内容摘自 GB/T 1095—2003 和 GB/T 1096—2003。

② 在工作图中轴槽深用 t_1 或 $d-t_1$ 标注，轮毂槽深用 $d+t_2$ 标注。

③ $d-t_1$ 和 $d+t_2$ 两组组合尺寸的极限偏差按相应的 t_1 和 t_2 极限偏差选取，$d-t_1$ 极限偏差取负号。

④ 键尺寸的极限偏差 b 为 h9，h 为 h11，L 为 h14。键高偏差对于 B 型键应为 h9。

⑤ 国标 GB/T 1095—2003 没有给出相应轴的直径，此处轴的直径摘自旧国标，供选键时参考。

表 10-27　普通型楔键(GB/T 1564—2003)
钩头型楔键(GB/T 1565—2003)

mm

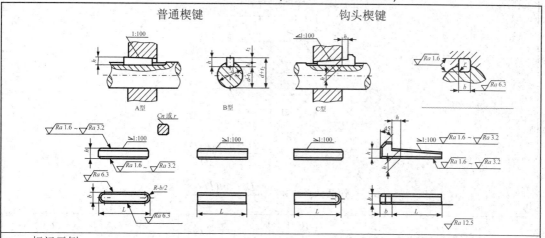

标记示例:

　　b=16 mm, h=10 mm, L=100 mm 的 A 型圆头普通型楔键: GB/T 1564　键 16×100

　　b=16 mm, h=10 mm, L=100 mm 的 B 型平头普通型楔键: GB/T 1564　键 B16×100

　　b=16 mm, h=10 mm, L=100 mm 的 C 型单圆头普通型楔键: GB/T 1564　键 C16×100

　　b=16 mm, h=10 mm, L=100 mm 的 C 型钩头型楔键: GB/T 1565　键 16×100

键尺寸 $b×h$	宽度 b						深度				半径 r	
	基本尺寸	极限偏差					轴 t_1		毂 t_2			
		正常连接		紧密连接	松连接		基本尺寸	极限偏差	基本尺寸	极限偏差	最小	最大
		轴 H9	毂 JS9	轴和毂 P9	轴 H9	毂 D10						
2×2	2	−0.004 −0.029	±0.0125	−0.006 −0.031	+0.025 0	+0.060 +0.020	1.2		1.0		0.08	0.16
3×3	3						1.8		1.4			
4×4	4	0 −0.030	±0.015	−0.012 −0.042	+0.030 0	+0.078 −0.030	2.5	+0.10	1.8	+0.10	0.16	0.25
5×5	5						3.0		2.3			
6×6	6						3.5		2.8			
8×7	8	0 −0.036	±0.018	−0.015 −0.081	+0.036 0	+0.098 +0.040	4.0		3.3		0.25	0.40
10×8	10						5.0		3.3			
12×8	12	0 −0.043	±0.0215	−0.018 −0.061	+0.043 0	+0.120 +0.050	5.5		3.3			
14×9	14						5.5		3.8			
16×10	16						6.0	+0.20	4.3	+0.20		
18×11	18						7.0		4.4			
20×12	20	0 −0.052	±0.026	−0.022 −0.074	+0.052 0	+0.149 +0.065	7.5		4.9		0.40	0.60
22×14	22						9.0		5.4			
25×14	25						9.0		5.4			
28×16	28						10.0		6.4			
键长 L 系列	14, 16, 18, 20, 22, 25, 28, 32, 36, 40, 45, 50, 56, 63, 70, 80, 90, 100, 110, 125, 140, 160, 180, 200, 220, 250, 280, 320, 360, 400, 450, 500											

注: 表中内容摘自 GB/T 1563—2017 和 GB/T 1564~1565—2003。

表 10-28　有平键槽的轴的抗弯、抗扭截面系数 W、W_T

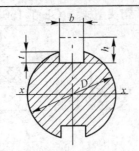

$$抗弯截面系数\ W = \frac{\pi D^3}{32} - \frac{bt(D-t)^2}{2D}$$

$$抗扭截面系数\ W_T = \frac{\pi D^3}{16} - \frac{bt(D-t)^2}{2D}$$

D/mm	$(b×h)$/(mm×mm)	单键 W/cm³	单键 W_T/cm³	双键 W/cm³	双键 W_T/cm³
20	6×6	0.643	1.43	0.50.5	1.28
21		0.756	1.66	0.603	1.51
22		0.889	1.92	0.719	1.78
24	8×7	1.06	2.42	0.825	2.13
25		1.25	2.79	0.97	2.50
26		1.43	3.15	1.13	2.85
28		1.83	3.98	1.49	3.65
30	10×8	2.29	4.94	1.93	4.58
32		2.65	5.86	2.08	5.30
34		3.24	7.14	2.62	6.48
35		3.57	7.78	2.93	7.14
38		4.67	10.05	3.95	9.34
40	12×8	5.36	11.65	4.45	10.72
42		6.36	13.57	5.32	12.59
45	14×9	7.61	16.56	6.29	15.23
48		9.41	20.27	7.97	18.82
50		10.75	23.02	9.22	21.50
52	16×10	11.85	25.66	9.90	23.70
55		14.42	30.58	12.14	28.48
58		16.92	36.08	14.69	33.84
60	18×11	18.26	39.47	15.31	36.52

D/mm	$(b×h)$/(mm×mm)	单键 W/cm³	单键 W_T/cm³	双键 W/cm³	双键 W_T/cm³
65	18×11	23.72	50.67	20.44	47.44
70	20×12	29.5	63.18	25.32	58.98
75		36.87	78.3	32.32	73.74
80	22×14	44.85	94.32	37.78	89.70
85		53.67	114.05	46.98	107.32
90	25×14	63.4	134.9	55.08	126.70
95		75.44	159.63	66.7	150.87
105		87.89	168.09	77.6	175.78
110	28×16	101.65	215.32	89.68	203.3
105		118	248.70	105.3	236
115		132.8	282	116	265.6
120	32×18	152.3	322	135	304.5
130		196.5	412	177	393
140	36×20	244	514	219	488
150		304	635	276.6	608
160	40×22	367	769	332	734
170		444.7	927	407	889
180		512	1094	470	1042
190	45×25	619	1293	565	1238
200		728	1513	670	1455

注：表中键槽尺寸适用于 GB/T 1095—2003 的平键。

10.9　销　连　接

销连接见表10-29～表10-31。

表 10-29　圆　锥　销　　　　mm

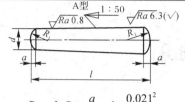

$$R_1 \approx d, \quad R_2 \approx \frac{a}{2} + d + \frac{0.021^2}{8a}$$

标记示例:

公称直径 $d = 10\,\text{mm}$,长度 $l = 60\,\text{mm}$ 的

A 型圆柱销:销　GB/T 117　10×60

d	5	6	8	10	12	16	20
$a\approx$	0.63	0.8	1	1.2	1.6	2	2.5
l 范围	18~60	22~90	22~120	26~160	32~180	40~200	45~200
l 系列	18,20,22,24,26,28,30,32,35,40,45,50,55,60,65,70,75,80,85,90,100,120,140,160,180,200						

注:表中内容摘自 GB/T 117—2000。

表 10-30　内螺纹圆柱销　　　　mm

标记示例:

公称直径 $d = 10\text{mm}$,长度 $l = 60\,\text{mm}$ 的

A 型内螺纹圆柱销:销　GB/T 118　10×60

d	6	8	10	12	16	20	25
$a\approx$	0.8	1	1.2	1.6	2	2.5	3
d_1	M4	M5	M6	M8	M10	M12	M16
t	6	8	10	12	16	18	24
t_{1max}	10	12	16	20	25	28	35
n	0.8	1	1.2	1.6	2	2.5	3
l 范围	16~60	18~85	22~100	24~120	30~160	40~200	50~200
l 系列	16,18,20,22,24,26,28,30,32,35,40,45,50,55,60,65,70,75,80,85,90,95,100,120,140,160,180,200						

注:表中内容摘自 GB/T 118—2000。

表 10-31　开　口　销　　　　mm

标记示例:

公称直径 $d=5\text{mm}$,长度 $l=50\text{mm}$

的开口销:销　GB/T 91　5×50

d	1	1.2	1.6	2	2.5	3.2	4	5	6.3	8
c	1.8	2	2.8	3.6	4.6	5.8	7.4	9.2	11.8	15
$b\approx$	3	3	3.2	4	5.	6.4	8	10	12.6	16
a_{max}	1.6		2.5			3.2		4		
l 范围	6~20	8~25	8~32	10~40	12~50	14~63	18~80	22~100	32~125	16~60
l 系列	10,12,14,16,18,20,22,24,26,28,30,32,36,40,45,50,56,63,71,80,90,100,112,120,125,140,160									

注: ① 表中内容摘自 GB/T 91—2000; ② 销孔的公称直径等于 d; ③ $a_{min} = \frac{1}{2}a_{max}$ 。

第11章 滚动轴承

11.1 常用滚动轴承

常用滚动轴承的尺寸及性能参数见表11-1~表11-6。

表 11-1　深沟球轴承(GB/T 276—2013)

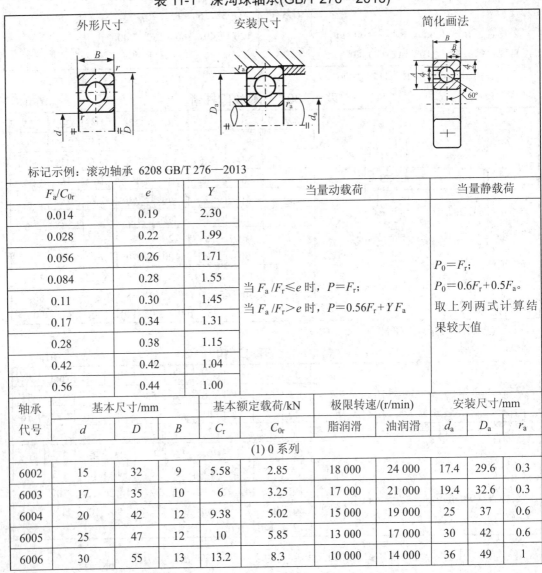

标记示例：滚动轴承 6208 GB/T 276—2013

F_a/C_{0r}	e	Y	当量动载荷	当量静载荷
0.014	0.19	2.30		
0.028	0.22	1.99		
0.056	0.26	1.71		$P_0 = F_r$;
0.084	0.28	1.55	当 $F_a/F_r \leqslant e$ 时，$P = F_r$;	$P_0 = 0.6F_r + 0.5F_a$。
0.11	0.30	1.45	当 $F_a/F_r > e$ 时，$P = 0.56F_r + YF_a$	取上列两式计算结
0.17	0.34	1.31		果较大值
0.28	0.38	1.15		
0.42	0.42	1.04		
0.56	0.44	1.00		

轴承代号	基本尺寸/mm			基本额定载荷/kN		极限转速/(r/min)		安装尺寸/mm		
	d	D	B	C_r	C_{0r}	脂润滑	油润滑	d_a	D_a	r_a
(1) 0 系列										
6002	15	32	9	5.58	2.85	18 000	24 000	17.4	29.6	0.3
6003	17	35	10	6	3.25	17 000	21 000	19.4	32.6	0.3
6004	20	42	12	9.38	5.02	15 000	19 000	25	37	0.6
6005	25	47	12	10	5.85	13 000	17 000	30	42	0.6
6006	30	55	13	13.2	8.3	10 000	14 000	36	49	1

轴承代号	基本尺寸/mm			基本额定载荷/kN		极限转速/(r/min)		安装尺寸/mm		
	d	D	B	C_r	C_{0r}	脂润滑	油润滑	d_a	D_a	r_a
(1) 0 系列										
6007	35	62	14	16.2	10.5	9000	12 000	41	56	1
6008	40	68	15	17	11.8	8500	11 000	46	62	1
6009	45	75	16	21	14.8	8000	10 000	51	69	1
6010	50	80	16	22	16.2	7000	9000	56	74	1
6011	55	90	18	30.2	21.8	6300	8000	62	83	1
6012	60	95	18	31.5	24.2	6000	7500	67	88	1
6013	65	100	18	32	24.8	5600	7000	72	93	1
6014	70	110	20	38.5	30.5	5300	6700	77	103	1
6015	75	115	20	40.2	33.2	5000	6300	82	108	1
6016	80	125	22	47.5	39.8	4800	6000	87	118	1
6017	85	130	22	50.8	42.8	4500	5600	92	123	1
6018	90	140	24	58	49.8	4300	5300	99	131	1.5
6019	95	145	24	57.8	50	4000	5000	104	136	1.5
6020	100	150	24	64.5	56.2	3800	4800	109	141	1.5
(0) 2 系列										
6202	15	35	11	7.65	3.72	17 000	22 000	20	30	0.6
6203	17	40	12	9.58	4.78	16 000	20 000	22	35	0.6
6204	20	47	14	12.8	6.65	14 000	18 000	26	41	1
6205	25	52	15	14	7.88	12 000	16 000	31	47	1
6206	30	62	16	19.5	11.5	9500	13 000	36	56	1
6207	35	72	17	25.5	15.2	8500	11 000	42	65	1
6208	40	80	18	29.5	18	8000	10 000	47	73	1
6209	45	85	19	31.5	20.5	7000	9000	52	78	1
6210	50	90	20	35	23.2	6700	8500	57	83	1
6211	55	100	21	43.2	29.2	6000	7500	64	91	1.5
6212	60	110	22	47.8	32.8	5600	7000	69	101	1.5
6213	65	120	23	57.2	40	5000	6300	74	111	1.5
6214	70	125	24	60.8	45	4800	6000	79	116	1.5
6215	75	130	25	66	49.5	4500	5600	84	121	1.5
6216	80	140	26	71.5	54.2	4300	5300	90	130	2
6217	85	150	28	83.2	63.8	4000	5000	95	140	2
6218	90	160	30	95.8	71.5	3800	4800	100	150	2
6219	95	170	32	110	82.8	3600	4500	107	158	2.1
6220	100	180	34	122	92.8	3400	4300	112	168	2.1

续表二

轴承代号	基本尺寸/mm			基本额定载荷/kN		极限转速/(r/min)		安装尺寸/mm		
	d	D	B	C_r	C_{0r}	脂润滑	油润滑	d_a	D_a	r_a
(0) 3 系列										
6302	15	42	13	11.5	5.42	16 000	20 000	21	36	1
6303	17	47	14	13.5	6.58	15 000	19 000	23	41	1
6304	20	52	15	15.8	7.88	13 000	17 000	27	45	1
6305	25	62	17	22.2	11.5	10 000	14 000	32	55	1
6306	30	72	19	27	15.2	9000	12 000	37	65	1
6307	35	80	21	33.4	19.2	8000	10 000	44	71	1.5
6308	40	90	23	40.8	24	7000	9000	49	81	1.5
6309	45	100	25	52.8	31.8	6300	8000	54	91	1.5
6310	50	110	27	61.8	38	6000	7500	60	100	2
6311	55	120	29	71.5	44.8	5300	6700	65	110	2
6312	60	130	31	81.8	51.8	5000	6300	72	118	2
6313	65	140	33	93.8	60.5	4500	5600	77	128	2
6314	70	150	35	105	68	4300	5300	82	138	2
6315	75	160	37	113	76.8	4000	5000	87	148	2
6316	80	170	39	123	86.5	3800	4800	92	158	2
6317	85	180	41	132	96.5	3600	4500	99	166	2.5
6318	90	190	43	145	108	3400	4300	104	176	2.5
6319	95	200	45	157	122	3200	4000	109	186	2.5
6320	100	215	47	173	140	2800	3600	114	201	2.5
(0) 4 系列										
6403	17	62	17	22.7	10.8	11 000	15 000	24	55	1
6404	20	72	19	31	15.2	9500	13 000	27	65	1
6405	25	80	21	38.2	19.2	8500	11 000	34	71	1.5
6406	30	90	23	47.5	24.5	8000	10 000	39	81	1.5
6407	35	100	25	56.8	29.5	6700	8500	44	91	1.5
6408	40	110	27	65.5	37.5	6300	8000	50	100	2
6409	45	120	29	77.5	45.5	5600	7000	55	110	2
6410	50	130	31	92.2	55.2	5300	6300	62	118	2.1
6411	55	140	33	100	62.5	4800	6000	67	128	2.1
6412	60	150	35	109	70	4500	5600	72	138	2.1
6413	65	160	37	118	78.5	4300	5300	77	148	2.1
6415	75	190	45	154	115	3600	4300	89	176	2.5
6416	80	200	48	163	125	3400	4000	94	186	2.5
6417	85	210	52	175	138	3200	3800	103	192	3
6418	90	225	54	192	158	2800	3600	108	207	3
6420	100	250	58	223	195	2400	3200	118	232	3

表 11-2 角接触球轴承(GB/T 292—2007)

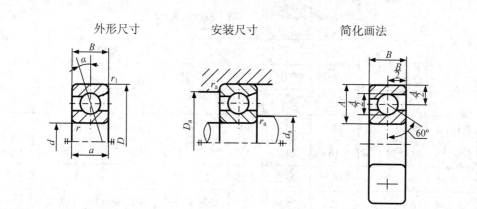

外形尺寸　　　安装尺寸　　　简化画法

标记示例：7208AC GB/T 292

iF_a/C_{0r}	e	Y	70000C 型	70000AC 型
0.015	0.38	1.47	当量动载荷：	当量动载荷：
0.029	0.40	1.40	当 $F_a/F_r \le e$ 时，$P=F_r$；	当 $F_a/F_r \le 0.68$ 时，$P=F_r$；
0.058	0.43	1.30	当 $F_a/F_r > e$ 时，$P=0.44F_r+YF_a$	当 $F_a/F_r > 0.68$ 时，$P=0.41F_r+0.87F_a$
0.087	0.46	1.23		
0.12	0.47	1.19		
0.17	0.50	1.12	当量静载荷：	当量静载荷：
0.29	0.55	1.02	$P_0=0.5F_r+0.46F_a$	$P_0=0.5F_r+0.38F_a$
0.44	0.56	1.00	当 $P_0<F_r$ 时，取 $P_0<F_r$	当 $P_0<F_r$ 时，取 $P_0=F_r$
0.58	0.56	1.00		

轴承代号		基本尺寸/mm					基本额定载荷/kN				极限转速/(r/min)		安装尺寸/mm		
		d	D	B	a		70000C		70000AC		脂润滑	油润滑	d_a	D_a	r_a
					70000C	70000AC	C_r	C_{0r}	C_r	C_{0r}					
(1) 0 系列															
7002C	7002AC	15	32	9	7.6	10	6.25	3.42	5.95	3.25	17000	24000	17.4	29.6	0.3
7003C	7003AC	17	35	10	8.5	11.1	6.6	3.85	6.3	3.68	16000	22000	19.4	32.6	0.3
7004C	7004AC	20	42	12	10.2	13.2	10.5	6.08	10	5.78	14000	19000	25	37	0.6
7005C	7005AC	25	47	12	10.8	14.4	11.5	7.45	11.2	7.08	12000	17000	30	42	0.6
7006C	7006AC	30	55	13	12.2	16.4	15.2	10.2	14.5	9.85	9500	14000	36	49	1
7007C	7007AC	35	62	14	13.5	18.3	19.5	14.2	18.5	13.5	8500	12000	41	56	1

续表一

轴承代号		基本尺寸/mm			a		基本额定载荷/kN				极限转速/(r/min)		安装尺寸/mm		
		d	D	B			70000C		70000AC		脂润滑	油润滑	d_a	D_a	r_a
					70000C	70000AC	C_r	C_{0r}	C_r	C_{0r}					
(1) 0 系列															
7008C	7008AC	40	68	15	14.7	20.1	20	15.2	19	14.5	8000	11000	46	62	1
7009C	7009AC	45	75	16	16	21.9	25.8	20.5	25.8	19.5	7500	10000	51	69	1
7010C	7010AC	50	80	16	16.7	23.2	26.5	22	25.2	21	6700	9000	56	74	1
7011C	7011AC	55	90	18	18.7	25.9	37.2	30.5	35.2	29.2	6000	8000	62	83	1
7012C	7012AC	60	95	18	19.4	27.1	38.2	32.8	36.2	31.5	5600	7500	67	88	1
7013C	7013AC	65	100	18	20.1	28.2	40	35.5	38	33.8	5300	7000	72	93	1
7014C	7014AC	70	110	20	22.1	30.9	48.2	43.5	45.8	41.5	5000	6700	77	103	1
7015C	7015AC	75	115	20	22.7	32.2	49.5	46.5	46.8	44.2	4800	6300	82	108	1
7016C	7016AC	80	125	22	24.7	34.9	58.5	55.8	55.5	53.2	4500	6000	87	118	1
7017C	7017AC	85	130	22	25.4	36.1	62.5	60.2	59.2	57.2	4300	5600	92	123	1
7018C	7018AC	90	140	24	27.4	38.8	71.5	69.8	67.5	66.5	4000	5300	99	131	1.5
7019C	7019AC	95	145	24	28.1	40	73.5	73.2	69.5	69.8	3800	5000	104	136	1.5
7020C	7020AC	100	150	24	28.7	41.2	79.2	78.5	75	74.8	3800	5000	109	141	1.5
(0) 2 系列															
7202C	7202AC	15	35	11	8.9	11.4	8.68	4.62	8.35	4.4	16000	22000	20	30	0.6
7203C	7203AC	17	40	12	9.9	12.8	10.8	5.95	10.5	5.65	15000	20000	22	35	0.6
7204C	7204AC	20	47	14	11.5	14.9	14.5	8.22	14	7.82	13000	18000	26	41	1
7205C	7205AC	25	52	15	12.7	16.4	16.5	10.5	15.8	9.88	11000	16000	31	46	1
7206C	7206AC	30	62	16	14.2	18.7	23	15	22	14.2	9000	13000	36	56	1
7207C	7207AC	35	72	17	15.7	21	30.5	20	29	19.2	8000	11000	42	65	1
7208C	7208AC	40	80	18	17	23	36.8	25.8	35.2	24.5	7500	10000	47	73	1
7209C	7209AC	45	85	19	18.2	24.7	38.5	28.5	36.8	27.2	6700	9000	52	78	1
7210C	7210AC	50	90	20	19.4	26.3	42.8	32	40.8	30.5	6300	8500	57	83	1
7211C	7211AC	55	100	21	20.9	28.6	52.8	40.5	50.5	38.5	5600	7500	64	91	1.5
7212C	7212AC	60	110	22	22.4	30.8	61	48.5	58.2	46.2	5300	7000	69	101	1.5
7213C	7213AC	65	120	23	24.2	33.5	69.8	55.2	66.5	52.5	4800	6300	74	111	1.5

轴承代号		基本尺寸/mm					基本额定载荷/kN				极限转速 /(r/min)		安装尺寸 /mm		
		d	D	B	a		70000C		70000AC		脂润滑	油润滑	d_a	D_a	r_a
					70000C	70000AC	C_r	C_{0r}	C_r	C_{0r}					
(1) 2 系列															
7214C	7214AC	70	125	24	25.3	35.1	70.2	60	69.2	57.5	4500	6700	79	116	1.5
7215C	7215AC	75	130	25	26.4	36.6	79.2	65.8	75.2	63	4300	5600	84	121	1.5
7216C	7216AC	80	140	26	27.7	38.9	89.5	78.2	85	74.5	4000	5300	90	130	2
7217C	7217AC	85	150	28	29.9	41.6	99.8	85	94.8	81.5	3800	5000	95	140	2
7218C	7218AC	90	160	30	31.7	44.2	122	105	118	100	3600	4800	100	150	2
7219C	7219AC	95	170	32	33.8	46.9	135	115	128	108	3400	4500	107	158	2.1
7220C	7220AC	100	180	34	35.8	49.7	148	128	142	122	3200	4300	112	168	2.1
(0) 3 系列															
7305C	7305 AC	25	62	17	13.1	19.1	21.5	15.8	20.8	14.8	8500	12000	32	55	1
7306C	7306AC	30	72	19	15	22.2	26.5	19.8	25.2	18.5	7500	10000	37	65	1
7307C	7307AC	35	80	21	16.6	24.5	34.2	26.8	32.8	24.8	7000	9500	44	71	1.5
7308C	7308AC	40	90	23	18.5	27.5	40.2	32.3	38.5	30.5	6300	8500	49	81	1.5
7309C	7309AC	45	100	25	20.2	30.2	49.2	39.8	47.5	37.2	6000	8000	54	91	1.5
7310C	7310AC	50	110	27	22	33	53.5	47.2	55.5	44.5	5000	6700	60	100	2
7311C	7311AC	55	120	29	23.8	35.8	70.5	60.5	67.2	56.8	4500	6000	65	110	2
7312C	7312AC	60	130	31	25.6	38.7	80.5	70.2	77.8	65.8	4300	5200	72	118	2.1
7313C	7313AC	65	140	33	27.4	41.5	91.5	80.5	89.8	75.5	4300	5600	77	128	2.1
7314C	7314AC	70	150	35	29.2	44.3	102	91.5	98.5	86	3600	4800	82	138	2.1
7315C	7315AC	75	160	37	31	47.2	112	105	108	97	3400	4500	87	148	2.1
7316C	7316AC	80	180	39	32.8	50	122	118	118	108	3600	4800	92	158	2.1
7317C	7317AC	85	180	41	34.6	52.8	132	128	125	122	3000	4000	99	166	2.5
7318C	7318AC	90	190	43	36.4	55.6	142	142	135	135	2800	3800	104	176	2.5
7318C	7318AC	95	200	45	38.2	58.5	152	158	145	148	2800	3800	109	185	2.5
7320C	7320AC	100	215	47	40.2	61.9	162	175	165	178	2400	3400	114	201	2.5
(0) 4 系列															
7408B		40	110	27	a =38.7		c_0=67		c_{0r} =47.5		6000	8000	50	100	2
7410B		50	130	31	a =46.2		c_0=95.2		c_{0r} =64.2		5000	6700	62	118	2.1
7412B		60	150	35	a =55.7		c_0=118		c_{0r} =85.5		4300	5600	72	138	2.1

表 11-3　圆柱滚子轴承(GB/T 283—2021)

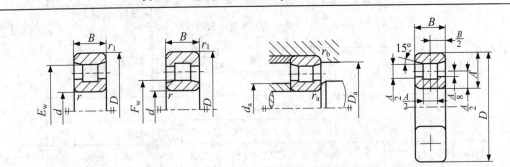

标记示例：滚动轴承 NU206E GB/T 283

轴承代号		基本尺寸/mm					基本额定载荷/kN				极限转速 /(r/min)		安装尺寸 /mm			
							N 型		NU 型							
		d	D	B	E_w	F_w	C_r	C_{0r}	C_r	C_{0r}	脂润滑	油润滑	d_a	D_a	r_a	r_b
(0) 2 系列																
N204E	NU204E	20	47	14	41.5	26.5	25.8	24	25.8	24	12000	16000	25	42	1	0.6
N205E	NU205E	25	52	15	46.5	31.5	27.5	26.8	27.5	26.8	11000	14000	30	47	1	0.6
N206E	NU206E	30	62	16	55.5	37.5	36	35.5	36	35.5	8500	11000	36	56	1	0.6
N207E	NU207E	35	72	17	64	44	46.5	48	46.5	48	7500	9500	42	64	1	0.6
N208E	NU208E	40	80	18	71.5	49.5	51.5	53	51.5	53	7000	9000	47	72	1	1
N209E	NU209E	45	85	19	76.5	54.5	58.5	63.8	58.5	63.8	6300	8000	52	77	1	1
N210E	NU210E	50	90	20	81.5	59.5	61.2	69.2	61.2	69.2	6000	7500	57	83	1	1
N211E	NU211E	55	100	21	90	66	80.2	95.5	80.2	95.5	5300	6700	64	91	1.5	1
N212E	NU212E	60	110	22	100	72	89.8	102	89.8	102	5000	6300	69	100	1.5	1.5
N213E	NU213E	65	120	23	108.5	78.5	102	118	102	118	4500	5600	74	108	1.5	1.5
N214E	NU214E	70	125	24	113.5	83.5	112	135	112	135	4300	5300	79	114	1.5	1.5
N215E	NU215E	75	130	25	118.5	88.5	125	155	125	155	4000	5000	84	120	1.5	1.5
N216E	NU216E	80	140	26	127.3	95.3	132	165	132	165	3800	4800	90	128	2	2
N217E	NU217E	85	150	28	136.5	100.5	158	192	158	192	3600	4500	95	137	2	2
N218E	NU218E	90	160	30	145	107	172	215	172	215	3400	4300	100	146	2	2
N219E	NU219E	95	170	32	154.5	112.5	208	262	208	262	3200	4000	107	155	2.1	2.1
N220E	NU220E	100	180	34	163	119	235	302	235	302	3000	3800	112	164	2.1	2.1
(0) 3 系列																
—	NU303	17	47	14	—	27	—	—	12.8	10.8	13000	17000	21	—	1	0.6
N304E	NU304E	20	52	15	45.5	27.5	29	25.5	29	25.5	11000	15000	26.5	47	1	0.6
N305E	NU305E	25	62	17	54	34	38.5	35.8	38.5	35.8	9000	12000	31.5	55	1	1
N306E	NU306E	30	72	19	62.5	40.5	49.2	48.2	49.2	48.2	8000	10000	37	64	1	1
N307E	NU307E	35	80	21	70.2	46.2	62	63.2	62	63.2	7000	9000	44	71	1.5	1

续表一

轴承代号		基本尺寸/mm					基本额定载荷/kN				极限转速 /(r/min)		安装尺寸 /mm			
							N 型		NU 型							
		d	D	B	E_w	F_w	C_r	C_{0r}	C_r	C_{0r}	脂润滑	油润滑	d_a	D_a	r_a	r_b
(0) 3 系列																
N308E	NU308E	40	90	23	80	52	76.8	77.8	76.8	77.8	6300	8000	49	80	1.5	1.5
N309E	NU309E	45	100	25	88.5	58.5	93	98	93	98	5600	7000	54	89	1.5	1.5
N310E	NU310E	50	110	27	97	65	105	112	105	112	5300	6700	60	98	2	2
N311E	NU311E	55	120	29	106.5	70.5	128	138	128	138	4800	6000	65	107	2	2
N312E	NU312E	60	130	31	115	77	142	155	142	155	4500	5600	72	116	2.1	2.1
N313E	NU313E	65	140	33	124.5	82.5	170	188	170	188	4000	5000	77	125	2.1	2.1
N314E	NU314E	70	150	35	133	89	195	220	195	220	3800	4800	82	134	2.1	2.1
N315E	NU315E	75	160	37	143	95	228	260	228	260	3600	4500	87	143	2.1	2.1
N316E	NU316E	80	170	39	151	101	245	282	245	282	3400	4300	92	151	2.1	2.1
N317E	NU317E	85	180	41	160	108	280	332	280	332	3200	4000	99	160	2.5	2.5
N318E	NU318E	90	190	43	169.5	113.5	298	348	298	348	3000	3800	104	169	2.5	2.5
N319E	NU319	95	200	45	177.5	121.5	315	380	315	380	2800	3600	109	178	2.5	2.5
N320E	NU320E	100	215	47	191.5	127.5	365	425	365	425	2600	3200	114	190	2.5	2.5
(0) 4 系列																
N406	NU406	30	90	23	73	45	60	53	59.8	53.0	7000	9000	52	82	1.5	1.5
N407	NU407	35	100	25	83	53	70.8	74.2	74.2	68.2	6000	7500	61	92	1.5	1.5
N408	NU408	40	110	27	92	58	90.5	94.8	94.8	89.8	5600	7000	67	101	2	2
N409	NU409	45	120	29	100.5	64.5	102	108	108	100	5000	6300	74	112	2	2
N410	NU410	50	130	31	110.8	70.8	120	125	125	120	4800	6000	81	119	2	2
N411	NU411	55	140	33	117.2	77.2	135	132	135	132	4300	5300	87	129	2	2
N412	NU412	60	150	35	127	83	162	162	162	162	4000	5000	94	139	2	2
N413	NU413	65	160	37	135.3	89.5	178	178	178	178	3800	4800	100	149	2	2
N414	NU414	70	180	42	152	100	225	232	225	232	3400	4300	112	167	2.5	2.5
N415	NU415	75	190	45	160.5	104.5	262	272	262	272	3200	4000	118	177	2.5	2.5
N416	NU416	80	200	48	170	110	298	315	298	315	3000	3800	124	187	2.5	2.5
N417	NU417	85	210	52	179.5	113	328	345	328	345	2800	3600	128	194	3	3
N418	NU418	90	225	54	191.5	123.5	368	392	368	392	2400	3200	139	209	3	3
N419	NU419	95	240	55	201.5	133.5	396	428	395	428	2200	3000	149	224	3	3
N420	NU420	100	250	58	211	139	438	480	438	480	2000	2800	156	234	3	3

轴承代号		基本尺寸/mm					基本额定载荷/kN				极限转速 /(r/min)		安装尺寸 /mm			
							N 型		NU 型							
		d	D	B	E_w	F_w	C_r	C_{0r}	C_r	C_{0r}	脂润滑	油润滑	d_a	D_a	r_a	r_b
22 系列																
N2204E	NU2204E	20	47	18	41.5	26.5	30.8	30	30.8	30	12 000	16 000	24	26	1	0.6
N2205E	NU2205E	25	52	18	46.5	31.5	32.8	33.8	32.8	33.8	11 000	14 000	29	31	1	0.6
N2206E	NU2206E	30	62	20	55.5	37.5	45	48	45.5	48	8500	11 000	34	37	1	0.6
N207 E	NU2207E	35	72	23	64	44	57.5	63	57.5	63	7500	9500	39	43	1	0.6
N2208E	NU2208E	40	80	23	71.5	49.5	67.5	75.2	67.5	75.2	7000	9000	46.5	49	1	1
N2209E	NU2209E	45	85	23	76.5	54.5	71	82	71	82	6300	8000	51.5	54	1	1
N2210E	NU2210E	50	90	23	81.5	59.5	74.2	88.8	74.2	88.8	6000	7500	56.5	58	1	1
N2211E	NU2211E	55	100	25	90	66	94.8	118	94.8	118	5300	6700	61.5	65	1.5	1
N2212E	NU2212E	60	110	28	100	72	122	152	122	152	5000	6300	68	71	1.5	1.5
N2213E	NU2213E	65	120	31	108.5	78.5	142	180	142	180	4500	5600	73	77	1.5	1.5
N2214E	NU2214E	70	125	31	113.5	83.5	148	192	148	192	4300	5300	78	82	1.5	1.5
N2215E	NU2215E	75	130	31	118.5	88.5	155	205	155	205	4000	5000	83	87	1.5	1.5
N2216E	NU2216E	80	140	33	127.3	95.3	178	242	178	242	3800	4800	89	94	2	2
N2217E	NU2217E	85	150	36	136.5	100.5	205	272	205	272	3600	4500	94	99	2	2
N2218E	NU2218E	90	160	40	145	107	230	312	230	312	3400	4300	99	105	2	2
N2219E	NU2219E	95	170	43	154.5	112.5	275	368	275	368	3200	4000	106	111	2	2
N2220E	NU2220E	100	180	46	163	119	318	440	318	440	3000	3800	111	117	2	2

表 11-4　圆锥滚子轴承(GB/T 297—2015)

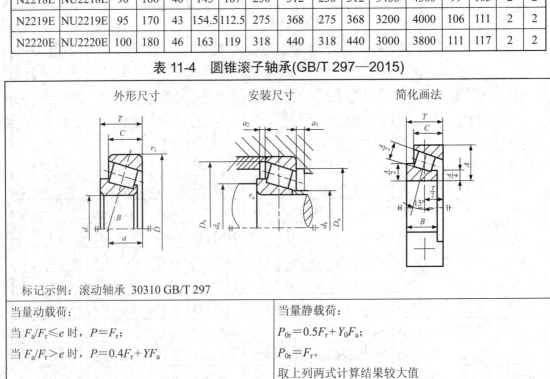

外形尺寸	安装尺寸	简化画法

标记示例：滚动轴承 30310 GB/T 297

当量动载荷：	当量静载荷：
当 $F_a/F_r \leqslant e$ 时，$P = F_r$；	$P_{0r} = 0.5F_r + Y_0F_a$；
当 $F_a/F_r > e$ 时，$P = 0.4F_r + YF_a$	$P_{0r} = F_r$。
	取上列两式计算结果较大值

续表一

轴承代号	基本尺寸/mm					基本额定载荷/kN		极限转速/(r/min)		安装尺寸/mm							计算系数		
	d	D	T	B	C	C_r	C_{0r}	脂润滑	油润滑	d_a	d_b	D_a	D_b	a_1	a_2	r_a	e	Y	Y_0
30203	17	40	13.25	12	11	20.8	21.8	9000	12000	23	23	34	37	2	2.5	1	0.35	1.7	1
30204	20	47	15.25	14	12	28.2	30.5	8000	10000	26	27	40	43	2	3.5	1	0.35	1.7	1
30205	25	52	16.25	15	13	32.2	37	7000	9000	31	31	44	48	2	3.5	1	0.37	1.6	0.9
30206	30	62	17.25	16	14	43.2	50.5	6000	7500	36	37	53	58	2	3.5	1	0.37	1.6	0.9
30207	35	72	18.25	17	15	54.2	63.5	5300	6700	42	44	62	67	3	3.5	1.5	0.37	1.6	0.9
30208	40	80	19.75	18	16	63	74	5000	6300	47	49	69	75	3	4	1.5	0.37	1.6	0.9
30209	45	85	20.75	19	16	67.8	83.5	4500	5600	52	53	74	80	3	5	1.5	0.4	1.5	0.8
30210	50	90	21.75	20	17	73.2	92	4300	5300	57	58	79	86	3	5	1.5	0.42	1.4	0.8
32011	55	90	23	23	17.5	80.2	118	4000	5000	62	63	81	86	4	5	1.5	0.41	1.5	0.8
30212	60	110	23.75	22	19	102	130	3600	4500	69	69	96	103	4	5	2	0.4	1.5	0.8
30213	65	120	24.75	23	20	120	152	3200	4000	74	77	106	114	4	5	2	0.4	1.5	0.8
30214	70	125	26.25	24	21	132	175	3000	3800	79	81	110	119	4	5.5	2	0.42	1.4	0.8
30215	75	130	27.25	25	22	138	185	2800	3600	84	85	115	125	4	5.5	2	0.44	1.4	0.8
30216	80	140	28.25	26	22	160	212	2600	3400	90	90	124	133	4	6	2.1	0.42	1.4	0.8
30217	85	150	30.5	28	24	178	238	2400	3200	95	96	132	142	5	6.5	2.1	0.42	1.4	0.8
30218	90	160	32.5	30	26	200	270	2200	3000	100	102	140	151	5	6.5	2.1	0.42	1.4	0.8
30219	95	170	34.5	32	27	228	308	2000	2800	107	108	149	160	5	7.5	2.5	0.42	1.4	0.8
30220	100	180	37	34	29	255	350	1900	2600	112	114	157	169	5	8	2.5	0.42	1.4	0.8
03 系列																			
30302	15	42	14.25	13	11	22.8	21.5	9000	12000	21	22	36	38	2	3.5	1	0.29	2.1	1.2
30303	17	47	15.25	14	12	28.2	27.2	8500	11000	23	25	40	43	3	3.5	1	0.29	2.1	1.2
30304	20	52	16.25	15	13	33	33.2	7500	9500	27	28	44	48	3	3.5	1.5	0.3	2	1.1
30305	25	62	18.25	17	15	46.8	48	6300	8000	32	34	54	58	3	3.5	1.5	0.3	2	1.1
30306	30	72	20.75	19	16	59	63	5600	7000	37	40	62	66	3	5	1.5	0.31	1.9	1.1
30307	35	80	22.75	21	18	75.2	82.5	5000	6300	44	45	70	74	3	5	2	0.31	1.9	1.1
30308	40	90	25.25	23	20	90.8	108	4500	5600	49	52	77	84	3	5.5	2	0.35	1.7	1
30309	45	100	27.25	25	22	108	130	4000	5000	54	59	86	94	3	5.5	2	0.35	1.7	1
30310	50	110	29.25	27	23	130	158	3800	4800	60	65	95	103	4	6.5	2	0.35	1.7	1
30311	55	120	31.5	29	25	152	188	3400	4300	65	70	104	112	4	6.5	2.5	0.35	1.7	1
30312	60	130	33.5	31	26	170	210	3200	4000	72	76	112	121	5	7.5	2.5	0.35	1.7	1
30313	65	140	36	33	28	195	242	2800	3600	77	83	122	131	5	8	2.5	0.35	1.7	1
30314	70	150	38	35	30	218	272	2600	3400	82	89	130	141	5	8	2.5	0.35	1.7	1
30315	75	160	40	37	31	252	318	2400	3200	87	95	139	150	5	9	2.5	0.35	1.7	1
30316	80	170	42.5	39	33	278	352	2200	3000	92	102	148	160	5	9.5	2.5	0.35	1.7	1
30317	85	180	44.5	41	34	305	388	2000	2800	99	107	156	168	6	10.5	3	0.35	1.7	1
30318	90	190	46.5	43	36	342	440	1900	2600	104	113	165	178	6	10.5	3	0.35	1.7	1
30319	95	200	49.5	45	38	370	478	1800	2400	109	118	172	185	6	11.5	3	0.35	1.7	1
30320	100	215	51.5	47	39	405	525	1600	2000	114	127	184	199	6	12.5	3	0.35	1.7	1

续表二

轴承代号	基本尺寸/mm					基本额定载荷/kN		极限转速/(r/min)		安装尺寸/mm							计算系数		
	d	D	T	B	C	C_r	C_{0r}	脂润滑	油润滑	d_a	d_b	D_a	D_b	a_1	a_2	r_a	e	Y	Y_0
22 系列																			
32206	30	62	21.25	20	17	51.8	63.8	6000	7500	36	36	52	58	3	4.5	1	0.37	1.6	0.9
32207	35	72	24.25	23	19	70.5	89.5	5300	6700	42	42	61	68	3	5.5	1.5	0.37	1.6	0.9
32208	40	80	24.75	23	19	77.8	77.2	5000	6300	47	48	68	75	3	6	1.5	0.37	1.6	0.9
32209	45	85	24.75	23	19	80.8	105	4500	5600	52	53	73	81	3	6	1.5	0.4	1.5	0.8
32210	50	90	24.75	23	19	82.8	108	4300	5300	57	57	78	86	3	6	1.5	0.42	1.4	0.8
32211	55	100	26.75	25	21	108	142	3800	4800	64	62	87	96	4	6	2	0.4	1.5	0.8
32212	60	110	29.75	28	24	132	180	3600	4500	69	68	95	105	4	6	2	0.4	1.5	0.8
32213	65	120	32.75	31	27	160	222	3200	4000	74	75	104	115	4	6	2	0.4	1.5	0.8
32214	70	125	33.25	31	27	168	238	3000	3800	79	79	108	120	4	6.5	2	0.42	1.4	0.8
32215	75	130	33.25	31	27	170	242	2800	3600	84	84	115	126	4	6.5	2	0.44	1.4	0.8
32216	80	140	35.25	33	28	198	278	2600	3400	90	89	122	135	5	7.5	2.1	0.42	1.4	0.8
32217	85	150	38.5	36	30	228	325	2400	3200	95	95	130	143	5	8.5	2.1	0.42	1.4	0.8
32218	90	160	42.5	40	34	270	395	2200	3000	100	101	138	153	5	8.5	2.1	0.42	1.4	0.8
32219	95	170	45.5	43	37	302	448	2000	2800	107	106	145	163	5	8.5	2.5	0.42	1.4	0.8
32220	100	180	49	46	39	340	512	1900	2600	112	113	154	172	5	10	2.5	0.42	1.4	0.8
23 系列																			
32303	17	47	20.25	19	16	35.2	36.2	8500	11000	23	24	39	43	3	4.5	1	0.29	2.1	1.2
32304	20	52	22.25	21	18	42.8	46.2	7500	9500	27	26	43	48	3	3.5	1.5	0.3	2	1.1
32305	25	62	25.25	24	20	61.5	68.8	6300	8000	32	32	52	58	3	5.5	1.5	0.3	2	1.1
32306	30	72	28.75	17	23	81.5	96.5	5600	7000	37	38	59	66	4	6	1.5	0.31	1.9	1.1
32307	35	80	32.75	31	25	99	118	5000	6300	44	43	66	74	4	8.5	2	0.31	1.9	1.1
32308	40	90	35.25	33	27	115	148	4500	5600	49	49	73	83	4	8.5	2	0.35	1.7	1
32309	45	100	38.25	36	30	145	188	4000	5000	54	56	82	93	4	8.5	2	0.35	1.7	1
32310	50	110	42.25	40	33	178	235	3800	4800	60	61	90	102	5	9.5	2	0.35	1.7	1
32311	55	120	45.5	43	35	202	270	3400	4300	62	66	99	111	5	10	2.5	0.35	1.7	1
32312	60	130	48.5	46	37	228	302	3200	4000	72	72	107	122	6	11.5	2.5	0.35	1.7	1
32313	65	140	51	48	39	260	350	2800	3600	77	79	117	131	6	12	2.5	0.35	1.7	1
32314	70	150	54	51	42	298	408	2600	3400	82	84	125	141	6	12	2.5	0.35	1.7	1
32315	75	160	58	55	45	348	482	2400	3200	87	91	133	150	7	13	2.5	0.35	1.7	1
32316	80	170	61.5	58	48	388	542	2200	3000	92	97	142	160	7	13.5	2.5	0.35	1.7	1
32317	85	180	63.5	60	49	422	592	2000	2800	99	102	150	168	8	14.5	3	0.35	1.7	1
32318	90	190	67.5	64	53	478	682	1900	2600	104	107	157	178	8	14.5	3	0.35	1.7	1
32319	95	200	71.5	67	55	515	738	1800	2400	109	114	166	187	8	16.5	3	0.35	1.7	1
32320	100	215	77.5	73	60	600	872	1600	2000	114	122	177	201	8	17.5	3	0.35	1.7	1

表 11-5 推力球轴承(GB/T301—2015)

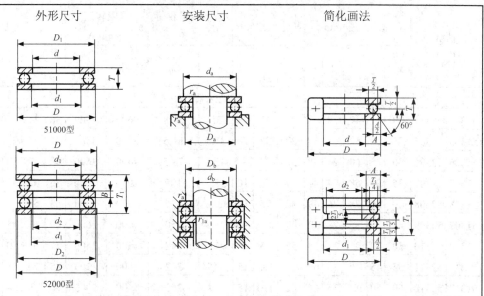

外形尺寸　　　安装尺寸　　　简化画法

51000型

52000型

轴向当量动载荷 $P_a=F_a$；轴向当量静载荷 $P_{0a}=F_a$。

标记示例：滚动轴承 51100 GB/T 301

轴承代号		基本尺寸/mm					其他尺寸/mm			基本额定载荷/kN		极限转速/(r/min)		安装尺寸/mm					
		d	d_2	D	T	T_1	d_1	D_1 D_2	B	C_a	C_{0a}	脂润滑	油润滑	d_a	D_a	d_b	D_b	r_a	r_{1a}
12、22 系列																			
51204	52204	20	15	40	14	26	22	40	6	22.2	37.5	3800	5300	32	28	20	28	0.6	0.3
51205	52205	25	20	47	15	28	27	47	7	27.8	50.5	3400	4800	38	34	25	34	0.6	0.3
51206	52206	30	25	52	16	29	32	52	7	28	54.2	3200	4500	43	39	30	39	0.6	0.3
51207	52207	35	30	62	18	34	37	62	8	39.2	78.2	2800	4000	51	46	35	46	1	0.3
51208	52208	40	30	68	19	36	42	68	9	47	98.2	2400	3600	57	51	40	51	1	0.6
51209	52209	45	35	73	20	37	47	73	9	47.8	105	2200	3400	62	56	45	56	1	0.6
51210	52210	50	40	78	22	39	52	78	9	48.5	112	2000	3200	67	61	50	61	1	0.6
51211	52211	55	45	90	25	45	57	90	10	67.5	158	1900	3000	76	69	55	69	1	0.6
51212	52212	60	50	95	26	46	62	95	10	73.5	178	1800	2800	81	74	60	74	1	0.6
51213	52213	65	55	100	27	47	67	100	10	74.8	188	1700	2600	86	79	65	79	1	0.6
51214	52214	70	55	105	27	47	72	105	10	73.5	188	1600	2400	91	84	70	84	1	1
51215	52215	75	60	110	27	47	77	110	10	74.8	198	1500	2200	96	89	75	89	1	1
51216	52216	80	65	115	28	48	82	115	10	83.8	222	1400	2000	101	94	80	94	1	1
51217	52217	85	65	125	31	55	88	125	12	102	280	1300	1900	109	101	85	109	1	1
51218	52218	90	70	135	35	62	93	135	14	115	315	1200	1800	117	108	90	108	1	1
51220	52220	100	75	150	38	67	103	150	15	132	375	1100	1700	130	120	100	120	1	1

续表

轴承代号		基本尺寸/mm					其他尺寸/mm			基本额定载荷/kN		极限转速/(r/min)		安装尺寸/mm					
		d	d_2	D	T	T_1	d_1	D_1 D_2	B	C_a	C_{0a}	脂润滑	油润滑	d_a	D_a	d_b	D_b	r_a	r_{1a}
13、23 系列																			
51304	—	20		47	18	—	22	47	—	35	55.8	3600	4500	36	31	—	—	1	—
51305	52305	25	20	52	18	34	27	52	8	35.5	61.5	3000	4300	41	36	25	36	1	0.3
51306	52306	30	25	60	21	38	32	60	9	42.8	78.5	2400	3600	48	42	30	42	1	0.3
51307	52307	35	30	68	24	44	37	68	10	55.2	105	2000	3200	55	48	35	48	1	0.3
51308	52308	40	30	78	26	49	42	78	12	69.2	135	1900	3000	63	55	40	55	1	0.6
51309	52309	45	35	85	28	52	47	85	12	75.8	150	1700	2600	69	61	45	61	1	0.6
51310	52310	50	40	95	31	58	52	95	14	96.5	202	1600	2400	77	68	50	68	1	0.6
51311	52311	55	45	105	35	64	57	105	15	115	242	1500	2200	85	75	55	75	1	0.6
51312	52312	60	50	110	35	64	62	110	15	118	262	1400	2000	90	80	60	80	1	0.6
51313	52313	65	55	115	36	65	67	115	15	115	262	1300	1900	95	85	65	85	1	0.6
51314	52314	70	55	125	40	72	72	125	16	148	340	1200	1800	103	92	70	92	1	1
51315	52315	75	60	135	44	79	77	135	18	162	380	1100	1700	111	99	75	99	1.5	1
51316	52316	80	65	140	44	79	82	140	18	160	380	1000	1600	116	104	80	104	1.5	1
51317	52317	85	70	150	49	87	88	150	19	208	495	950	1500	124	111	85	114	1.5	1
51318	52318	90	75	155	50	88	93	155	19	205	495	900	1400	129	116	90	116	1.5	1
51320	52320	100	85	170	55	97	103	170	21	235	595	800	1200	142	128	100	128	1.5	1
14、24 系列																			
51405	52405	25	15	60	24	45	27	60	11	55.5	89.2	2200	3400	46	39	25	39	1	0.6
51406	52406	30	20	70	28	52	32	70	12	72.5	125	1900	3000	54	46	30	46	1	0.6
51407	52407	35	25	80	32	59	37	80	14	86.8	155	1700	2600	62	53	35	53	1	0.6
51408	52408	40	30	90	36	65	42	90	15	112	205	1500	2200	70	60	40	60	1	0.6
51409	52409	45	35	100	39	72	47	100	17	140	262	1400	2000	78	67	45	67	1	0.6
51410	52410	50	40	110	43	78	52	110	18	160	302	1300	1900	86	74	50	74	1.5	0.6
51411	52411	55	45	120	48	87	57	120	20	182	355	1100	1700	94	81	55	81	1.5	0.6
51412	52412	60	50	130	51	93	62	130	21	200	395	1000	1600	102	88	60	88	1.5	0.6
51413	52413	65	55	140	56	101	68	140	23	215	448	900	1400	110	95	65	95	2	1
51414	52414	70	55	150	60	107	73	150	24	255	560	850	1300	118	102	70	102	2	1
51415	52415	75	60	160	65	115	78	160	26	268	615	800	1200	125	110	75	110	2	1
51416	52416	80	65	170	68	120	83	170	27	292	692	750	1100	133	117	80	117	2.1	1
51417	52417	65	70	180	72	128	88	177	30	318	782	700	1000	141	124	85	124	2.1	1
51418	52418	90	75	190	77	135	93	187		325	825	670	950	149	131	90	131	2.1	1
51420	52420	100	80	210	85	150	103	205	33	400	1080	600	850	165	145	100	145	2.5	1

表 11-6 调心球轴承(GB/T281—2013)

外形尺寸 安装尺寸 简化画法

 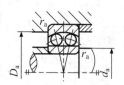 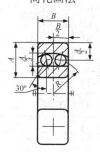

标记示例：滚动轴承 1200 GB/T 281

径向当量动载荷：

当 $F_a/F_r \leq e$ 时，$P_r = F_r + Y_1 F_a$；

当 $F_a/F_r > e$ 时，$P_r = 0.65 F_r + Y_2 F_a$

径向当量静载荷：$P_{0r} = F_r + Y_0 F_a$

轴承代号	基本尺寸/mm			基本额定载荷/kN		极限转速/(r/min)		安装尺寸/mm			计算系数			
	d	D	B	C_r	C_{0r}	脂润滑	油润滑	d_a	D_a	r_a	e	Y_1	Y_2	Y_0
1202	15	35	11	7.48	1.75	18 000	22 000	20	30	0.6	0.33	1.9	3	2
1203	17	40	12	7.9	2.02	16 000	20 000	22	35	0.6	0.31	2	3.2	2.1
1204	20	47	14	9.95	2.65	14 000	17 000	26	41	1	0.27	2.3	3.6	2.4
1205	25	52	15	12	3.3	12 000	14 000	31	46	1	0.27	2.3	3.6	2.4
1206	30	62	16	15.8	4.7	10 000	12 000	36	56	1	0.24	2.6	4	2.7
1207	35	72	17	15.8	5.08	8500	10 000	42	65	1	0.23	2.7	4.2	2.9
1208	40	80	18	19.2	6.4	7500	9000	47	73	1	0.22	2.9	4.4	3
1209	45	85	19	21.8	7.32	7100	8500	52	78	1	0.21	2.9	4.6	3.1
1210	50	90	20	22.8	8.08	6300	8000	57	83	1	0.2	3.1	4.8	3.3
1211	55	100	21	26.8	10	6000	7100	64	91	1.5	0.2	3.2	5	3.4
1212	60	110	22	30.2	11.5	5300	6300	69	101	1.5	0.19	3.4	5.3	3.6
1213	65	120	23	31	12.5	4800	6000	74	111	1.5	0.17	3.7	5.7	3.9
1214	70	125	24	34.5	13.5	4800	5600	79	116	1.5	0.18	3.5	5.4	3.7
1302	15	42	13	9.5	2.28	16 000	20 000	21	36	1	0.33	1.9	2.9	2
1303	17	47	14	12.5	3.18	14 000	17 000	23	41	1	0.33	1.9	3	2
1304	20	52	15	12.5	3.38	12 000	15 000	27	45	1	0.29	2.2	3.4	2.3
1305	25	62	17	17.8	5.05	10 000	13 000	32	55	1	0.27	2.3	3.5	2.4
1306	30	72	19	21.5	6.28	8500	11 000	37	65	1	0.26	2.4	3.8	2.6
1307	35	80	21	25	7.95	7500	9500	44	71	1.5	0.25	2.6	4	2.7
1308	40	90	23	29.5	9.5	6700	8500	49	81	1.5	0.24	2.6	4	2.7
1309	45	100	25	38	12.8	6000	7500	54	91	1.5	0.25	2.5	3.9	2.6
1310	50	110	27	43.2	14.2	5600	6700	60	100	2	0.24	2.7	4.1	2.8

轴承代号	基本尺寸/mm			基本额定载荷/kN		极限转速/(r/min)		安装尺寸/mm			计算系数			
	d	D	B	C_r	C_{0r}	脂润滑	油润滑	d_a	D_a	r_a	e	Y_1	Y_2	Y_0
1311	55	120	29	51.5	18.2	5000	6300	65	110	2	0.23	2.7	4.2	2.8
1312	60	130	31	57.2	20.8	4500	5600	72	118	2.1	0.23	2.8	4.3	2.9
1313	65	140	33	61.8	22.8	4300	5300	77	128	2.1	0.23	2.8	4.3	2.9
1314	70	150	35	74.5	27.5	4000	5000	82	138	2.1	0.22	2.8	4.4	2.9
22 系列														
2202	15	35	14	7.65	1.8	18 000	22 000	20	30	0.6	0.5	1.3	2	1.3
2203	17	40	16	9	2.45	16 000	20 000	22	35	0.6	0.5	1.2	1.9	1.3
2204	20	47	18	12.5	3.28	14 000	17 000	26	41	1	0.48	1.3	2	1.4
2205	25	52	18	12.5	3.4	12 000	14 000	31	46	1	0.41	1.5	2.3	1.5
2206	30	62	20	15.2	4.6	10 000	12 000	36	56	1	0.39	1.6	2.4	1.7
2207	35	72	23	21.8	6.65	8500	10 000	42	65	1	0.38	1.7	2.6	1.8
2208	40	80	23	22.5	7.38	7500	9000	47	73	1	0.24	1.9	2.9	2
2209	45	85	23	23.2	8	7100	8500	52	78	1	0.31	2.1	3.2	2.2
2210	50	90	23	23.2	8.45	6300	8000	57	83	1	0.29	2.2	3.4	2.3
2211	55	100	25	26.8	9.95	6000	7100	64	91	1.5	0.28	2.3	3.5	2.4
2212	60	110	28	34	12.5	5300	6300	69	101	1.5	0.28	2.3	3.5	2.4
2213	65	120	31	43.5	16.2	4800	6000	74	111	1.5	0.28	2.3	3.5	2.4
2214	70	125	31	44	17	4500	5600	79	116	1.5	0.27	2.4	3.7	2.5
23 系列														
2302	15	42	17	12	2.88	14 000	18 000	21	36	1	0.51	1.2	1.9	1.3
2303	17	47	19	14.5	3.58	13 000	16 000	23	41	1	0.52	1.2	1.9	1.3
2304	20	52	21	17.8	4.75	11 000	14 000	27	45	1	0.51	1.2	1.9	1.3
2305	25	62	24	24.5	6.48	9500	12 000	32	55	1	0.47	1.3	2.1	1.4
2306	30	72	27	31.5	8.68	8000	10 000	37	65	1	0.44	1.4	2.2	1.5
2307	35	80	31	39.2	11	7100	9000	44	71	1.5	0.46	1.4	2.1	1.4
2308	40	90	33	44.8	13.2	6300	8000	49	81	1.5	0.43	1.5	2.3	1.5
2309	45	100	36	55	16.2	5600	7100	54	91	1.5	0.42	1.5	2.3	1.6
2310	50	110	40	64.5	19.8	5000	6300	60	100	2	0.43	1.5	2.3	1.6
2311	55	120	43	75.2	23.5	4800	6000	65	110	2	0.41	1.5	2.4	1.6
2312	60	130	46	86.8	27.5	4300	5300	72	118	2.1	0.41	1.6	2.5	1.6
2313	65	140	48	96	32.5	3800	4800	77	128	2.1	0.38	1.6	2.6	1.7
2314	70	150	51	110	37.5	3600	4500	82	138	2.1	0.38	1.7	2.6	1.8

11.2　滚动轴承的配合

1. 安装向心轴承的轴公差代号

安装向心轴承的轴公差代号见表 11-7。

表 11-7　安装向心轴承的轴公差代号(摘自 GB/T 275—2015)

运转状态		载荷状态	深沟球轴承、调心球轴承和角接触球轴承	圆柱滚子轴承和圆锥滚子轴承	调心滚子轴承	公差带
			圆柱孔轴承			
说明	举例		轴承公称内径/mm			
旋转的内圈载荷及摆动载荷	一般通用机械、电动机、机床主轴、泵、内燃机、正齿轮传动装置、铁路机车车辆轴箱、破碎机等	轻载荷	小≤18	—	—	h5
			>18 至 100	≤40	≤40	j6①
			>100 至 200	>40 至 140	>40 至 100	k6①
			—	>140 至 200	>100 至 200	m6①
		正常载荷	≤18	—	—	j5、js5
			>18 至 100	≤40	≤40	k5②
			>100 至 140	>40 至 100	>40 至 65	m5②
			>140 至 200	>100 至 140	>65 至 100	m6①
			>200 至 280	>140 至 200	>100 至 140	n6
			—	>200 至 400	>140 至 280	p6
			—	—	>280 至 500	r6
		重载荷	—	>50 至 140	>50 至 100	n6
			—	>140 至 200	>100 至 140	p6③
			—	>200	>140 至 200	r6
			—	—	>200	r7
固定的内圈载荷	静止轴上的各种轮子、张紧轮、绳轮、振动筛、惯性振动器	所有载荷	所有尺寸			f6
						g6①
						h6
						j6
仅有轴向载荷			所有尺寸			j6、js6
			圆锥孔轴承			
所有载荷	铁路机车车辆轴箱		装在推卸套上的所有尺寸			h8(IT6)④⑤
	一般机械传动		装在紧定套上的所有尺寸			h9(IT7)④⑤

注：① 凡对精度有较高要求的场合，应用 j5，k5，…代替 j6，k6，…。

② 圆锥滚子轴承、角接触球轴承配合对游隙影响不大，可用 k6，m6 代替 k5，m5。

③ 重载荷下轴承游隙应选大于 0 组。

④ 凡有较高精度或转速要求的场合，应选用 h7(IT5)代替 h8(IT6)等。

⑤ IT6、IT7 表示圆柱度公差数值。

2. 安装向心轴承的外壳孔公差带代号

安装向心轴承的外壳孔公差带代号见表 11-8。

表 11-8 安装向心轴承的轴承座孔公差带代号(摘自 GB/T 275—2015)

运转状态		载荷状态	其他情况	公差带[①]	
说明	举例			球轴承	滚子轴承
固定的外圈载荷	一般机械、铁路机车车辆轴箱、电动机、泵、曲轴主轴承	轻、正常、重	轴向易移动，可采用剖分式外壳	H7、G7[②]	
		冲击	轴向能移动，可采用整体或剖分式外壳	J7，JS7	
摆动载荷		轻、正常			
		正常、重		K7	
		冲击		M7	
旋转的外圈载荷	张紧滑轮、轮毂轴承	轻	轴向不移动，采用整体式外壳	J7	K7
		正常		K7，M7	M7，N7
		重		—	N7，P7

注：① 并列公差带随尺寸的增大从左至右选择，对旋转精度有较高要求时，可相应提高一个公差等级。

② 不适用于剖分式外壳。

3. 安装推力轴承的轴公差代号

安装推力轴承的轴公差代号见表 11-9。

表 11-9 安装推力轴承的轴公差带代号(摘自 GB/T 275—2015)

运转状态	载荷状态	推力球轴承和推力滚子轴承	推力调心滚子轴承[②]	公差带
		轴承公称内径/mm		
仅有轴向载荷		所有尺寸		j6、js6
固定的轴圈载荷	径向和轴向联合载荷	—	≤250	j6
		—	>250	js6
旋转的轴圈载荷或摆动载荷		—	≤200	k6[①]
		—	>200 至 400	m6
		—	>400	n6

注：① 要求较小过盈时，可分别用 j6，k6，m6 代替 k6，m6，n6。

② 也可包括推力圆锥滚子轴承和推力角接触球轴承。

4. 安装推力轴承的外壳孔公差代号

安装推力轴承的外壳孔公差代号见表 11-10。

表 11-10　安装推力轴承的轴承座孔公差带代号

运转状态	载荷状态	轴承类型	公差带	备注
仅有轴向载荷		推力球轴承	H8	—
		推力圆柱、圆锥滚子轴承	H7	—
		推力调心滚子轴承	—	外壳孔与座圈间的间隙为 0.001×轴承公称外径
固定的轴圈载荷，或旋转的轴圈载荷或摆动载荷	径向和轴向联合载荷	推力角接触球轴承、推力调心球轴承、推力圆锥滚子轴承	H7	—
			K7	普通使用条件
			M7	有较大径向载荷时

11.3　公　差　及　游　隙

1. 配合面的表面粗糙度

配合面的表面粗糙度见表 11-11。

表 11-11　配合面及端面的表面粗糙度(GB/T 275—2015 摘录)

轴或轴承座直径 /mm		轴或轴承座孔配合表面直径公差等级					
		IT7		IT6		IT5	
		表面粗糙度 Ra /μm					
>	至	磨削	车削	磨削	车削	磨削	车削
—	80	1.6	3.2	0.8	1.6	0.4	0.8
80	500	1.6	3.2	1.6	3.2	0.8	1.6
500	1250	3.2	6.3	1.6	3.2	1.6	3.2
端面		3.2	6.3	6.3	6.3	6.3	3.2

2. 轴和外壳孔的形位公差

轴和孔的形位公差标准见表 11-12。

表 11-12　轴和孔的形位公差(摘自 GB/T 275—2015)

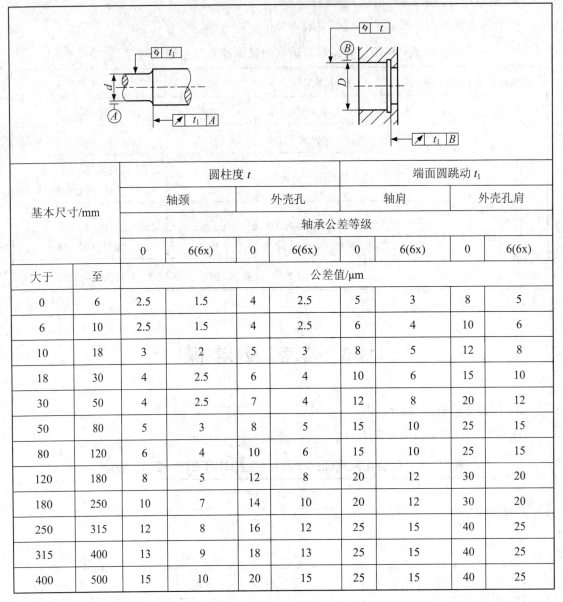

基本尺寸/mm		圆柱度 t				端面圆跳动 t_1			
		轴颈		外壳孔		轴肩		外壳孔肩	
		轴承公差等级							
		0	6(6x)	0	6(6x)	0	6(6x)	0	6(6x)
大于	至	公差值/μm							
0	6	2.5	1.5	4	2.5	5	3	8	5
6	10	2.5	1.5	4	2.5	6	4	10	6
10	18	3	2	5	3	8	5	12	8
18	30	4	2.5	6	4	10	6	15	10
30	50	4	2.5	7	4	12	8	20	12
50	80	5	3	8	5	15	10	25	15
80	120	6	4	10	6	15	10	25	15
120	180	8	5	12	8	20	12	30	20
180	250	10	7	14	10	20	12	30	20
250	315	12	8	16	12	25	15	40	25
315	400	13	9	18	13	25	15	40	25
400	500	15	10	20	15	25	15	40	25

3. 游隙

基本组游隙轴承的配合见表 11-13。

表 11-13　基本组游隙轴承的配合

轴承类型	轴	外壳
球轴承	j5，…，k5	J6
滚子和滚针轴承	k5，…，m5	K6

4. 角接触轴承的轴向游隙

角接触轴承的轴向游隙见表 11-14。

表 11-14　角接触轴承的轴向游隙

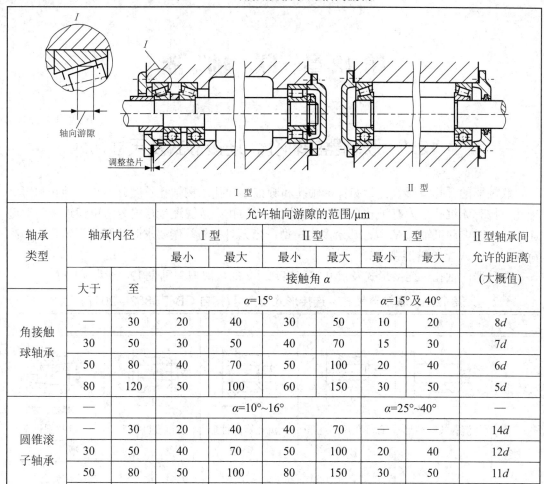

Ⅰ 型　　　　　　　　Ⅱ 型

轴承类型	轴承内径		允许轴向游隙的范围/μm						Ⅱ型轴承间允许的距离（大概值）
			Ⅰ 型		Ⅱ 型		Ⅰ 型		
			最小	最大	最小	最大	最小	最大	
	大于	至	接触角 α						
			$\alpha=15°$				$\alpha=15°$及$40°$		
角接触球轴承	—	30	20	40	30	50	10	20	8d
	30	50	30	50	40	70	15	30	7d
	50	80	40	70	50	100	20	40	6d
	80	120	50	100	60	150	30	50	5d
圆锥滚子轴承	—		$\alpha=10°\sim16°$				$\alpha=25°\sim40°$		—
	—	30	20	40	40	70	—	—	14d
	30	50	40	70	50	100	20	40	12d
	50	80	50	100	80	150	30	50	11d
	80	120	80	150	120	200		70	10d

第 12 章　联　轴　器

12.1　联轴器的轴孔、连接形式及尺寸

联轴器的轴孔按形状分为圆柱形轴孔和圆锥形轴孔；按轴孔长度分为长型轴孔和短型轴孔；按有无沉孔分为有沉孔型轴孔和无沉孔型轴孔；按键连接形式分为单键连接和双键连接。一般电动机轴选 Y 型，其余多为短型；当无对中与补偿要求时选圆柱形轴孔；当载荷较轻时选 A 型单键连接。

联轴器的轴孔、连接形式及尺寸键连接尺寸 t_i 的极限偏差见表 12-1～表 12-3。

表 12-1　联轴器轴孔、连接形式及尺寸(摘自 GB/T 3852—2017)

分类	Y 型	J 型	J₁ 型	Z 型	Z₁ 型
轴孔					
	无沉孔长圆柱形	有沉孔短圆柱形	无沉孔短圆柱形	有沉孔圆锥型	无沉孔圆锥型

分类	A 型	B 型	B₁ 型	C 型
键连接				
	单平键	120°双平键	180°双平键	锥面单平键

表 12-2　联轴器轴孔尺寸(摘自 GB/T 3852—2017)　　　　　　　　　　mm

直径 d (H7)	A、B、B₁ 型键槽 公称尺寸 t	公称尺寸 t_1	b (P9)	C 型键槽 公称尺寸 t_2	b (P9)	长度 长型 L	短型 L	L_1	沉孔 d_1	R	直径 d (H7)	A、B、B₁ 型键槽 公称尺寸 t	公称尺寸 t_1	b (P9)	C 型键槽 公称尺寸 t_2	b (P9)	长度 长型 L	短型 L	L_1	沉孔 d_1	R
16	18.3	20.6	5	8.7	5						56	60.3	64.6	16	29.7	14	112	84	112	95	2.5
18	20.8	23.6	6	10.1	4	42	30	42	38	1.5	60	64.4	68.8	18	31.7	16					
19	21.8	24.6	6	10.6	4						63	67.4	71.8	18	32.2	16					
20	22.8	25.6	6	10.9	4						65	69.4	73.8	18	34.2	16	142	107	142	105	2.5
22	24.8	27.6	6	11.9	4	52	38	52	38	1.5	70	74.9	79.8	20	36.8	18					
24	27.3	30.6	8	13.4	5						71	75.9	80.8	20	37.3	18					

续表

直径 d (H7)	t	t1	b (P9)	t2	b (P9)	长型 L	短型 L	L1	d1	R	直径 d (H7)	t	t1	b (P9)	t2	b (P9)	长型 L	短型 L	L1	d1	R
25	28.3	31.6	8	13.7	5	62	44	62	48	1.5	75	79.9	84.8	20	39.3	18					
28	31.3	34.6	8	15.2	5						80	85.4	90.8	22	41.6	20				140	2.5
30	33.3	36.6	8	15.8	5					1.5	85	90.4	95.8	22	44.1	20	172	132	172	140	3
32	35.3	38.6	10	17.3	6	82	60	82	55		90	95.4	100.8	25	47.1	22				160	3
35	38.3	41.6	10	18.3	6					2	95	100.4	105.8	25	49.6	22					3
38	41.3	44.6	10	20.3	6				65	2	100	106.4	112.8	28	51.3	25				180	3
40	43.3	46.6	12	21.2	10				65	2	110	116.4	122.8	28	56.3	25	212	167	212		3
42	45.3	48.6	12	22.2	10						120	127.4	134.8	32	62.3	28				210	3
45	48.8	52.6	14	23.7	12	112	84	112	80	2	125	132.4	139.8	32	64.8	28					4
48	51.8	55.6	14	25.2	12						130	137.4	144.8	32	66.4	28				235	4
50	53.8	57.6	14	26.2	12				95	2	140	148.4	156.8	36	72.4	32	252	202	252		4
55	59.3	63.6	16	29.2	14					2.5	150	158.4	166.8	36	77.4	32				264	4

表 12-3　键连接尺寸的极限偏差(摘自 GB/T 3852—2017)　　mm

类型	A、B、B1 型键槽						C 型键槽		
	t			t1			t2		
直径范围	≥16 ~22	≥24 ~130	≥140 ~150	≥16 ~22	≥24 ~130	≥140 ~150	≥11 ~38	≥40 ~150	≥160 ~220
极限偏差	+0.10	+0.20	+0.30	+0.40	+0.50	+0.60	+0.10	+0.20	+0.30

注：键槽宽度 b 的极限偏差(P9)可用 GB/T 1095—2003 中规定的 JS9。

12.2　刚 性 联 轴 器

刚性联轴器的介绍见表 12-4。

表 12-4　凸缘联轴器(GB/T 5843—2003)

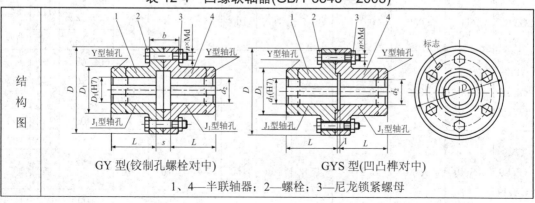

GY 型(铰制孔螺栓对中)　　　　GYS 型(凹凸榫对中)

1、4—半联轴器；2—螺栓；3—尼龙锁紧螺母

续表一

| 标记示例 | GY联轴器 $\dfrac{Y30\times82}{J_1B30\times60}$ GB/T 5843—2003 | | 主动端：Y 型轴孔，A 型键槽，孔径 d_1=30 mm，孔长 L=82 mm 从动端：J_1 型轴孔，B 型键槽，孔径 d_2=30mm，孔长 L=60 mm |

型号	公称转矩 T_n /(N·m)	许用转速 n /(r/min)	转动惯量 J /(kg·m²)	质量 m /kg	D /mm	D_1 /mm	b /mm	b_1 /mm	s /mm	轴孔直径 /mm d_1、d_2	轴孔长度 L /mm Y 型	J₁ 型
GY1 GYS1 GYH1	25	12 000	0.0008	1.16	80	30	26	42	6	12、14	32	27
										16、18、19	42	30
GY2 GYS2 GYH2	63	10 000	0.0015	1.72	90	40	28	44	6	16、18、19	42	30
										20、22、24	52	38
										25	62	44
GY3 GYS3 GYH3	112	9500	0.0025	2.38	100	45	30	46	6	20、22、24	52	38
										25、28	62	44
GY4 GYS4 GYH4	224	9000	0.003	3.15	105	55	32	48	6	25、28	62	44
										30、32、35	82	60
GY5 GYS5 GYH5	400	8000	0.007	5.43	120	68	36	52	8	30、32、35、38	82	60
										40、42	112	84
GY6 GYS6 GYH7	900	6800	0.015	7.59	140	80	56	8	8	38	82	60
										40、42、45、48、50	112	84
GY7 GYS7 GYH7	1600	6000	0.031	13.1	160	100	56	8	8	48、50、55、56	112	84
										60、63	142	107
GY8 GYS8 GYH8	3150	4800	0.103	27.5	200	130	68	10	10	60、63、65、70、71、75	142	107
										80	172	132
GY9 GYS9 GYH9	6300	3600	0.319	47.8	260	160	84	10	10	75	142	107
										80、85、90、95	172	132
										100	212	167

续表二

型号	公称转矩 T_n /(N·m)	许用转速 n /(r/min)	转动惯量 J /(kg·m²)	质量 m /kg	D /mm	D_1 /mm	b /mm	b_1 /mm	s /mm	轴孔直径 /mm d_1、d_2	轴孔长度 L /mm Y 型	J₁ 型
GY10 GYS10 GYH10	10 000	3200	0.720	82.0	300	200	90	10	10	90、95	172	132
										100、110、120、125	212	167
GY11 GYS11 GYH11	25 000	2500	2.278	162.2	380	260	98	10	10	120、125	212	167
										130、140、150	252	202
										160	302	242
GY12 GYS12 GYH12	50 000	2000	2.923	285.6	460	320	112	12	12	150	252	202
										160、170、180	302	242
										190、200	352	282

注：① 半联轴器材料为 35 钢。

② 联轴器的 m 和 J 按 GY 型 Y/J₁ 轴孔组合形式和最小轴孔直径计算。

12.3　无弹性元件的挠性联轴器

无弹性元件的挠性联轴器的介绍见表 12-5～表 12-7。

表 12-5　GICL 型鼓形齿式联轴器(JB/T 8854.3—2001)

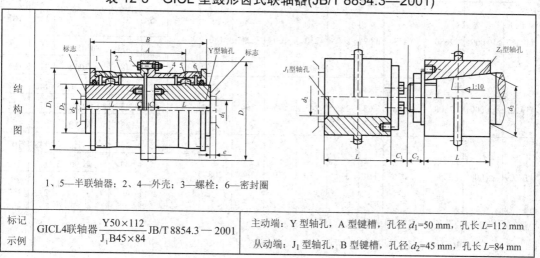

结构图	1、5—半联轴器；2、4—外壳；3—螺栓；6—密封圈
标记示例	GICL4联轴器 $\dfrac{Y50\times112}{J_1B45\times84}$ JB/T 8854.3 — 2001 　　主动端：Y 型轴孔，A 型键槽，孔径 d_1=50 mm，孔长 L=112 mm 　　从动端：J₁ 型轴孔，B 型键槽，孔径 d_2=45 mm，孔长 L=84 mm

续表

型号	公称转矩 T_n /(N·m)	许用转速 n /(r/min)	转动惯量 J /(kg·m²)	质量 m /kg	D /mm	D_1 /mm	D_2 /mm	B /mm	A /mm	C /mm	C_1 /mm	C_2 /mm	轴孔直径 /mm d_1、d_2、d_z	轴孔长度 L /mm Y型	轴孔长度 L /mm J_1、Z_1型
GICL1	630	4000	0.009	5.9	125	95	60	115	75	20	—	—	16, 18, 19	42	—
										10	—	24	20, 22, 24	52	38
										2.5	—	19	25, 28	64	44
										2.5	15	22	30, 32, 35, 38	82	60
GICL2	1120	4000	0.020	9.7	144	120	75	135	88	10.5	—	29	25, 28	64	44
										2.5	12.5	30	30, 32, 35, 38	82	60
										2.5	13.5	28	40, 42, 45, 48	112	84
GICL3	2240	4000	0.047	17.2	174	140	95	155	106	24.5		25	30, 32, 35, 38	82	60
										3	17	28	40, 42, 45, 48, 50, 55, 56	112	84
										3	17	35	60	142	107
GICL4	3550	3600	0.091	24.9	196	165	115	178	125	14	37	32	32, 35, 38	82	60
										3	17	28	40, 42, 45, 48, 50, 55, 56	112	84
										3	17	35	60, 63, 65	142	107
GICL5	5000	3300	0.167	38	224	183	130	198	142	25	35	35	40, 42, 45, 48, 50, 55, 56	112	84
										3	20	35	60, 63, 65	142	107
										3	22	43	80	172	132
GICL6	7100	3000	0.267	48.2	241	200	145	218	160	6	35	35	48, 50, 55, 56	112	84
										4	20	35	60, 63, 65, 70, 71, 75	142	107
										4	22	43	80, 85, 90	172	132
GICL7	10 000	2680	0.453	68.9	260	230	160	224	180	4	35	35	60, 63, 65, 70, 71, 75	142	107
										4	22	43	80, 85, 90	172	132
										4	22	48	100	212	167
GICL8	14 000	2500	0.646	83.3	282	245	175	264	193	5	35	35	65, 70, 71, 75	142	107
										5	22	43	80, 85, 90, 95	172	132
										5	22	48	100, 110	212	167
GICL9	18 000	2350	1.036	110	314	270	200	284	208	10	45	45	70, 71, 75	142	107
										5	22	43	80, 85, 90, 95	172	132
										5	22	49	100, 110, 120, 125	212	167

注：① J_1型轴孔可不使用轴端挡圈。

② 适于重型机械及长轴连接，不宜用于立轴连接。

③ 尺寸 $e = 30$ mm。

表 12-6 滚子链联轴器(GB/T 6069—2017)

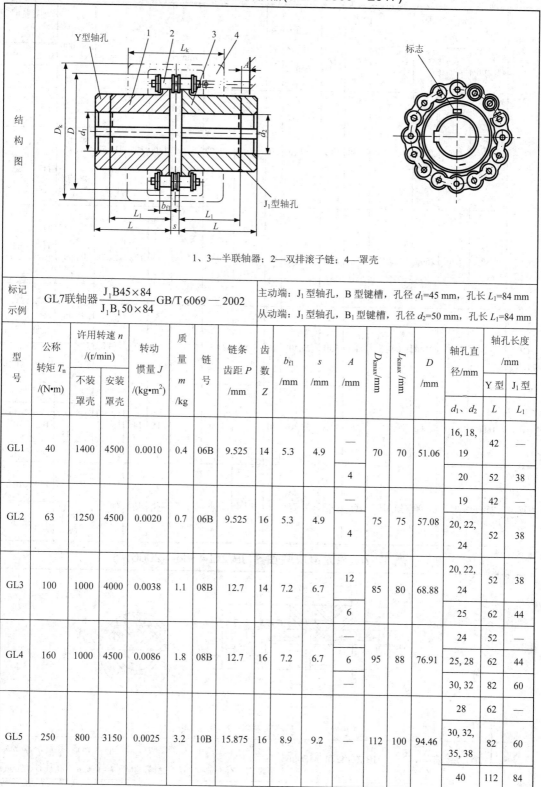

结构图

Y型轴孔 1 2 3 4 标志

1、3—半联轴器；2—双排滚子链；4—罩壳

标记示例

$$GL7联轴器 \frac{J_1B45×84}{J_1B_1 50×84} GB/T\ 6069 — 2002$$

主动端：J_1 型轴孔，B 型键槽，孔径 d_1=45 mm，孔长 L_1=84 mm
从动端：J_1 型轴孔，B_1 型键槽，孔径 d_2=50 mm，孔长 L_1=84 mm

型号	公称转矩 T_n /(N·m)	许用转速 n /(r/min) 不装罩壳	许用转速 n /(r/min) 安装罩壳	转动惯量 J /(kg·m²)	质量 m /kg	链条号	链条齿距 P /mm	齿数 Z	b_{f1} /mm	s /mm	A /mm	D_{kmax} /mm	L_{kmax} /mm	D /mm	轴孔直径/mm d_1, d_2	轴孔长度/mm Y型 L	轴孔长度/mm J_1型 L_1
GL1	40	1400	4500	0.0010	0.4	06B	9.525	14	5.3	4.9	—	70	70	51.06	16, 18, 19	42	—
											4				20	52	38
GL2	63	1250	4500	0.0020	0.7	06B	9.525	16	5.3	4.9	—	75	75	57.08	19	42	—
											4				20, 22, 24	52	38
GL3	100	1000	4000	0.0038	1.1	08B	12.7	14	7.2	6.7	12	85	80	68.88	20, 22, 24	52	38
											6				25	62	44
GL4	160	1000	4500	0.0086	1.8	08B	12.7	16	7.2	6.7	—	95	88	76.91	24	52	—
											6				25, 28	62	44
											—				30, 32	82	60
GL5	250	800	3150	0.0025	3.2	10B	15.875	16	8.9	9.2	—	112	100	94.46	28	62	—
															30, 32, 35, 38	82	60
															40	112	84

续表

型号	公称转矩 T_n /(N·m)	许用转速 n /(r/min) 不装罩壳	许用转速 n /(r/min) 安装罩壳	转动惯量 J /(kg·m²)	质量 m /kg	链条号	链条齿距 P /mm	齿数 Z	b_{f1} /mm	s /mm	A /mm	D_{kmax} /mm	L_{kmax} /mm	D /mm	轴孔直径/mm d_1, d_2	轴孔长度/mm Y型 L	轴孔长度/mm J_1型 L_1
GL6	400	630	2500	0.0058	5.0	10B	15.875	20	8.9	9.2	—	140	105	116.57	32, 35, 38	82	60
															40, 42, 45 48, 50, 55	112	84
GL7	630	630	2500	0.012	7.4	12B	19.05	18	11.9	10.9	—	150	122	127.78	40, 42, 45 48, 50, 55	112	84
															60	142	107
GL8	1000	500	2240	0.025	11.1	16B	25.40	16	15	14.3	12	180	135	154.33	45, 48, 50, 55	112	84
											—				60, 65, 70	142	107
GL9	1600	400	2000	0.061	20	16B	25.40	20	15	14.3	12	215	145	186.50	50, 55	112	84
											—				60, 65, 70, 75	142	107
															80	172	132
GL10	2500	315	1600	0.079	26.1	20B	31.75	18	18	17.8	6	245	165	213.02	60, 65, 70, 75	142	107
															80, 85, 90	172	132

表 12-7 尼龙滑块联轴器(JB/ZQ 4384—2006)

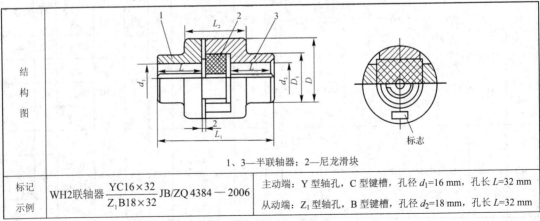

结构图	1、3—半联轴器；2—尼龙滑块
标记示例	WH2联轴器 $\dfrac{YC16\times32}{Z_1B18\times32}$ JB/ZQ 4384 — 2006　　主动端：Y 型轴孔，C 型键槽，孔径 d_1=16 mm，孔长 L=32 mm　从动端：Z_1 型轴孔，B 型键槽，孔径 d_2=18 mm，孔长 L=32 mm

续表

型号	公称转矩 T_n (N·m)	许用转速 n /(r/min)	转动惯量 J /(kg·m²)	质量 m /kg	D /mm	D_1 /mm	L_2 /mm	L_1 /mm	轴孔直径 /mm d_1、d_2、d_z	轴孔长度 L /mm Y 型	轴孔长度 L /mm J_1 型
WH1	16	10000	0.0007	0.6	40	30	52	67	10, 11	25	22
								81	12, 14	32	27
WH2	31.5	8200	0.0038	1.5	50	32	56	86	12, 14	32	27
								106	16, (17), 18	42	30
WH3	73	7000	0.0063	1.8	70	40	60	106	(17), 18, 19	42	30
								126	20, 22	52	38
WH4	160	5700	0.0130	2.5	80	50	64	126	20, 22, 24	52	38
								146	25, 28	62	44
WH5	280	4700	0.0450	5.8	100	70	75	151	25, 28	62	44
								191	30, 32, 35	82	60
WH6	500	3800	0.12	9.5	120	80	90	201	30, 32, 35, 38	82	60
								261	40, 42, 45	112	84
WH7	900	3200	0.43	25	150	100	120	266	40, 42, 45, 48	112	84
								266	50, 55	112	84
WH8	1800	2400	1.98	55	190	120	150	276	45, 48, 50, 55, 56	112	84
								336	60, 63, 65, 70	142	107
WH9	3550	1850	4.90	85	250	150	180	346	65, 70, 75	142	107
								406	80, 85	172	132
WH10	5000	1500	7.50	120	330	190	180	406	80, 85, 90, 95	172	132
								486	100	212	167

注：① 两轴装配时的许用补偿量为轴向、径向、角向补偿量。
② 本联轴器效率较低，适合中小功率、转速较高、扭矩较小的轴系传动。
③ 工作温度为 −20~70℃。

12.4 有弹性元件的挠性联轴器

有弹性元件的挠性联轴器的介绍见表 12-8～表 12-10。

表 12-8　弹性套柱销联轴器(GB/T 4323—2017)

| 结构图 | 标志　J型轴孔 1 2 3 4 5 6 7 J₁型轴孔　标志　　　1、7—半联轴器;
2—螺母;
3—弹簧;
4—挡圈;
5—弹性套;
6—柱销 |

| 标记示例 | LT3联轴器 $\dfrac{ZC16\times30}{JB18\times30}$ GB/T 4323 — 2017 | 主动端: Z 型轴孔, C 型键槽, 孔径 d_z=16 mm, 孔长 L_1=30 mm
从动端: J 型轴孔, B 型键槽, 孔径 d_2=18 mm, 孔长 L_1=30 mm |

型号	公称转矩 T_n /(N·m)	许用转速 n /(r/min)	转动惯量 J /(kg·m²)	质量 m /kg	D /mm	A /mm	b /mm	轴孔直径 /mm d_1、d_2、d_z	轴孔长度 /mm Y型 L	J、J₁、Z 型 L_1	Z 型 L	$L_{推荐}$
LT1	6.3	8800	0.0005	0.82	71	18	16	9	20	14	—	25
								10, 11	25	17	—	
								12, 14	32	20	—	
LT2	16	7600	0.0008	1.02	80	18	16	12, 14	32	20	—	35
								16, 18, 19	42	30	42	
LT3	31.5	6300	0.0023	2.2.	95	35	23	16, 18, 19	42	30	42	38
								20, 22	52	38	52	
LT4	63	5700	0.0037	2.84	106	35	23	20, 22, 24	52	38	52	40
								25, 28	62	44	62	
LT5	125	4600	0.0120	6.05	130	45	38	25, 28	62	44	62	50
								30, 32, 35	82	60	82	
LT6	250	3800	0.0280	9.57	160	45	38	32, 35, 38	82	60	82	55
								40, 42	112	84	112	
LT7	500	3600	0.0550	14.01	190	45	38	40, 42, 45, 48	112	84	112	65
LT8	710	3000	0.1340	23.12	224	65	48	45, 48, 50, 55, 56	112	84	112	70
								60, 63	142	107	142	
LT9	1000	2850	0.2130	30.69	250	65	48	50, 55, 56	112	84	112	80
								60, 63, 65, 70, 71	142	107	142	
LT10	2000	2300	0.6600	61.40	315	80	58	63, 65, 70, 71, 75	142	107	142	100
								80, 85, 90, 95	172	132	172	
LT11	4000	1800	2.1220	120.70	400	100	73	80, 85, 90, 95	172	132	172	115
								100, 110	212	167	212	

续表

型号	公称转矩 T_n /(N·m)	许用转速 n /(r/min)	转动惯量 J /(kg·m²)	质量 m /kg	D /mm	A /mm	b /mm	轴孔直径 /mm d_1、d_2、d_z	轴孔长度 /mm Y 型 L	J、J_1、Z 型 L_1	Z 型 L	$L_{推荐}$
LT12	8000	1450	5.3900	210.34	475	130	90	100, 110, 120, 125	212	167	212	135
								130	252	202	252	
LT13	10 000	1150	17.5800	419.36	600	180	110	120, 125	212	167	212	160
								130, 140, 150	252	202	252	
								160, 170	302	242	302	

注：① 半联轴器可用铸钢(≥ZG270-500)或锻钢(≥45)，弹性套用热塑橡胶(TPE)。

② 联轴器的 m 和 J 按铸钢、无孔、$L_{推荐}$ 近似计算。

③ 适于冲击不大、中小功率、频繁换向或起动的场合，工作温度为-20~70℃。

表 12-9 弹性柱销联轴器(摘自 GB/T 5014—2017)

结构图	

1、4—半联轴器；2—柱销；3—挡板；5—螺钉

标记示例	LX7联轴器 $\dfrac{ZC75×107}{J_1B70×107}$ GB/T 5014 — 2017	主动端：Z 型轴孔，C 型键槽，孔径 d_z=75 mm，孔长 L_1=107 mm 从动端：J_1 型轴孔，B 型键槽，孔径 d_2=70 mm，孔长 L_1=107 mm

型号	公称转矩 T_n /(N·m)	许用转速 n /(r/min)	转动惯量 J /(kg·m²)	质量 m /kg	D /mm	轴孔直径 /mm d_1、d_2、d_z	轴孔长度/mm Y 型 L	J、J_1、Z 型 L_1	Z 型 L	许用补偿量 轴向 Δx /mm	径向 Δy /mm	角向 $\Delta\alpha$ /(')
LX1	250	8500	0.002	2	90	12, 14	32	27	—	±0.5	0.15	≤30
						16, 18, 19	42	30	42			
						20, 22, 24	52	38	52			
LX2	560	6300	0.009	5	120	20, 22, 24	52	38	52	±1.0		
						25, 28	62	44	62			
						30, 32, 35	82	60	82			
LX3	1250	4750	0.026	8	160	30, 32, 35, 38	82	60	82			
						40, 42, 45, 48	112	84	112			

型号	公称转矩 T_n /(N•m)	许用转速 n /(r/min)	转动惯量 J /(kg•m²)	质量 m /kg	D /mm	轴孔直径 /mm d_1、d_2、d_z	轴孔长度/mm Y 型 L	J、J_1、Z 型 L_1	Z 型 L	许用补偿量 轴向 Δx /mm	径向 Δy /mm	角向 $\Delta \alpha$ /'
LX4	2500	3870	0.109	22	195	40, 42, 45, 48 50, 55, 56	112	84	112	±1.5	0.15	
						60, 63	142	107	142			
LX5	3150	3450	0.191	30	220	50, 55, 56	112	84	112			
						60, 63, 65, 70, 71, 75	142	107	142			
LX6	6300	2720	0.543	53	280	60, 63, 65, 70, 71, 75	142	107	142			≤30
						80, 85	172	132	172			
LX7	11 200	2360	1.314	98	320	70, 71, 75	142	107	142	±2.0	0.20	
						80, 85, 90, 95	172	132	172			
						100, 110	212	167	212			
LX8	16 000	2120	2.023	119	360	80, 85, 90, 95	172	132	172			
						100, 110, 120, 125	212	167	212			
LX9	22 400	1850	4.386	197	410	100, 110, 120, 125	212	167	212			
						130, 140	252	202	252			
LX10	35 500	1600	9.760	322	480	110, 120, 125	212	167	212	±2.5	0.25	
						130, 140, 150	252	202	252			
						160, 170, 180	302	242	302			

注：①半联轴器用 45 钢，柱销为 MC 尼龙。

②联轴器的 m 和 J 按 J/Y 型轴孔组合与最小轴孔直径计算。

③适于载荷较平稳、中低速、频繁起动的场合，工作温度为 −20～70℃。

表 12-10　梅花形弹性联轴器(摘自 GB/T 5272—2017)

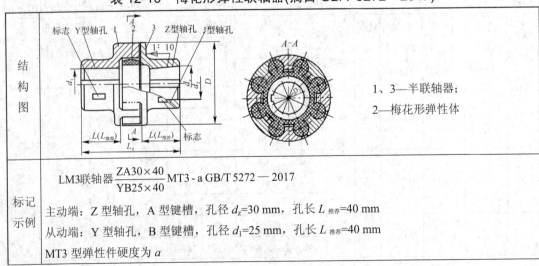

结构图	(结构图) 1、3—半联轴器；2—梅花形弹性体
标记示例	LM3 联轴器 $\dfrac{ZA30\times40}{YB25\times40}$ MT3 - a GB/T 5272 — 2017 主动端：Z 型轴孔，A 型键槽，孔径 d_z=30 mm，孔长 $L_{推荐}$=40 mm 从动端：Y 型轴孔，B 型键槽，孔径 d_1=25 mm，孔长 $L_{推荐}$=40 mm MT3 型弹性件硬度为 a

续表

型号	公称转矩 T_n /(N·m) 弹性件硬度 a/(HA) 80±5	b/(HD) 80±5	弹性件型号	许用转速 n /(r/min)	转动惯量 J /(kg·m²)	质量 m /kg	L_0 /mm	D /mm	轴孔直径 /mm d_1、d_2、d_z	轴孔长度 Y 型 L	轴孔长度 J_1、Z 型 L	L 推荐
LM3	100	200	MT3$_{-b}^{-a}$	10900	0.0009	1.41	103	70	20, 22, 24	52	38	40
									25, 28	62	44	
									30, 32	82	60	
LM4	140	280	MT4$_{-b}^{-a}$	9000	0.0020	2.18	114	85	22, 24	52	38	45
									25, 28	62	44	
									30, 32, 35, 38	82	60	
									40	112	84	
LM5	350	400	MT5$_{-b}^{-a}$	7300	0.0050	3.60	127	105	25, 28	62	44	50
									30, 32, 35, 38	82	60	
									40, 42, 45	112	84	
LM6	400	710	MT6$_{-b}^{-a}$	6100	0.0114	6.07	143	125	30, 32, 35, 38	82	60	55
									40, 42, 45, 48	112	84	
LM7	630	1120	MT7$_{-b}^{-a}$	5300	0.0232	9.09	159	145	35*, 38*	82	60	60
									40*, 42*, 45 48, 50, 55	112	84	
LM8	1120	2240	MT8$_{-b}^{-a}$	4500	0.0468	13.56	181	170	45*, 48*, 50, 55, 56	112	84	70
									60, 63, 65*	142	107	
LM9	1800	3550	MT9$_{-b}^{-a}$	3800	0.1041	21.40	208	200	50*, 55*, 56*	112	84	80
									60, 63, 65 70, 71, 75	142	107	
									80	172	132	
LM10	2800	5600	MT10$_{-b}^{-a}$	3300	0.2105	32.03	230	230	60*, 63*, 65* 70, 71, 75	142	107	90
									80, 85, 90, 95	172	132	
									100	212	167	

注：① 带*轴孔直径可用于 Z 型轴孔。

② 表中 a(聚氨酯)、b(铸型尼龙)为弹性件硬度代号。

③ 表中质量为联轴器最大质量，适于中高速、中小功率、频繁换向或起动的场合，工作温度为 −35~80℃。

12.5　部分挠性联轴器的许用补偿量

部分挠性联轴器的许用补偿量见表 12-11。

表 12-11　滚子链联轴器、弹性套柱销联轴器和梅花形弹性联轴器的许用补偿量

型号	GL1	GL2	GL3	GL4	GL5	GL6	GL7	GL8	GL9	GL10
径向 Δy/mm	0.19	0.19	0.25	0.25	0.32	0.38	0.38	0.50	0.50	0.63
轴向 Δx/mm	1.4	1.4	1.9	1.9	2.3	2.8	2.8	3.8	3.8	4.7
角向 $\Delta \alpha$	1°									

型号	LT1～LT4	LT5	LT6	LT7	LT8	LT9	LT10	LT11	LT12	LT13
径向 Δy/mm	0.2	0.3	0.3	0.3	0.4	0.4	0.4	0.5	0.5	0.6
角向 $\Delta \alpha$	1°30'	1°30'	1°	1°	1°	1°	1°	0°30'	0°30'	0°30'

型号	LM1	LM2	LM3	LM4	LM5	LM6	LM7	LM8	LM9
径向 Δy/mm	0.5	0.6	0.8	0.8	0.8	1.0	1.0	1.0	1.50
轴向 Δx/mm	1.2	1.3	1.5	2.0	2.5	3.0	3.0	3.5	4.0
角向 $\Delta \alpha$	2°	2°	2°	2°	2°	1.5°	1.5°	1.5°	1.5°

12.6　联轴器的选型及工况系数

常用联轴器的选型见表 12-12。

表 12-12　常用联轴器的选型

使用情况	联轴器类型
低速、平稳、刚度大、短轴、易对中	刚性联轴器
低速、平稳、刚度小、长轴、有相对位移	无弹性元件的挠性联轴器(转矩大时选齿式联轴器)
高速、有振动和冲击	有弹性元件的挠性联轴器

联轴器工况系数 K_A 的选择见表 12-13。

表 12-13　联轴器工况系数

工 作 机		原 动 机			
转矩变化	应 用 实 例	电动机汽轮机	内 燃 机		
			≥4 缸	双缸	单缸
很小	发电机、小型风机、小型离心泵	1.3	1.5	1.8	2.2
小	透平压缩机、木工机床、运输机	1.5	1.7	2.0	2.4
中	搅拌机、增压泵、冲床	1.7	1.9	2.2	2.6
中	织布机、水泥搅拌机、拖拉机	1.9	2.1	2.4	2.8
大	造纸机、挖掘机、起重机、碎石机	2.3	2.5	2.8	3.2
很大	压延机、活塞泵、重型初轧机	3.1	3.3	3.6	4.0

第13章 润滑与密封

13.1 润 滑 剂

常用润滑油和润滑脂的主要性质和用途见表13-1~表13-2。

表13-1 常用润滑油的主要性质和用途

名　称	代号	运动黏度 /(mm²/s) 40℃	闪点(开口) /℃ (不低于)	倾点 /℃ (不高于)	主要用途
全损耗系统用油 (GB 443—1989)	L-AN5	4.14~5.06	80	−5	用于对润滑油无特殊要求的锭子、轴承、齿轮和其他低负荷机械,不适用于循环系统
	L-AN7	6.12~7.48	110		
	L-AN10	9.00~11.00	130		
	L-AN15	13.5~16.5	150		
	L-AN22	19.8~24.2			
	L-AN32	28.8~35.2			
	L-AN46	41.4~50.6	160		
	L-AN68	61.2~74.8			
	L-AN100	90.0~110	180		
	L-AN150	135~165			
工业闭式齿轮油 (GB 5903443— 2011)	L-CKC68	61.2~74.8	180	−12	用于齿面接触应力小于$1.1×10^9$ Pa的齿轮润滑,如冶金、矿山、化纤、化肥等工业的闭式齿轮装置
	L-CKC100	90~110			
	L-CKC150	135~165	200	−9	
	L-CKC220	198~242			
	L-CKC320	288~352			
	L-CKC460	414~506			
	L-CKC680	612~748	200	−5	
L-CKE/P 蜗杆蜗 轮油 SH/T 0094—91	L-CKE220	198~242	200	−6	用于滑动速度大的铜-钢蜗轮传动装置
	L-CKE320	288~352			
	L-CKE460	414~506			
	L-CKE680	612~748	200		
	1000	900~1100			

表 13-2　常用润滑脂的主要性质和用途

名　　称	代号	滴点 /℃ (不低于)	工作锥入度 (25℃, 150 g) 0.1 mm	主要用途
钠基润滑脂	1 号	80	310~340	有耐水性能, 用于工作温度低于 55~ 60℃的各种工农业、交通运输机械设备 的轴承润滑, 特别适用于有水和潮湿处
	2 号	85	265~295	
	3 号	90	220~250	
	4 号	95	175~205	
钙钠基润滑脂	L-XACMGAA2	120	265~295	不耐水或潮湿, 用于工作温度在-10~110 ℃的一般中负荷机械设备的轴承润滑
	L-XACMGAA3	135	220~250	
石墨钙钠基润滑脂		80	—	用于人字齿轮、起重机、挖掘机的底 盘齿轮、矿山机械、绞车钢丝绳等高负 荷、高压力、低速度的粗糙机械润滑及 一般开式齿轮润滑; 耐潮湿
滚动轴承润滑脂		90	250~290 -40℃为 30	用于机车、汽车、电机及其他机械的 滚动轴承润滑
通用锂基润滑脂	1	170	310~340	用于-20~120℃温度范围内各种机械 的滚动轴承、滑动轴承及其他摩擦部位 的润滑
	2	175	265~295	
	3	180	220~250	
二硫化钼锂基 润滑脂	ZL-1E ZL-2E ZL-3E ZL-4E ZL-5E	175	310~340 265~295 220~250 175~205 130~160	用于高负荷和高温下工作的冶金、矿 山、化工机械设备的润滑, 使用温度不 高于 145℃, 同类型产品有二硫化钼合 成锂基脂
7407 号齿轮润滑脂		160	75~90	用于各种低速、中等载荷和重载荷齿 轮、链和联轴器等部位的润滑, 使用温度 不高于 120℃, 承受冲击载荷不大于 20 000 MPa

13.2　油　　杯

常用的油杯结构和尺寸见表 13-3~表 13-5。

表 13-3　直通式压注油杯(JB/T 7940.1—1995)　mm

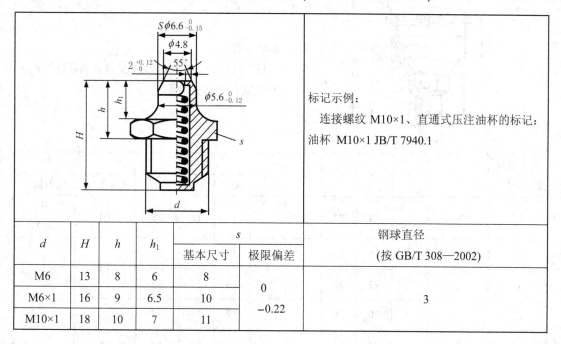

标记示例:

连接螺纹 M10×1、直通式压注油杯的标记:

油杯 M10×1 JB/T 7940.1

d	H	h	h_1	s		钢球直径
				基本尺寸	极限偏差	(按 GB/T 308—2002)
M6	13	8	6	8	0 −0.22	3
M6×1	16	9	6.5	10		
M10×1	18	10	7	11		

表 13-4　压配式压注油杯(JB/T 7940.4—1995)　mm

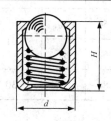

标记示例:

d=6 mm 压配式压注油杯的标记:油杯 6 JB/T 7940.4

d		H	钢球直径
基本尺寸	极限偏差		(按 GB/T 308.1—2013)
6	+0.040 −0.028	6	4
8	+0.049 −0.034	10	5
10	+0.058 −0.040	12	6
16	+0.063 −0.045	20	11
25	+0.085 −0.064	30	13

表 13-5　旋盖式油杯(JB/T 7940.3—1995)　　　　　　　　　mm

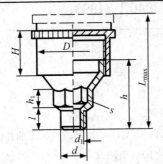

标记示例:

最小容量 25 cm³、A 型旋盖式油杯的标记: 油杯 A25 JB/T 7940.3

最小容量 /cm³	d	l	H	h	h₁	d₁	D		L_max	s	
							A 型	B 型		基本尺寸	极限偏差
1.5	M8×1		14	22	7	3	16	18	33	10	0 −0.22
3	M10×1	8	15	23	8	4	20	22	35	13	
6			17	26			26	28	40		0 −0.27
12			20	30			32	34	47		
18	M14×1.5		22	32			36	40	50	18	
25		12	24	34	10	5	41	44	55		
50	M16×1.5		30	44			51	54	70	21	0 −0.33
100			38	52			68	68	85		
200	M24×1.5	16	48	64	16	6	—	86	105	30	—

13.3　油　　标

常用的游标结构和尺寸见表 13-6~表 13-8。

表 13-6　压配式圆形油标(摘自 JB/T 7941.1—1995)

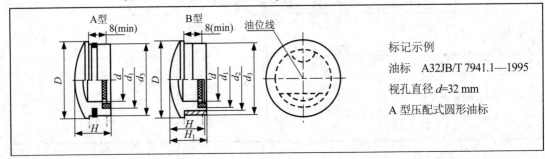

标记示例:

油标　A32JB/T 7941.1—1995

视孔直径 d=32 mm

A 型压配式圆形油标

d /mm	D /mm	d_1/mm 基本尺寸	d_1/mm 极限偏差	d_2/mm 基本尺寸	d_2/mm 极限偏差	d_3/mm 基本尺寸	d_3/mm 极限偏差	H /mm	H_1 /mm	O 型橡胶密封圈 (查 GB/T 3452.1)
12	22	12	−0.050 −0.160	17	−0.050 −0.160	20	−0.065 −0.195	14	16	15×2.65
16	27	18		22	−0.065 −0.195	25				20×2.65
20	34	22	−0.065 −0.195	28		32	−0.080 −0.240	16	18	25×3.55
25	40	28		34	−0.080 −0.240	38				31.5×3.55
32	48	35	−0.080 −0.240	41		45		18	20	38.7×3.55
40	58	45		51		55	−0.100 −0.290			48.7×3.55
50	70	55	−0.100 −0.290	61	−0.100 −0.290	65		22	24	
63	85	70		76		80				

表 13-7 长形油标(摘自 JB/T 7941.3—1995)与管状油标(摘自 JB/T 7941.4—1995)

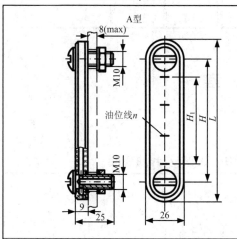

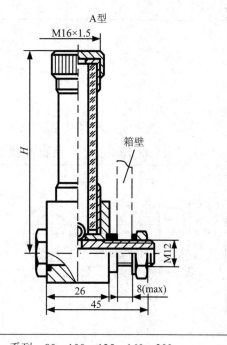

H/mm 基本尺寸	H/mm 极限偏差	H_1/mm	L/mm	n/条
80	±0.17	40	100	2
100		60	130	3
125	±0.20	80	155	4
160		120	190	6

六角螺母 M10(查 GB/T 6172.1—2006);

弹性垫圈 d=10 mm(查 GB/T 861.1—1987);

O 形橡胶密封圈 10×2.65 mm(查 GB/T 3452.1—2005)

标记示例：油标 A80JB/T 7941.3—1995

　　H=32 mm、A 型长形油标。

B 型长形油标(见 JB/T 7941.3—1995)

H/mm 系列：80、100、125、160、200。

六角薄螺母 M12(查 GB/T 6172.1—2006);

弹性垫圈 d=12 mm(查 GB/T 861.1—1987);

O 形橡胶密封圈 11.8×2.65 mm (查 GB/T 3452.1—1992)

标记示例：油标 A200JB/T 7941.4—1995

　　H=200 mm、A 型管状油标。

　B 型管状油标(见 JB/T 7941.4—1995)

表 13-8　　杆式油标(油标尺)　　　　　　　　mm

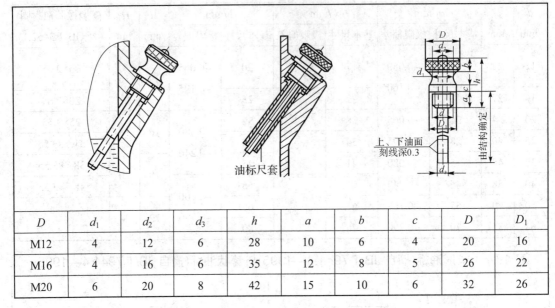

D	d_1	d_2	d_3	h	a	b	c	D	D_1
M12	4	12	6	28	10	6	4	20	16
M16	4	16	6	35	12	8	5	26	22
M20	6	20	8	42	15	10	6	32	26

13.4　油　　塞

常用的油塞结构和尺寸见表 13-9。

表 13-9　外六角油塞(摘自 JB/ZQ 4450—2006)及封油垫圈　　　　mm

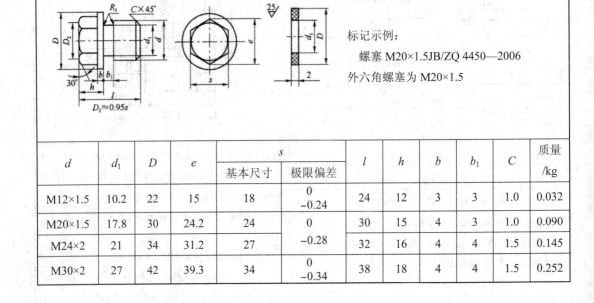

标记示例:

螺塞 M20×1.5JB/ZQ 4450—2006

外六角螺塞为 M20×1.5

d	d_1	D	e	s 基本尺寸	s 极限偏差	l	h	b	b_1	C	质量 /kg
M12×1.5	10.2	22	15	18	0 −0.24	24	12	3	3	1.0	0.032
M20×1.5	17.8	30	24.2	24	0 −0.28	30	15	4	3	1.0	0.090
M24×2	21	34	31.2	27	0 −0.28	32	16	4	4	1.5	0.145
M30×2	27	42	39.3	34	0 −0.34	38	18	4	4	1.5	0.252

13.5 密 封 件

常见的密封件结构和尺寸见表 13-10～表 13-16。

表 13-10 毡圈油封及槽(JB/ZQ 4606—1997)　　　　　mm

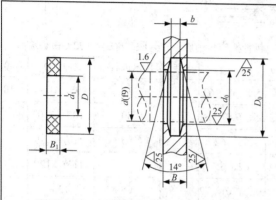

毡圈　　　　　　　装毡圈的沟槽

标记示例:

　　d=50 mm 的毡圈油封: 毡圈 50 JB/ZQ 4606—1997

轴径 d	毡圈			槽				
	D	d_1	B_1	D_0	d_0	b	δ_{min}	
							钢	铸铁
16	29	14	6	28	16	5	10	
20	33	19		32	21			
25	39	24	7	38	26	6		
30	45	29		44	31			
35	49	34		48	36			
40	53	39		52	41			
45	61	44	8	60	46	7	15	
50	69	49		68	51			
55	74	53		72	56			
60	80	58		78	61			
65	84	63		82	66			
70	90	68		88	71			
75	94	73		92	77			
80	102	78	9	100	82	8	15	18
85	107	83		105	87			
90	112	88		110	92			

注: 本标准适用于线速度 v<5 m/s。

表 13-11　旋转轴唇形密封圈(GB/T 13871.1—2007)　　　　　mm

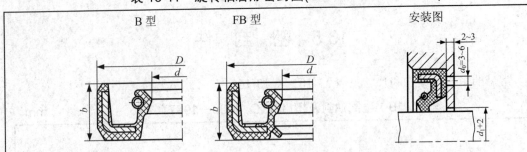

B 型	FB 型	安装图

标记示例：d=50 mm、D=72 mm 的(有副唇)内包骨架旋转轴唇形密封圈：F(B) 50 72 GB/T 9877

基本内径 d	外径 D	宽度 b	基本内径 d	外径 D	宽度 b	基本内径 d	外径 D	宽度 b
16	30，(35)		38	55，58，62		75	95，100	10
18	30，35		40	55，(60)，62		80	100，110	
20	35，40		42	55，62		85	110，120	
22	35，40，47	7	45	62，65	8	90	(115)，120	
25	40，47，52		50	68，(70)，72		95	120	12
28	40，47，52		55	72，(75)，80		100	125	
30	40，47，(50)，52		60	80，85		(105)	130	
32	45，47，52		65	85，90		110	140	
35	50，52，55	8	70	90，95	10	120	150	

注：① 括号内尺寸尽量不采用。

② 壳体上应有 d_0 孔 3~4 个，以方便拆卸密封圈。

表 13-12　通用 O 形橡胶密封圈(GB/T 3452.1—2005)　　　　　mm

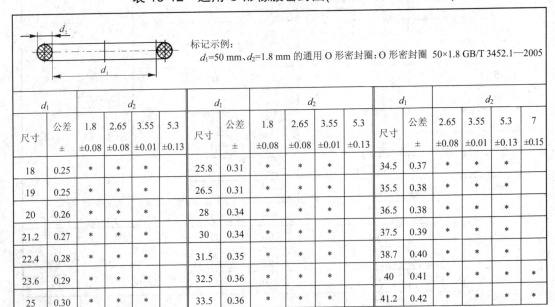

标记示例：
d_1=50 mm、d_2=1.8 mm 的通用 O 形密封圈：O 形密封圈　50×1.8 GB/T 3452.1—2005

d_1		d_2				d_1		d_2				d_1		d_2			
尺寸	公差±	1.8 ±0.08	2.65 ±0.08	3.55 ±0.01	5.3 ±0.13	尺寸	公差±	1.8 ±0.08	2.65 ±0.08	3.55 ±0.01	5.3 ±0.13	尺寸	公差±	2.65 ±0.08	3.55 ±0.01	5.3 ±0.13	7 ±0.15
18	0.25	*	*	*		25.8	0.31	*	*	*		34.5	0.37	*	*	*	
19	0.25	*	*	*		26.5	0.31	*	*	*		35.5	0.38	*	*	*	
20	0.26	*	*	*		28	0.34	*	*	*		36.5	0.38	*	*	*	
21.2	0.27	*	*	*		30	0.34	*	*	*		37.5	0.39	*	*	*	
22.4	0.28	*	*	*		31.5	0.35	*	*	*		38.7	0.40	*	*	*	
23.6	0.29	*	*	*		32.5	0.36	*	*	*		40	0.41	*	*	*	
25	0.30	*	*	*		33.5	0.36	*	*	*		41.2	0.42	*	*	*	*

续表

d_1		d_2				d_1		d_2				d_1		d_2			
尺寸	公差	1.8	2.65	3.55	5.3	尺寸	公差	1.8	2.65	3.55	5.3	尺寸	公差	2.65	3.55	5.3	7
	±	±0.08	±0.08	±0.01	±0.13		±	±0.08	±0.08	±0.01	±0.13		±	±0.08	±0.01	±0.13	±0.15
42.5	0.43	*	*	*	*	61.5	0.56		*	*	*		90	0.76	*	*	*	
43.7	0.44	*	*	*	*	63	0.57		*	*	*		92.5	0.77		*	*	
45	0.44	*	*	*	*	65	0.58		*	*	*		95	0.79	*	*	*	
46.2	0.45	*	*	*	*	67	0.60		*	*	*		97.5	0.81	*	*	*	
47.5	0.46	*	*	*	*	69	0.61		*	*	*		100	0.83	*	*	*	
48.7	0.47	*	*	*	*	71	0.63		*	*	*		103	0.85	*	*	*	
50	0.48	*	*	*	*	73	0.64	*	*	*			106	0.87	*	*	*	
51.5	0.49	*	*	*	*	75	0.65	*	*	*			109	0.89	*	*	*	*
53	0.50	*	*	*	*	77.5	0.67	*	*	*			112	0.91	*	*	*	*
54.5	0.51	*	*	*	*	80	0.69	*	*	*			115	0.93	*	*	*	*
56	0.52	*	*	*	*	82.5	0.71	*	*	*			118	0.95	*	*	*	*
58	0.54	*	*	*	*	85	0.72	*	*	*			122	0.97	*	*	*	*
60	0.55	*	*	*	*	87.5	0.74	*	*	*			125	0.99	*	*	*	*

注：*表示包括的规格。

表 13-13　油沟式密封槽(JB/ZQ 4245—2006)　　　mm

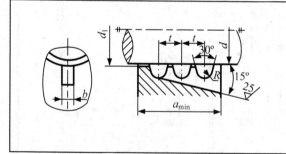

轴径 d	25~80	>80~120	>120~180
R	1.5	2	2.5
t	4.5	6	7.5
b	4	5	6
d_1	$d_1=d+1$		
a_{min}	$a_{min}=nt+R$		

注：① 表中尺寸 R、t、b，在个别情况下可用于与表中不相对应的轴径上。

　　② 油沟数 $n=2\sim4$，$n=3$ 使用较多。

表 13-14　迷宫式密封槽　　　mm

轴径 d	10~50	50~80	80~110
e	0.2	0.3	0.5
f	1	1.5	2.5

表 13-15　甩油环(高速轴用)　　　　　　　　　　　mm

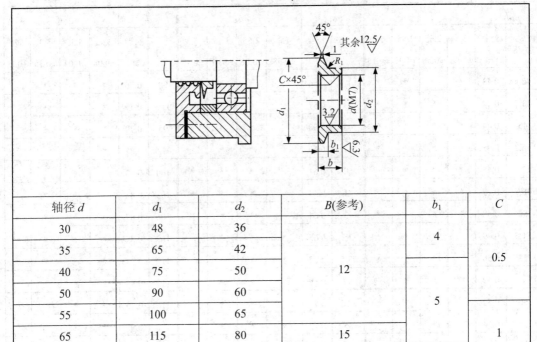

轴径 d	d_1	d_2	B(参考)	b_1	C
30	48	36		4	
35	65	42			0.5
40	75	50	12		
50	90	60		5	
55	100	65			
65	115	80	15		1
80	140	95	30	7	

表 13-16　甩油盘(低速轴用)　　　　　　　　　　　mm

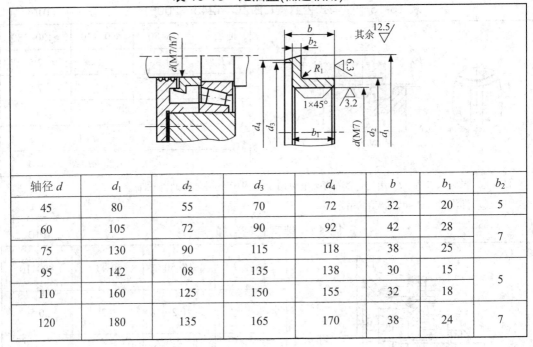

轴径 d	d_1	d_2	d_3	d_4	b	b_1	b_2
45	80	55	70	72	32	20	5
60	105	72	90	92	42	28	7
75	130	90	115	118	38	25	
95	142	08	135	138	30	15	5
110	160	125	150	155	32	18	
120	180	135	165	170	38	24	7

第 14 章　极限与配合、公差和表面粗糙度

14.1　极限与配合

1. 极限与配合的常用术语

极限与配合的常用术语见表 14-1。

表 14-1　极限与配合的常用术语

术语	说　明
尺寸	基本尺寸指设计尺寸。 实际尺寸指测量尺寸。 尺寸精度指实际尺寸与理论尺寸的接近程度。 极限尺寸指尺寸变化的两个界限值，上限为最大极限尺寸，下限为最小极限尺寸
偏差	尺寸偏差是一个尺寸减基本尺寸的差。 极限偏差指极限尺寸减基本尺寸的差，分为上偏差=上限尺寸－基本尺寸和下偏差=下限尺寸－基本尺寸；常用 ES 和 EI 表示孔的上偏差与下偏差，用 es 和 ei 表示轴的上偏差与下偏差。 基本偏差指接近基本尺寸的极限偏差，国标对孔和轴规定了 28 个基本偏差，分别用大写和小写字母表示
公差	尺寸公差指允许尺寸的变化量。 尺寸公差带指由上、下偏差限定的区域，基本偏差表示公差带位置。 公差等级指公差带大小，表示尺寸的精确程度，国标规定了 20 个标准公差等级
配合	配合指同基本尺寸的孔与轴结合。 配合公差指相互配合的孔公差与轴公差之和

2. 基本尺寸的加工与标准公差等级

常用基本尺寸的加工与标准公差等级见表 14-2 和表 14-3。

表 14-2　常用加工方法与标准公差等级间的对应关系

加工	研磨	珩	磨削	拉削	铰孔	车、镗	铣	刨	钻孔	压铸	挤压	冲压	锻造	铸造
标准公差等级	IT01~5	IT4~7	IT5~8	IT5~8	IT6~10	IT7~11	IT8~11	IT10~11	IT10~13	IT6~10	IT10~11	IT10~14	IT15	IT16

表 14-3　常用基本尺寸的标准公差值(摘自 GB/T 1800.1—2020)

基本尺寸 /mm	标准公差等级 / μm											
	IT5	IT6	IT7	IT8	IT9	IT10	IT11	IT12	IT13	IT14	IT15	IT16
>3~6	5	8	12	18	30	48	75	120	180	300	480	750
>6~10	6	9	15	22	36	58	90	150	220	360	580	900
>10~18	8	11	18	27	43	70	110	180	270	430	700	1100
>18~30	9	13	21	33	52	84	130	210	330	520	840	1300
>30~50	11	16	25	39	62	100	160	250	390	620	1000	1600
>50~80	13	19	30	46	74	120	190	300	460	740	1200	1900
>80~120	15	22	35	54	87	140	220	350	540	870	1400	2200
>120~180	15	25	40	63	100	160	250	400	630	1000	1600	2500
>180~250	20	29	46	72	115	185	290	460	720	1150	1850	2900
>250~315	23	32	52	81	130	210	320	520	810	1300	2100	3200
>315~400	25	36	57	89	140	230	360	570	890	1400	2300	3600
>400~500	27	40	63	97	155	250	400	630	970	1550	2500	4000
>500~630	32	44	70	110	175	280	440	700	1100	1750	2800	4400
>630~800	36	50	80	125	200	320	500	800	1250	2000	3200	5000
>800~1000	40	56	90	140	230	360	560	900	1400	2300	3600	5600

3. 轴与孔的常用配合公差

轴与孔的常用配合公差见表 14-4～表 14-6。

表 14-4　轴与孔优先配合选用公差

配合特性	大间隙松配合	大间隙转动配合	大间隙滑动配合	间隙定位配合 可自由装拆				过渡配合 精密定位		过盈 精密定位	压入配合 承载	
基孔制	$\dfrac{H11}{cl1}$	$\dfrac{H9}{d9}$	$\dfrac{H8}{f7}$	$\dfrac{H7}{h6}$	$\dfrac{H8}{h7}$	$\dfrac{H9}{h9}$	$\dfrac{H11}{h11}$	$\dfrac{H7}{k6}$	$\dfrac{H7}{n6}$	$\dfrac{H7}{p6}$	$\dfrac{H7}{s6}$	$\dfrac{H7}{u6}$
基轴制	$\dfrac{C11}{h11}$	$\dfrac{D9}{h9}$	$\dfrac{F8}{h7}$	$\dfrac{G7}{h6}$	$\dfrac{H7}{h6}$	$\dfrac{H8}{h7}$	$\dfrac{H9}{h9}$	$\dfrac{K7}{h6}$	$\dfrac{N7}{h6}$	$\dfrac{P7}{h6}$	$\dfrac{S7}{h6}$	$\dfrac{U7}{h6}$

表 14-5　孔的极限偏差值(基本尺寸>10 ~500 mm)(摘自 GB/T 1800.2—2020)　μm

公差带	精度等级	基本尺寸/mm									
		>10 ~18	>18 ~30	>30 ~50	>50 ~80	>80 ~120	>120 ~180	>180 ~250	>250 ~315	>315 ~400	>400 ~500
D	8	+77 +50	+98 +65	+119 +80	+146 +100	+174 +120	+208 +145	+242 +170	+271 +190	+299 +210	+327 +230
	*9	+93 +50	+117 +65	+142 +80	+174 +100	+207 +120	+245 +145	+285 +170	+320 +190	+350 +210	+385 +230
	10	+120 +50	+149 +65	+180 +80	+220 +100	+260 +120	+305 +145	+355 +170	+400 +190	+440 +210	+480 +230
	11	+160 +50	+195 +65	+240 +80	+290 +100	+340 +120	+395 +145	+460 +170	+510 +190	+570 +210	+630 +230

续表一

公差带	精度等级	基本尺寸/mm									
		>10~18	>18~30	>30~50	>50~80	>80~120	>120~180	>180~250	>250~315	>315~400	>400~500
F	6	+27 +16	+33 +20	+41 +25	+49 +30	+58 +36	+68 +43	+79 +50	+88 +56	+98 +62	+108 +68
	7	+34 +16	+41 +20	+50 +25	+60 +30	+71 +36	+83 +43	+96 +50	+108 +56	+119 +62	+131 +68
	*8	+43 +16	+53 +20	+64 +25	+76 +30	+90 +36	+106 +43	+122 +50	+137 +56	+151 +62	+165 +68
	9	+59 +16	+72 +20	+87 +25	+104 +30	+123 +36	+143 +43	+165 +50	+186 +56	+202 +62	+223 +68
G	6	+17 +6	+20 +17	+25 +9	+29 +10	+34 +12	+39 +14	+44 +15	+79 +15	+54 +18	+60 +20
	*7	+24 +6	+28 +7	+34 +9	+40 +10	+47 +12	+54 +14	+61 +15	+69 +15	+75 +18	+83 +20
	8	+33 +6	+40 +7	+48 +9	+56 +10	+66 +12	+77 +14	+87 +15	+98 +15	+107 +18	+117 +20
H	5	+8 0	+9 +0	+11 0	+13 0	+15 0	+18 0	+20 0	+23 0	+25 0	+27 0
	6	+11 0	+13 +0	+16 0	+19 0	+22 0	+25 0	+29 0	+32 0	+36 0	+40 0
	7	+18 0	+21 +0	+25 0	+30 0	+35 0	+40 0	+46 0	+52 0	+57 0	+63 0
	8	+27 0	+33 +0	+39 0	+46 0	+54 0	+63 0	+72 0	+81 0	+89 0	+97 0
	9	+43 0	+52 +0	+62 0	+74 0	+87 0	+100 0	+115 0	+130 0	+140 0	+155 0
	10	+70 0	+84 +0	+100 0	+120 0	+140 0	+160 0	+185 0	+210 0	+230 0	+250 0
	11	+110 0	+130 0	+160 0	+190 0	+220 0	+250 0	+290 0	+320 0	+360 0	+400 0
J	7	+10 −8	+12 −9	+14 −11	+18 −12	+22 −13	+26 −14	+30 −16	+36 −16	+39 −18	+43 −20
	8	+15 −12	+20 −13	+24 −15	+28 −18	+34 −20	+41 −22	+47 −25	+55 −26	+60 −29	+66 −31
JS	6	±5.5	±6.5	±8	±9.5	±11	±12.5	±14.5	±16	±18	±20
	7	±9	±10	±12	±15	±17	±20	±23	±26	±28	±31
	8	±13	±16	±19	±23	±27	±31	±36	±40	±44	±48
	9	±21	±26	±31	±37	±43	±50	±57	±65	±70	±77

续表二

公差带	精度等级	基本尺寸/mm									
		>10~18	>18~30	>30~50	>50~80	>80~120	>120~180	>180~250	>250~315	>315~400	>400~500
K	6	+2 -9	+2 -11	+3 -13	+4 -15	+4 -18	+4 -21	+5 -24	+5 -27	+7 -29	+8 -32
	*7	+6 -12	+6 -15	+7 -18	+9 -21	+10 -25	+12 -28	+13 -33	+16 -36	+17 -40	+18 -45
	8	+8 -19	+10 -23	+12 -27	+14 -32	+16 -38	+20 -43	+22 -50	+25 -56	+28 -61	+29 -68
N	6	-9 -20	-11 -24	-12 -28	-14 -33	-16 -38	-20 -45	-22 -51	-25 -57	-26 -62	-27 -67
	7	-5 -23	-7 -28	-8 -33	-9 -39	-10 -45	-12 -52	-14 -60	-14 -66	-16 -73	-17 -80
	8	-3 -30	-3 -36	-3 -42	-4 -50	-4 -58	-4 -67	-5 -77	-5 -86	-5 -94	-6 -103
	9	0 -43	0 -52	0 -62	0 -74	0 -87	0 -100	0 -115	0 -130	0 -140	0 -155
P	6	-15 -26	-18 -31	-21 -37	-26 -45	-30 -52	-36 -61	-41 -70	-47 -79	-51 -87	-55 -95
	*7	-11 -29	-14 -35	-17 -42	-21 -51	-24 -59	-28 -68	-33 -79	-36 -88	-41 -98	-45 -108
	8	-18 -45	-22 -55	-26 -65	-32 -78	-37 -91	-43 -106	-50 -122	-56 -137	-62 -151	-68 -165
	9	-18 -61	-22 -74	-26 -88	-32 -106	-37 -124	-43 -143	-50 -165	-56 -186	-62 -202	-68 -223

注：应优先选用带*标注公差等级。

表 14-6　轴的极限偏差值(基本尺寸>10~500 mm)(摘自 GB/T 1800.2—2020)　　μm

公差带	精度等级	基本尺寸/mm									
		>10~18	>18~30	>30~50	>50~80	>80~120	>120~180	>180~250	>250~315	>315~400	>400~500
d	7	-50 -68	-65 -86	-80 -105	-100 -130	-120 -155	-145 -185	-170 -216	-190 -242	-210 -267	-230 -293
	8	-50 -77	-65 -98	-80 -119	-100 -146	-120 -174	-145 -208	-170 -242	-190 -271	-210 -299	-230 -327
	*9	-50 -93	-65 -117	-80 -142	-100 -174	-120 -207	-145 -245	-170 -285	-190 -320	-210 -350	-230 -385
	10	-50 -120	-65 -149	-80 -180	-100 -220	-120 -260	-145 -305	-170 -355	-190 -420	-210 -440	-230 -480
	11	-50 -160	-65 -195	-80 -240	-100 -290	-120 -340	-145 -395	-170 -460	-190 -510	-210 -570	-230 -630

公差带	精度等级	基本尺寸/mm									
		> 10 ~18	> 18 ~30	> 30 ~50	> 50 ~80	> 80 ~120	> 120 ~180	>180 ~250	> 250 ~315	> 315 ~400	> 400 ~500
e	6	−32 −43	−40 −53	−50 −66	−60 −79	−72 −94	−85 −110	−100 −129	−110 −142	−125 −161	−135 −175
	7	−32 −50	−40 −61	−50 −75	−60 −90	−72 −107	−85 −125	−100 −146	−110 −162	−125 −182	−135 −198
	8	−32 −59	−40 −73	−50 −89	−60 −106	−72 −126	−85 −148	−100 −172	−110 −191	−125 −214	−135 −232
	9	−32 −75	−40 −92	−50 −112	−60 −134	−72 −159	−85 −185	−100 −215	−110 −240	−125 −265	−135 −290
f	5	−16 −24	−20 −29	−25 −36	−30 −43	−36 −51	−43 −61	−50 −70	−56 −79	−62 −87	−68 −95
	6	−16 −27	−20 −33	−25 −41	−30 −49	−36 −58	−43 −68	−50 −79	−56 −88	−62 −98	−68 −108
	*7	−16 −34	−20 −41	−25 −50	−30 −60	−36 −71	−43 −83	−50 −96	−56 −108	−62 −119	−68 −131
	8	−16 −43	−20 −53	−25 −64	−30 −76	−36 −90	−43 −106	−50 −122	−56 −137	−62 −151	−68 −165
	9	−16 −59	−20 −72	−25 −87	−30 −104	−36 −123	−43 −143	−50 −165	−56 −186	−65 −202	−68 −223
g	5	−6 −14	−7 −16	−9 −20	−10 −23	−12 −27	−14 −32	−15 −35	−17 −40	−18 −43	−20 −47
	6	−6 −17	−7 −20	−9 −25	−10 −29	−12 −34	−14 −39	−15 −44	−17 −40	−18 −54	−20 −60
	7	−6 −24	−7 −28	−9 −34	−10 −40	−12 −47	−14 −54	−15 −61	−17 −69	−18 −75	−20 −83
	8	−6 −33	−7 −40	−9 −48	−10 −56	−12 −66	−14 −77	−15 −87	−17 −98	−18 −107	−20 −117
h	5	0 −8	0 −9	0 −11	0 −13	0 −15	0 −18	0 −20	0 −23	0 −25	0 −27
	6	0 −11	0 −13	0 −16	0 −19	0 −22	0 −25	0 −29	0 −32	0 −36	0 −40
	7	0 −18	0 −21	0 −25	0 −30	0 −35	0 −40	0 −46	52 −0	0 −57	0 −63
	8	0 −27	0 −33	0 −39	0 −46	0 −54	0 −63	0 −72	81 −0	0 −89	0 −97
	9	0 −43	0 −52	0 −62	0 −74	0 −87	0 −100	0 −115	130 −0	0 −140	0 −155
	10	0 −70	0 −84	0 −100	0 −120	0 −140	0 −160	0 −185	0 −210	0 −230	0 −250
	11	0 −110	0 −130	0 −162	0 −190	0 −220	0 −250	0 −290	0 −320	0 −360	0 −400

续表二

公差带	精度等级	基本尺寸/mm									
		>10~18	>18~30	>30~50	>50~80	>80~120	>120~180	>180~250	>250~315	>315~400	>400~500
j	5	+5 −3	+5 −4	+6 −5	+6 −7	+6 −9	+7 −11	+7 −13	+7 −16	+7 −18	+7 −20
	6	+8 −3	+9 −4	+11 −5	+12 −7	+13 −9	+14 −11	+16 −13	±16	±18	±20
	7	+12 −6	+13 −8	+15 −10	+18 −12	+20 −15	+22 −18	+25 −21	±26	+29 −28	+31 −32
js	5	±4	±4.5	±5.5	±6.5	±7.5	±9	±10	±11.5	±12.5	±13.5
	6	±5.5	±6.5	±8	±9.5	±11	±12.5	±14.5	±16	±18	±20
	7	±9	±10	±12	±15	±17	±20	±23	±26	±28	±31
k	5	+9 +1	+11 +2	+13 +2	+15 +2	+18 +3	+21 +3	+24 +4	+27 +4	+29 +4	+32 +5
	*6	+12 +1	+15 +2	+18 +2	+21 +2	+25 +3	+28 +3	+33 +4	+36 +4	+40 +4	+45 +5
	7	+19 +1	+23 +2	+27 +2	+32 +2	+38 +3	+43 +3	+50 +4	+56 +4	+61 +4	+68 +5
m	5	+15 +7	+17 +8	+20 +9	+24 +11	+28 +13	+33 +15	+37 +17	+43 +20	+46 +211	+50 +23
	6	+18 +7	+21 +8	+25 +9	+30 +11	+35 +13	+40 +15	+46 +17	+52 +20	+57 +21	+63 +23
	7	+25 +7	+29 +8	+34 +9	+41 +11	+48 +13	+55 +15	+63 +17	+72 +20	+78 +21	+86 +23
n	5	+20 +12	+24 +15	+28 +17	+33 +20	+38 +23	+45 +27	+51 +31	+57 +34	+62 +37	+67 +40
	*6	+23 +12	+28 +15	+33 +17	+39 +20	+45 +23	+52 +27	+60 +31	+66 +34	+73 +37	+80 +40
	7	+30 +12	+36 +15	+42 +17	+50 +20	+58 +23	+67 +27	+77 +31	+86 +34	+94 +37	+103 +40
p	*6	+29 +18	+35 +22	+42 +26	+51 +32	+59 +37	+68 +43	+79 +50	+88 +56	+98 +62	+108 +68
	7	+36 +18	+43 +22	+51 +26	+62 +32	+72 +37	+83 +43	+96 +50	+108 +56	+119 +62	+131 +68
公差带	精度等级	>6~10	>10~18	>18~30	>30~50	>50~60	>80~120	>120~180	>180~250	>250~315	>315~400
r	6	+28 +19	+34 +23	+41 +28	+50 +34	+60 +41	+62 +43	+73 +51	+76 +54	+88 +63	+90 +65
	7	+34 +19	+41 +23	+49 +28	+59 +34	+71 +41	+72 +43	+86 +51	+89 +54	+103 +63	+105 +65

续表三

公差带	精度等级	>6 ~10	>10 ~18	>18 ~30	>30 ~50	>50 ~60	>80 ~120	>120 ~180	>180 ~250	>250 ~315	>315 ~400
s	6	+32 +23	+39 +28	+48 +35	+59 +43	+72 +53	+78 +59	+93 +71	+101 +79	+117 +92	+125 +100
	7	+38 +23	+46 +28	+56 +35	+68 +43	+83 +53	+89 +59	+106 +71	+114 +79	+132 +92	+140 +100

公差带	精度等级	>10 ~18	>18 ~30	>30 ~50	>50 ~80	>80 ~120	>120 ~180	>180 ~250	>250 ~315	>315 ~400	>400 ~500
r	6	+93 +68	+106 +77	+109 +80	+113 +84	+126 +94	+130 +98	+144 +108	+150 +114	+166 +126	+172 +132
	7	+108 +68	+123 +77	+126 +80	+130 +84	+146 +94	+150 +58	+165 +108	+171 +114	+189 +126	+195 +132
s	6	+133 +108	+151 +122	+159 +130	+169 +140	+190 +158	+202 +170	+226 +190	+244 +208	+272 +232	+292 +252
	7	+148 +108	+168 +122	+176 +130	+186 +140	+210 +158	+222 +170	+247 +190	+265 +208	+295 +232	+315 +252

注：应优先选用带*标注公差等级(优先)。

4. 线性尺寸、圆角及倒角的公差等级与极限偏差

线性尺寸、圆角及倒角的公差等级与极限偏差见表 14-7～表 14-8。

表 14-7　未标注公差的线性尺寸极限偏差(摘自 GB/T 1804—2000)　　mm

公差等级	基本尺寸段						
	0.5~3	>3~6	>6~30	>30~120	>120~400	>400~1000	>1000~2000
f(精密级)	±0.05	±0.05	±0.1	±0.15	±0.2	±0.3	±0.5
m(中等级)	±0.1	±0.1	±0.2	±0.3	±0.5	±0.8	±1.2
c(粗糙级)	±0.2	±0.3	±0.5	±0.8	±1.2	±2	±4
v(最粗级)	—	±0.5	±1	±1.5	±2.5	±4	±6

注：未标注公差的线性尺寸(多为非配合尺寸)由设备一般加工能力保证，一般不进行检验。

表 14-8　圆角半径和倒角高度尺寸的公差等级及极限偏差(摘自 GB/T 1804—2000)　mm

尺寸范围/mm	0.5~3	>3~6	>6~30	>30
f(精密级)、m(中等级)	±0.2	±0.5	±1	±2
c(粗糙级)、v(最粗级)	±0.4	±1	±2	±4

14.2　几 何 公 差

1. 形位公差的项目与符号

形位公差的项目与符号见表 14-9。

表 14-9　形位公差的项目与符号(摘自 GB/T 1184—1996)

分类	形状公差				位置公差									形位公差	
项目	直线度	平面度	圆度	圆柱度	平行度	垂直度	倾斜度	位置度	同心度	同轴度	对称度	圆跳动	全跳动	线轮廓度	面轮廓度
符号	—	▱	○	⌭	∥	⊥	∠	⊕	◎	◎	≡	↗	↗↗	⌒	⌒
说明	单一要素、无基准				关联要素、多数有基准										

2. 同轴度、对称度、圆跳动和全跳动公差

同轴度、对称度、圆跳动和全跳动公差见表 14-10。

表 14-10　同轴度、对称度、圆跳动和全跳动公差(摘自 GB/T 1184—1996)　　　μm

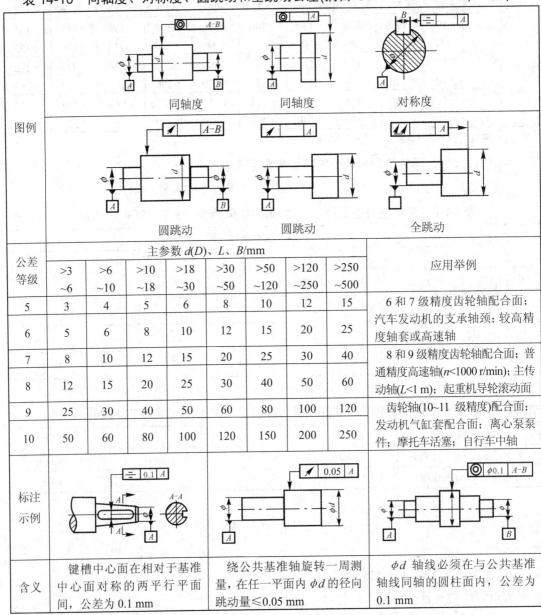

公差等级	主参数 $d(D)$、L、B/mm								应用举例
	>3 ~6	>6 ~10	>10 ~18	>18 ~30	>30 ~50	>50 ~120	>120 ~250	>250 ~500	
5	3	4	5	6	8	10	12	15	6 和 7 级精度齿轮轴配合面；汽车发动机的支承轴颈；较高精度轴套或高速轴
6	5	6	8	10	12	15	20	25	
7	8	10	12	15	20	25	30	40	8 和 9 级精度齿轮轴配合面；普通精度高速轴(n<1000 r/min)；主传动轴(L<1 m)；起重机导轮滚动面
8	12	15	20	25	30	40	50	60	
9	25	30	40	50	60	80	100	120	齿轮轴(10~11 级精度)配合面；发动机气缸套配合面；离心泵泵件；摩托车活塞；自行车中轴
10	50	60	80	100	120	150	200	250	

标注示例		
键槽中心面在相对于基准中心面对称的两平行平面间，公差为 0.1 mm	绕公共基准轴旋转一周测量，在任一平面内 ϕd 的径向跳动量≤0.05 mm	ϕd 轴线必须在与公共基准轴线同轴的圆柱面内，公差为 0.1 mm

3. 平行度、垂直度和倾斜度公差

平行度、垂直度和倾斜度公差见表 14-11。

表 14-11　平行度、垂直度和倾斜度公差(摘自 GB/T 1184—1996)　　μm

标注示例	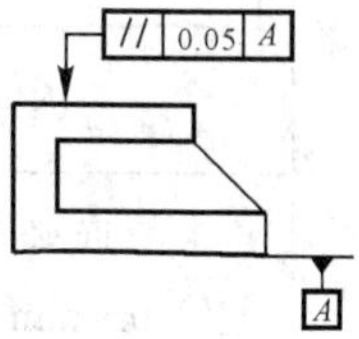 平行度	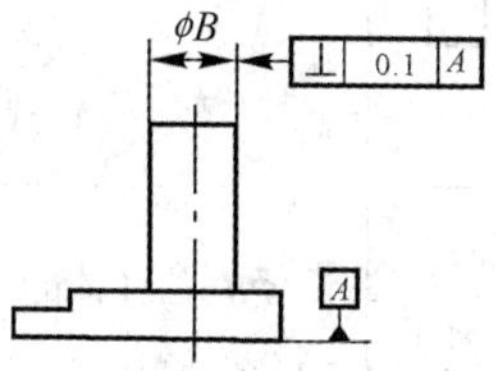 垂直度	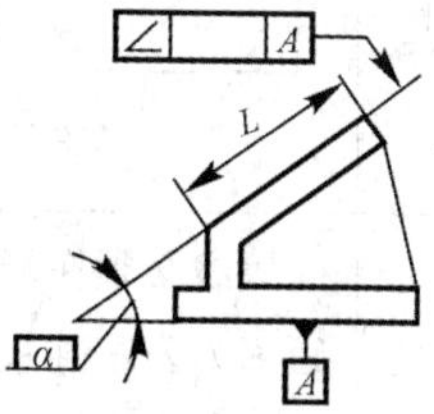 倾斜度

平行度示例: ∥ 0.05 A

垂直度示例: φB ⊥ 0.1 A

倾斜度示例: ∠ A, L, α

含义	上表面必须在平行于基准平面 A 的两平行平面之间,公差为 0.05 mm	φd 轴线必须在垂直于基准平面 A 的两平行平面之间,公差为 0.1 mm	被测表面必须在与基准平面 A 成 α 角的两平行平面之间

公差等级	主参数 L、$d(D)$/mm										应用举例
	≤10	>10~16	>16~25	>25~40	>40~63	>63~100	>100~160	>160~250	>250~400	>400~630	
5	5	6	8	10	12	15	20	25	30	40	6 和 7 级精度齿轮轴配合面;较高精度轴套或高速轴
6	8	10	12	15	20	25	30	40	50	60	
7	12	15	20	25	30	40	50	60	80	100	8 和 9 级精度齿轮轴配合面;普通精度高速轴(n<1000 r/min);主传动轴(L<1 m);鼓轮配合孔和导轮滚动面
8	20	25	30	40	50	60	80	100	120	150	
9	30	40	50	60	80	100	120	150	200	250	10 和 11 级精度齿轮轴配合面;发动机气缸套配合面;叶轮离心泵泵件;摩托车活塞;自行车中轴
10	50	60	80	100	120	150	200	250	300	400	

4. 直线度和平面度公差

直线度和平面度公差见表 14-12。

表 14-12　直线度和平面度公差(摘自 GB/T 1184—1996)　　　　　　　μm

标注示例	直线度 `— 0.02`	直线度 `— φ0.04` (ϕd)	平面度 `⟋ 0.1`
含义	棱线必须在箭头所示方向,距离为公差值 0.02 mm 的两平行平面之间	ϕd 圆柱体的轴线必须在直径为公差值 0.04 mm 的圆柱面内	上表面必须在距离为公差值 0.1 mm 的两平行平面之间

公差等级	主参数 L/mm										应用举例	
	≤10	>10~16	>16~25	>25~40	>40~63	>63~100	>100~160	>160~250	>250~400	>400~630	平行度	垂直度
5	2	2.5	3	4	5	6	8	10	12	15	重要基准面,重要孔间要求,减速器与齿轮泵的轴孔端面	机床、发动机和离合器的支承面,P4、P5级轴承的箱体凸肩
6	3	4	5	6	8	10	12	15	20	25	一般基准面,一般孔间要求,一般工具与机器的工作面,一般机器的轴孔与定心直径	低精度机器的基准面和工作面,各类配合轴线、导轨、回转轴、中心线以及配合面
7	5	6	8	10	12	15	20	25	30	40		
8	8	10	12	15	20	25	30	40	50	60		
9	12	15	20	25	30	40	50	60	80	100	低精度零件,重型机械轴承端盖,柴油发动机的孔与轴颈	轴肩、法兰盘以及轴承盖的端面;减速器箱体平面
10	20	25	30	40	50	60	80	100	120	150		

5. 圆度和圆柱度公差

圆度和圆柱度公差见表 14-13。

表 14-13　圆度和圆柱度公差(摘自 GB/T 1184—1996)　　μm

标注示例		
被测圆柱或圆锥面在任一正截面内的圆周必须在两同心圆之间，同心圆半径差为公差值 0.02 mm		被测圆柱面必须在两同轴圆柱面之间，同轴圆柱半径差为公差值 0.05 m

公差等级	主参数 $d(D)$/mm											应用举例
	>6 ~10	>10 ~18	>18 ~30	>30 ~50	>50 ~80	>80 ~120	>120 ~180	>180 ~250	>250 ~315	>315 ~400	>400 ~500	
5	1.5	2	2.5	2.5	3	4	5	7	8	9	10	液压装置(中压)工作面；滚动轴承(P6、P0 级)配合面；通用减速器轴颈；一般机床主轴
6	2.5	3	4	4	5	6	8	10	12	13	15	
7	4	5	6	7	8	10	12	14	16	18	20	千斤顶或压力油缸活塞；水泵及减速器的轴颈；液压传动系统的分配机构；发动机的胀圈与活塞销
8	6	8	9	11	13	15	18	20	23	25	27	
9	9	11	13	16	19	22	25	29	32	36	40	起重机、卷扬机用滑动轴承；低压泵(软密封)的活塞与气缸
10	15	18	21	25	30	35	40	46	52	57	63	

14.3　表面粗糙度

1. 表面粗糙度相关知识

在 GB/T1031—2009 中，评定表面粗糙度的主要参数为轮廓算术平均偏差 Ra(优先)和轮廓最大高度 Rz。其中，常用取值范围：$Ra = 0.025 \sim 6.3$ μm 和 $Rz = 0.1 \sim 25$ μm，在实际应用中应按表面功能和生产的经济合理性选用适当数值，Ra 和 Rz 的取值系列(μm)分别为

Ra—0.012，0.025，0.05，0.1，0.2，0.4，0.8，1.6，3.2，6.3，12.5，25，50，100。
Rz—0.025，0.05，0.1，0.2，0.4，0.8，1.6，3.2，6.3，12.5，25，50，100，200，400，800，1600。

2. 轴与孔表面粗糙度 *Ra*

常用轴与孔表面粗糙度见表 14-14 和表 14-15。

表 14-14　轴与孔配合表面的常用表面粗糙度　　　　　　　　　　μm

基本尺寸		轴				孔			
配合表面	≤50 mm	0.2	0.4	0.4~0.8	0.8	0.4	0.4~0.8	0.8	0.8~1.6
	50~500 mm	0.4	0.8	0.8~1.6		0.8	0.8~1.6		
过盈配合（压入）	≤50 mm	0.1~0.2	0.4	0.4	0.8	0.2~0.4	0.8	0.8	
	50~120 mm	0.4	0.8	0.8	0.8~1.6	0.8	1.6	1.6	
	120~500 mm	0.4	1.6	1.6	1.6~3.2	0.8	1.6	1.6	
公差等级		IT5	IT6	IT7	IT8	IT5	IT6	IT7	IT8

注：① 热装过盈配合时，轴表面 Ra 取 1.6 μm，孔表面 Ra 取 1.6~3.2 μm。

② 锥面配合时，一般工作面 Ra 取 1.6~6.3 μm，密封工作面 Ra 取 0.1~0.4 μm，对中工作面 Ra 取 0.4~1.6 μm。

③ 非工作表面 Ra 取 6.3 μm。

表 14-15　常用轴表面粗糙度 Ra　　　　　　　　　　μm

位置	滚动轴承		传动零件及联轴器		平键键槽		密封轴端			
加工表面	配合轴颈	配合轴肩	配合轴头	配合轴肩	工作面	非工作面	接触式密封			非接触式密封
							$v≤3$	$v>3~5$	$v>5~10$	
Ra	0.8($d≤80$ mm) 1.6($d≤80$ mm)	1.6	0.8~1.6	1.6~3.2	1.6~3.2	6.3	1.6~3.2	0.4~0.8	0.2~0.4	1.6~3.2

3. 键、渐开线花键以及螺纹的表面粗糙度 Ra

常用键、渐开线花键以及螺纹的表面粗糙度见表 14-16 和表 14-17。

表 14-16　常用键与渐开线花键的表面粗糙度　　　　　　　　　　μm

类型	键连接			渐开线花键连接					
位置	键	轴键槽	毂键槽	孔槽	轴齿	定心面孔	定心面轴	非定心面孔	非定心面轴
静配合	3.2	1.6~3.2	1.6~3.2	1.6~3.2	1.6~3.2	0.8~1.6	0.4~0.8	3.2~6.3	1.6~6.3
动配合	1.6~3.2	1.6~3.2	1.6~3.2	0.8~1.6	0.4~0.8	0.8~1.6	0.4~0.8	3.2	1.6~6.3

表 14-17　螺纹的表面粗糙度　　　　　　　　　　μm

部位	螺　纹				螺栓与螺母	通孔
表面粗糙度 Ra	精度等级	IT4、IT5	IT6、IT7	IT8、IT9	3.2~12.5	25
	紧固螺纹	1.6	3.2	3.2~6.3		
	轴、杆或套上螺纹	0.8~1.6	1.6	3.2		
	丝杠、传力螺纹	—	0.4	0.8		

4. 齿轮类零件与常用非工作表面粗糙度 Ra

常用齿轮类零件与常用非工作表面粗糙度见表 14-18 和表 14-19。

表 14-18　齿轮类零件的表面粗糙度　　　　　　　　　　　　μm

传动精度等级	齿轮工作面			齿顶圆			齿轮轴孔		与轴肩的配合面	齿圈与齿芯的配合表面
	圆柱齿轮	圆锥齿轮	蜗杆蜗轮	圆柱齿轮	圆锥齿轮	蜗杆蜗轮	圆柱齿轮	圆锥齿轮		
6	0.8~0.4									
7	1.6~0.8	0.8	0.8	1.6		1.6	0.8		3.2~1.6	3.2~1.6
8	3.2~1.6	1.6	1.6	3.2	3.2	1.6	1.6			
9	6.3~3.2	3.2	3.2	6.3	3.2	3.2	3.2	6.3~3.2		

表 14-19　常用非工作表面粗糙度　　　　　　　　　　　　μm

非工作面类型	轴与孔	键	倒角、圆角、退刀槽	齿轮、链轮、蜗轮
表面粗糙度 Ra	6.3~12.5	6.3~12.5	3.2~12.5	3.2~12.5

第 15 章　齿轮、蜗杆传动精度及公差

15.1　渐开线圆柱齿轮的精度

1. 圆柱齿轮的精度等级与选择($m_n \geqslant 1$ mm)

圆柱齿轮的精度标准：对同侧齿面公差规定了 13 个精度等级，其中 0 级最高，12 级最低；对径向综合公差规定了 9 个精度等级，其中 4 级最高，12 级最低；对径向跳动公差规定了 13 个精度等级，其中 0 级最高，12 级最低。一般用途的减速器精度等级范围为 6~9。

齿轮精度等级应按传动的用途、使用条件、传递功率、圆周速度以及其他经济与技术条件来确定。

圆柱齿轮的精度等级、适用范围及其偏差和代号的相关数据见表 15-1~表 15-3。

表 15-1　各类机械设备的齿轮精度等级

应用类型	测量齿轮	透平齿轮	金属切削机床	内燃机车	轻型汽车	重型汽车	航空发动机	拖拉机	通用减速器	轧钢设备	矿用绞车	起重机械	农用机械
精度等级	2~5	3~6	3~8	6~7	5~8	6~9	4~8	6~9	6~9	6~10	8~10	7~10	8~11

表 15-2　圆柱齿轮精度等级的适用范围

精度等级	圆周速度 v/(m/s)		工作条件	齿面的最后加工
	直齿	斜齿		
6	≥15	≥30	高速、平稳、高效、低噪	精密磨齿或剃齿
7	≥10	≥15	高速、中大功率	磨齿、研齿、珩齿
8	≥6	≥10	一般	滚齿、插齿
9	≥2	≥4	不重要、低速、低精度	无精加工工序

表 15-3　圆柱齿轮偏差及其代号

分类	齿距偏差			齿廓偏差			螺旋线偏差			切向偏差		径向偏差		径向跳动公差
名称	单个齿距偏差	齿距累积偏差	齿距累积总偏差	齿廓总偏差	齿廓形状偏差	齿廓倾斜偏差	总偏差	形状偏差	倾斜偏差	切向综合总偏差	一齿切向综合偏差	径向综合总偏差	一齿径向综合偏差	
代号	f_{pt}	F_{pk}	F_p	F_α	$f_{f\alpha}$	$f_{H\alpha}$	F_β	$f_{f\beta}$	$f_{H\beta}$	F_i'	f_i'	F_i''	f_i''	F_r

2. 圆柱齿轮的检验组选择

国标未规定圆柱齿轮的公差组和检验组，可以用单个齿距偏差 f_{pt}、齿距累积总偏差 F_p、齿廓总偏差 F_α 和螺旋线总偏差 F_β 的允许值来评定齿轮的精度等级。建议按测量使用要求

和生产批量从表 15-4 的检验组中选用一组来评定齿轮质量。

圆柱齿轮的检验组及项目见表 15-4。

表 15-4 建议的齿轮检验组及项目

检验形式	单向检验	综合检验
检验组及项目	① f_{pt}、F_p、F_α、F_β、F_r; ② f_{pt}、F_p、F_α、F_β、F_r、F_{pk}; ③ f_{pt}、F_r(仅用于 10~12 级)	① F_i''、f_i''; ② F_i'、f_i'(协议有要求时)

3. 圆柱齿轮副的检验与侧隙

齿轮副对接触斑点的位置和大小以及侧隙有要求,具体检验项目见表 15-5。齿厚公差和齿厚偏差及公法线长度偏差的计算、齿厚极限偏差的参考值、公法线长度、当量齿数系数、公法线长度的修正值、标准外齿轮的分度圆弦齿厚和分度圆弦齿高等相关数据见表 15-6~表 15-11。

表 15-5 圆柱齿轮副的检验项目

检验项目		传动影响
传动误差	接触斑点	载荷分布的均匀性
	侧隙(用 j_{nmax}、j_{tmax}、j_{nmin} 或 j_{tmin} 规定)	润滑、热变形、齿轮的挤卡
安装误差	中心距偏差$\pm f_a$	侧隙、啮合角、接触精度
	轴线平行度误差$f_{\Sigma\delta}=(L/b)F_\beta$ 或 $f_{\Sigma\beta}=0.5f_{\Sigma\delta}$	接触斑点、载荷分布的均匀性、侧隙

表 15-6 齿厚公差 T_{sn}、齿厚偏差 E_{sn} 和公法线长度偏差 E_{bn} 的计算

齿厚公差	$$T_{sn}=2\tan\alpha_n\sqrt{F_r^2+b_r^2}\ (F_r\ 查表)$$			
	齿轮精度等级	6	7	8	9
	b_r	1.26IT8	IT9	1.26IT9	IT10

大小齿轮齿厚 上偏差之和	$$E_{sns1}+E_{sns2}=-2f_a\tan\alpha_n-\dfrac{j_{bnmin}+J_n}{\cos\alpha_n}$$ 最小法向侧隙$j_{bnmin}=2(0.06+0.005a_i+0.03m_n)/3$(适于中大模数齿轮) $$J_n=\sqrt{(f_{pt1}\cos\alpha_t)^2+(f_{pt2}\cos\alpha_t)^2+(F_{\beta1}\cos\alpha_n)^2+(F_{\beta2}\cos\alpha_n)^2+(f_{\Sigma\delta}\sin\alpha_n)^2+(f_{\Sigma\beta}\cos\alpha_n)^2}$$ $f_{\Sigma\beta}=0.5(L/b)F_\beta$,$f_{\Sigma\delta}=2f_{\Sigma\beta}$ f_a、f_{pt}、F_β 可查表;L 为较大轴承跨距(mm);b 为齿宽(mm);α_t、α_n 为端面和法面压力角;a_i 为允许的最小中心距
齿厚上偏差	分配 $E_{sns1}+E_{sns2}$。方法一:$E_{sns1}=E_{sns2}$;方法二:$|E_{sns1}|<|E_{sns2}|$
齿厚下偏差	小齿轮:$E_{sni1}=E_{sns1}-T_{sn}$;大齿轮:$E_{sni2}=E_{sns2}-T_{sn}$
公法线长度偏差	上偏差:$E_{bns}=E_{sns}\cos\alpha_n$;下偏差:$E_{bni}=E_{sni}\cos\alpha_n$

表 15-7　齿厚极限偏差 E_{sn} 参考值　　　　　mm

精度等级	法向模数 m_n	偏差	分度圆直径 d									
			≤80	>80~125	>125~180	>180~250	>250~315	>315~400	>400~500	>500~630	>630~800	>800~1000
6	>1.0~3.5	E_{sns}	−80	−100	−110	−132	−132	−176	−208	−208	−208	−224
		E_{sni}	−120	−160	−176	−176	−176	−220	−260	−260	−325	−350
	>3.5~6.3	E_{sns}	−78	−104	−112	−140	−140	−168	−168	−224	−224	−256
		E_{sni}	−104	−130	−168	−224	−224	−224	−224	−280	−280	−320
	>6.3~10	E_{sns}	−84	−112	−128	−128	−128	−160	−180	−180	−216	−288
		E_{sni}	−112	−140	−192	−192	−192	−256	−288	−288	−288	360
	>10~16	E_{sns}			−108	−144	−144	−144	−160	−200	−240	−240
		E_{sni}			−180	−216	−216	−216	−240	−320	−320	−320
7	>1.0~3.5	E_{sns}	−112	−112	−128	−128	−160	−192	−180	−216	−216	−320
		E_{sni}	−118	−118	−192	−192	−256	−256	−288	−360	−360	−400
	>3.5~6.3	E_{sns}	−108	−108	−120	−160	−160	−160	−200	−200	−240	−264
		E_{sni}	−180	−180	−200	−240	−240	−240	−320	−320	−320	−352
	>6.3~10	E_{sns}	−120	−120	−132	−132	−176	−176	−200	−200	−250	−300
		E_{sni}	−160	−160	−220	−220	−264	−264	−300	−300	−400	−400
	>10~16	E_{sns}			−150	−150	−150	−200	−224	−224	−224	−280
		E_{sni}			−250	−250	−250	−300	−336	−336	−336	−448
8	>1.0~3.5	E_{sns}	−120	−120	−132	−176	−176	−176	−200	−200	−250	−280
		E_{sni}	−200	−200	−220	−264	−264	−264	−300	−300	−400	−448
	>3.5~6.3	E_{sns}	−100	−100	−168	−168	−168	−168	−224	−224	−224	−256
		E_{sni}	−150	−150	−280	−280	−280	−280	−336	−336	−336	−384
	>6.3~10	E_{sns}	−112	−112	−128	−192	−192	−192	−216	−216	−288	−288
		E_{sni}	−168	−168	−256	−256	−256	−256	−228	−360	−432	−432
	>10~16	E_{sns}			−144	−144	−216	−216	−240	−240	−240	−320
		E_{sni}			−216	−288	−288	−288	−320	−320	−400	−480
9	>1.0~3.5	E_{sns}	−112	−168	−192	−192	−192	−256	−288	−288	−288	−320
		E_{sni}	−224	−280	−320	−320	−320	−384	−432	−432	−432	−480
	>3.5~6.3	E_{sns}	−144	−144	−160	−160	−240	−240	−240	−240	−320	−360
		E_{sni}	−216	−216	−320	−320	−400	−400	−400	−400	−480	−540
	>6.3~10	E_{sns}	−160	−160	−180	−180	−180	−270	−300	−300	−300	−300
		E_{sni}	−240	−240	−270	−270	−270	−360	−400	−400	−400	−500
	>10~16	E_{sns}			−200	−200	−200	−200	−224	−336	−336	−336
		E_{sni}			−300	−300	−300	−300	−336	−448	−448	−560

注：本表不适用于最小侧隙有严格要求的齿轮。

表 15-8　公法线长度 W' ($m_n=1$，$\alpha_n=20°$)　　　　　　mm

齿数 Z	跨测齿数 K	公法线长度 W'	齿数 Z	跨测齿数 K	公法线长度 W'	齿数 Z	跨测齿数 K	公法线长度 W'	齿数 Z	跨测齿数 K	公法线长度 W'	齿数 Z	跨测齿数 K	公法线长度 W'
11		4.5823	49	6	16.9230	87	10	29.2637	125	14	41.6044	163	19	56.8973
12	2	4.5963	50	6	16.9370	88	10	29.2777	126	15	44.5706	164	19	56.9113
13	2	4.6106	51	6	16.9510	89	10	29.2917	127	15	44.5846	165	19	56.9253
14	2	4.6243	52	6	16.9660	90	11	32.2579	128	15	44.5986	166	19	56.9394
15	2	4.6383	53	6	16.9790	91	11	32.2718	129	15	44.6126	167	19	56.9534
16	2	4.6523	54	7	19.9452	92	11	32.2858	130	15	44.6266	168	19	56.9674
17	2	4.6663	55	7	19.9591	93	11	32.2998	131	15	44.6406	169	19	56.9814
18	3	7.6324	56	7	19.9731	94	11	32.3138	132	15	44.6546	170	19	56.9954
19	3	7.6464	57	7	19.9871	95	11	32.3279	133	15	44.6686	171	20	59.9615
20	3	7.6604	58	7	20.0011	96	11	32.3419	134	15	44.6826	172	20	59.9755
21	3	7.6744	59	7	20.0152	97	11	32.3559	135	15	47.6490	173	20	59.9895
22	3	7.6885	60	7	20.0292	98	11	32.3699	136	16	47.6627	174	20	60.0035
23	3	7.7025	61	7	20.0432	99	12	35.3361	137	16	47.6767	175	20	60.0175
24	3	7.7165	62	7	20.0572	100	12	35.3500	138	16	47.6907	176	20	60.0315
25	3	7.7305	63	8	23.0233	101	12	35.3640	139	16	47.7047	177	20	60.0455
26	3	7.7445	64	8	23.0373	102	12	35.3780	140	16	47.7187	178	20	60.0595
27	4	10.7106	65	8	23.0513	103	12	35.3920	141	16	47.7327	179	20	60.0736
28	4	10.7246	66	8	23.0653	104	12	35.4060	142	16	47.7468	180	21	63.0397
29	4	10.7386	67	8	23.0793	105	12	35.4200	143	16	47.7608	181	21	63.0537
30	4	10.7526	68	8	23.0933	106	12	35.4340	144	17	50.7270	182	21	63.0677
31	4	10.7666	69	8	23.1073	107	12	35.4481	145	17	50.7409	183	21	63.0817
32	4	10.7806	70	8	23.1213	108	13	38.4142	146	17	50.7549	184	21	63.0957
33	4	10.7946	71	8	23.0353	109	13	38.4282	147	17	50.7689	185	21	63.1097
34	4	10.8086	72	9	26.1015	110	13	38.4422	148	17	50.7829	186	21	63.1236
35	4	10.8227	73	9	26.1155	111	13	38.4562	149	17	50.7969	187	21	63.1376
36	5	13.7888	74	9	26.1295	112	13	38.4702	150	17	50.8109	188	21	63.1516
37	5	13.8028	75	9	26.1435	113	13	38.4842	151	17	50.8249	189	22	66.1179
38	5	13.8168	76	9	26.1575	114	13	38.4982	152	17	50.8389	190	22	66.1318
39	5	13.8308	77	9	26.1715	115	13	38.5122	153	18	53.8051	191	22	66.1458
40	5	13.8448	78	9	26.1855	116	13	38.5262	154	18	53.8191	192	22	66.1598
41	5	13.8588	79	9	26.1995	117	14	41.4924	155	18	53.8331	193	22	66.1738
42	5	13.8728	80	9	26.2135	118	14	41.5064	156	18	53.8471	194	22	66.1878
43	5	13.8868	81	10	29.1797	119	14	41.5204	157	18	53.8611	195	22	66.2018
44	5	13.9008	82	10	29.1937	120	14	41.5344	158	18	53.8751	196	22	66.2158
45	6	16.8670	83	10	29.2077	121	14	41.5484	159	18	53.8891	197	22	66.2298
46	6	16.8810	84	10	29.2217	122	14	41.5624	160	18	53.9031	198	23	69.1961
47	6	16.8950	85	10	29.2357	123	14	41.5764	161	18	53.9171	199	23	69.2101
48	6	16.9090	86	10	29.2497	124	14	41.5904	162	19	56.8833	200	23	69.2241

注：　① 标准直齿圆柱齿轮的公法线长度 $W=W'm$，W' 为查表值。

　　② 标准斜齿圆柱齿轮应先算 $Z'=ZK_\beta$(查表 10-8)，再按 Z' 的整数部分查 W'，按 Z' 的小数部分查 $\Delta W'$，

则公法线长度 $W=(W'+\Delta W')m_n$。

③ 变位直齿圆柱齿轮的公法线长度 $W=[2.9521(K-0.5)+0.0140Z+0.6840x]m$，其中 $K=0.1111Z+0.5-0.2317x$(取整代入)，x 为变位系数。

④ 本表不属于 GT/T 10095—2008。

表 15-9　当量齿数系数 $K_\beta(\alpha_n=20°)$　　　　　　　　mm

β	K_β	差值	β	K_β	差值	β	K_β	差值	β	K_β	差值
1°	1.000	0.002	13°	1.077	0.013	25°	1.323	0.031	37°	1.887	0.072
2°	1.002	0.002	14°	1.090	0.014	26°	1.354	0.034	38°	1.959	0.077
3°	1.004	0.003	15°	1.104	0.015	27°	1.388	0.036	39°	2.036	0.083
4°	1.007	0.004	16°	1.119	0.017	28°	1.424	0.038	40°	2.119	0.088
5°	1.011	0.005	17°	1.136	0.018	29°	1.462	0.042	41°	2.207	0.096
6°	1.016	0.006	18°	1.154	0.019	30°	1.504	0.044	42°	2.303	0.105
7°	1.022	0.006	19°	1.173	0.021	31°	1.548	0.047	43°	2.408	0.112
8°	1.028	0.008	20°	1.194	0.022	32°	1.595	0.051	44°	2.520	0.121
9°	1.036	0.009	21°	1.216	0.024	33°	1.646	0.054	45°	2.641	0.132
10°	1.045	0.009	22°	1.240	0.026	34°	1.700	0.058	46°	2.773	0.143
11°	1.054	0.011	23°	1.266	0.027	35°	1.758	0.062	47°	2.916	0.155
12°	1.065	0.012	24°	1.293	0.030	36°	1.820	0.067	48°	3.071	0.168

注：实际 β 值可按 K_β 和差值用内插法求出。

表 15-10　公法线长度的修正值 $\Delta W'$　　　　　　　　mm

$\Delta Z'$	0.00	0.01	0.02	0.03	0.04	0.05	0.06	0.07	0.08	0.09
0.0	0.000	0.0001	0.0003	0.0004	0.0006	0.0007	0.0008	0.0010	0.0011	0.0013
0.1	0.0014	0.0015	0.0017	0.0018	0.0020	0.0021	0.0022	0.0024	0.0025	0.0027
0.2	0.0028	0.0029	0.0031	0.0032	0.0034	0.0035	0.0036	0.0038	0.0039	0.0041
0.3	0.0042	0.0043	0.0045	0.0046	0.0048	0.0049	0.0051	0.0052	0.0053	0.0055
0.4	0.0056	0.0057	0.0059	0.0060	0.0061	0.0063	0.0064	0.0066	0.0067	0.0069
0.5	0.0070	0.0071	0.0073	0.0074	0.0076	0.0077	0.0079	0.0080	0.0081	0.0083
0.6	0.0084	0.0085	0.0087	0.0088	0.0089	0.0091	0.0092	0.0094	0.0095	0.0097
0.7	0.0098	0.0099	0.0101	0.0102	0.0104	0.0105	0.0106	0.0108	0.0109	0.0111
0.8	0.0112	0.0114	0.0115	0.0116	0.0118	0.0119	0.0120	0.0122	0.0123	0.0124
0.9	0.0126	0.0127	0.0129	0.0130	0.0132	0.0133	0.0135	0.0136	0.0137	0.0139

注：首列对应 $\Delta Z'$ 的十分位，首行对应 $\Delta Z'$ 的百分位。

表 15-11　标准外齿轮的分度圆弦齿厚 $\bar{s}$ 或 $\bar{s}_n$ 和分度圆弦齿高 $\bar{h}$ 或 $\bar{h}_n$　　　mm

Z	$\bar{s}$	$\bar{h}$	Z	$\bar{s}$	$\bar{h}$	Z	$\bar{s}$	$\bar{h}$	Z	$\bar{s}$	$\bar{h}$
Z_v	$\bar{s}_n$	$\bar{h}_n$	Z_v	$\bar{s}_n$	$\bar{h}_n$	Z_v	$\bar{s}_n$	$\bar{h}_n$	Z_v	$\bar{s}_n$	$\bar{h}_n$
12	1.5663	1.0514	44	1.5705	1.0140	76	1.5707	1.0081	108	1.5707	1.0057
13	1.5670	1.0474	45	1.5705	1.0137	77	1.5707	1.0080	109	1.5707	1.0057
14	1.5675	1.0440	46	1.5705	1.0134	78	1.5707	1.0079	110	1.5707	1.0056
15	1.5679	1.0411	47	1.5705	1.0131	79	1.5707	1.0078	111	1.5707	1.0056
16	1.5683	1.0385	48	1.5705	1.0128	80	1.5707	1.0077	112	1.5707	1.0055
17	1.5686	1.0362	49	1.5705	1.0126	81	1.5707	1.0076	113	1.5707	1.0055
18	1.5688	1.0342	50	1.5705	1.0123	82	1.5707	1.0076	114	1.5707	1.0054
19	1.5690	1.0324	51	1.5705	1.0121	83	1.5707	1.0074	115	1.5707	1.0054
20	1.5692	1.0308	52	1.5706	1.0119	84	1.5707	1.0074	116	1.5707	1.0053
21	1.5694	1.0294	53	1.5706	1.0117	85	1.5707	1.0073	117	1.5707	1.0053
22	1.5695	1.0281	54	1.5706	1.0114	86	1.5707	1.0072	118	1.5707	1.0053
23	1.5696	1.0268	55	1.5706	1.0112	87	1.5707	1.0071	119	1.5707	1.0052
24	1.5697	1.02567	56	1.5706	1.0110	88	1.5707	1.0070	120	1.5707	1.0052
25	1.5698	1.0247	57	1.5706	1.0108	89	1.5707	1.0069	121	1.5707	1.0051
26	1.5698	1.0237	58	1.5706	1.0106	90	1.5707	1.0068	122	1.5707	1.0051
27	1.5699	1.0228	59	1.5706	1.0105	91	1.5707	1.0068	123	1.5707	1.0050
28	1.5700	1.0220	60	1.5706	1.0102	92	1.5707	1.0067	124	1.5707	1.0050
29	1.5700	1.0213	61	1.5706	1.0101	93	1.5707	1.0067	125	1.5707	1.0049
30	1.5701	1.0205	62	1.5706	1.0100	94	1.5707	1.0066	126	1.5707	1.0049
31	1.5701	1.0199	63	1.5706	1.0098	95	1.5707	1.0065	127	1.5707	1.0049
32	1.5702	1.0193	64	1.5706	1.0097	96	1.5707	1.0064	128	1.5707	1.0048
33	1.5702	1.0187	65	1.5706	1.0095	97	1.5707	1.0064	129	1.5707	1.0048
34	1.5702	1.0181	66	1.5706	1.0094	98	1.5707	1.0063	130	1.5707	1.0047
35	1.5702	1.0176	67	1.5706	1.0092	99	1.5707	1.0062	131	1.5708	1.0047
36	1.5703	1.0171	68	1.5706	1.0091	100	1.5707	1.0061	132	1.5708	1.0047
37	1.5703	1.0167	69	1.5707	1.0090	101	1.5707	1.0061	133	1.5708	1.0047
38	1.5704	1.0162	70	1.5707	1.0088	102	1.5707	1.0060	134	1.5708	1.0046
39	1.5704	1.0158	71	1.5707	1.0087	103	1.5707	1.0060	135	1.5708	1.0046
40	1.5704	1.0154	72	1.5707	1.0086	104	1.5707	1.0059	140	1.5708	1.0044
41	1.5704	1.0150	73	1.5707	1.0085	105	1.5707	1.0059	150	1.5708	1.0042
42	1.5704	1.0147	74	1.5707	1.0084	106	1.5707	1.0058	200	1.5708	1.0041
43	1.5704	1.0143	75	1.5707	1.0083	107	1.5707	1.0058	∞	1.5708	1.0000

注：　① $m=m_n=1$ 和 $h_a^*=h_{an}^*=1$ 时，直接取查表值。

　　② m 或 $m_n \neq 1$ 时，查表值应乘以 m 或 m_n(直齿锥齿轮乘以中点模数 m_m)。

　　③ h_a^* 或 $h_{an}^* \neq 1$ 时，查表值应乘以 $1-h_a^*$ 或 $1-h_{an}^*$，齿弦厚不变。

　　④ 齿轮和锥齿轮按当量齿数 Z_v 查表；当 Z_v 含小数时，按差值法计算。

4. 齿轮和齿轮副的各项公差与偏差

齿轮和齿轮副的各项公差与偏差见表 15-12～表 15-16。

表 15-12　齿轮公差 F_r、F_p、F_α 和偏差 $\pm f_{pt}$

分度圆直径 d/mm	法向模数 m_n/mm	径向跳动公差 F_r/μm				齿距累积总公差 F_p/μm				齿廓总公差 F_α/μm				单个齿距极限偏差 $\pm f_{pt}$/μm			
>20~50	>0.5~2	16	23	32	46	20	29	41	57	7.5	10	15	21	7	10	14	20
	>2~3.5	17	24	34	47	21	30	42	59	10	14	20	29	7.5	11	15	22
	>3.5~6	17	25	35	49	22	31	44	62	12	18	25	35	8.5	12	17	24
	>6~10	19	26	37	52	23	33	46	65	15	22	31	43	10	14	20	28
>50~125	>0.5~2	21	29	42	59	26	37	52	74	8.5	12	17	23	7.5	11	15	21
	>2~3.5	21	30	43	61	27	38	53	76	11	16	22	31	8.5	12	17	23
	>3.5~6	22	31	44	62	28	39	55	78	13	19	27	38	9	13	18	26
	>6~10	23	33	46	65	29	41	58	82	16	23	33	46	10	15	21	30
	>10~16	25	35	50	70	31	44	62	88	20	28	40	56	13	18	25	35
>125~280	>0.5~2	28	39	55	78	35	49	69	98	10	14	20	28	8.5	12	17	24
	>2~3.5	28	40	56	80	35	50	70	100	13	18	25	36	9	13	18	26
	>3.5~6	29	41	58	82	36	51	72	102	15	21	30	42	10	14	20	28
	>6~10	30	42	60	85	37	53	75	106	18	25	36	50	11	16	23	32
	>10~16	32	45	63	89	39	56	79	112	21	30	43	60	13	19	27	38
>280~560	>0.5~2	36	51	73	103	46	64	91	129	12	17	23	33	9.5	13	19	27
	>2~3.5	37	52	74	105	46	65	92	131	15	21	29	41	10	14	20	29
	>3.5~6	38	53	75	106	47	66	94	137	17	24	34	48	11	16	22	31
	>6~10	39	55	77	109	48	68	97	143	20	28	40	56	12	17	25	35
	>10~16	40	57	81	114	50	71	101	143	23	33	47	66	14	20	29	41
>560~1000	>0.5~2	47	66	94	133	59	83	117	166	14	20	28	40	11	15	21	30
	>2~3.5	48	67	95	134	59	84	119	168	17	24	34	48	11	16	23	32
	>3.5~6	48	68	96	136	60	85	120	170	19	27	38	54	12	17	24	35
	>6~10	49	70	98	139	62	87	123	174	22	31	44	62	14	19	27	38
	>10~16	51	72	102	144	64	90	127	180	26	36	51	72	16	22	31	44
精度等级		6	7	8	9	6	7	8	9	6	7	8	9	6	7	8	9

表 15-13　圆柱齿轮公差 F_i'' 和 f_i''　　μm

分度圆 d/mm	>20~50				>50~125				>125~280					>280~560					>560~1000					精度等级
法向模数 m_n/mm	1~1.5	1.5~2.5	2.5~4	4~6	1~1.5	1.5~2.5	2.5~4	4~6	1~1.5	1.5~2.5	2.5~4	4~6	6~10	1~1.5	1.5~2.5	2.5~4	4~6	6~10	1~1.5	1.5~2.5	2.5~4	4~6	6~10	
径向综合总公差 F_i''	23	26	31	39	27	31	36	44	34	37	43	51	64	43	46	52	60	73	54	57	62	70	83	6
	32	37	44	56	39	43	51	62	48	53	61	72	90	61	65	73	84	103	76	80	88	99	118	7
	45	52	63	79	55	61	72	88	68	75	86	102	127	86	92	104	119	145	107	114	125	141	166	8
	64	73	89	111	77	86	102	124	97	106	121	144	180	122	131	146	169	205	152	161	177	199	235	9
一齿径向综合公差 f_i''	6.5	9.5	14	22	6.5	9.5	14	22	6.5	9.5	15	22	34	6.5	9.5	15	22	34	6.5	9.5	15	22	34	6
	9	13	20	31	9	13	20	31	9	13	21	31	48	9	13	21	31	48	9.5	14	21	31	48	7
	13	19	29	43	13	19	26	44	13	19	29	44	67	13	19	29	44	67	13	19	30	44	68	8
	18	26	41	61	18	26	41	62	18	27	41	62	95	18	27	41	62	96	19	27	42	62	96	9

表 15-14　螺旋线总公差偏差 F_β　　μm

分度圆直径 d/mm		>20~50			>50~125				>125~280			
齿宽 b/mm		>20~40	>40~80	>80~160	>20~40	>40~80	>80~160	>160~250	>20~40	>40~80	>80~160	>160~250
精度等级	6	11.0	13.0	16.0	12.0	14.0	17.0	20.0	13.0	15.0	17.0	20.0
	7	16.0	19.0	23.0	17.0	20.0	24.0	28.0	18.0	21.0	25.0	29.0
	8	23.0	27.0	32.0	24.0	28.0	33.0	40.0	25.0	29.0	35.0	41.0
	9	32.0	38.0	46.0	34.0	39.0	47.0	56.0	36.0	41.0	49.0	58.0

表 15-15　齿轮副中心距极限偏差 $\pm f_a$　　μm

精度等级	齿轮副中心距 a/mm							
	>50~80	>80~120	>120~180	>180~250	>250~315	>315~400	>400~500	>500~630
6	15	17.5	20	23	26	28.5	31.5	35
7、8	23	27	31.5	36	40.5	44.5	48.5	55
9	37	43.5	50	57.5	65	70	77.5	87

表 15-16　齿轮装配后的接触斑点(摘自 GB/T 18620.4—2008)

精度等级	4级及更高	5~6级	7~8级	9~12级
占齿宽的百分比	50%	40%	35%	25%
占有效齿面高度的百分比	70%(50%)	50%(40%)	50%(40%)	50%(40%)

注：括号内数值为斜齿轮的接触斑点。

5. 齿坯的要求与公差

齿坯的加工精度影响齿轮的加工、检验及安装精度，必须控制齿坯精度以保证齿轮精度。要求齿轮在加工和安装时的径向基准面和轴向辅助基准面尽可能一致，并在零件图上予以标注。表 15-17 所示的齿坯公差仅供参考(不属于国家标准)，当齿轮各项精度等级不同时，按最高精度等级确定公差值；当以齿顶圆为基准面时，基准面的径向圆跳动公差值与齿顶圆的径向圆跳动公差值一样。

表 15-17　齿 坯 公 差

精度等级	孔		轴		齿顶圆直径		基准面的顶圆和端面圆跳动/μm		
	尺寸公差	形状公差	尺寸公差	形状公差	是测量基准	非测量基准	分度圆直径 d/mm		
							≤125	>125~400	>400~800
6	IT6	IT6	IT5	IT5	IT8	IT11 ($<0.1m_n$)	11	14	20
7、8	IT7	IT7	IT6	IT6	IT8		18	22	32
9	IT8	IT8	IT7	IT7	IT9		28	36	50

6. 标注示例与常用啮合特性表

1) 标注示例

(1) 7 GB/T 10095。齿轮的各项检验项目均为 7 级精度。

(2) 6(F_α)、7(F_p、F_β) GB/T 10095。F_α 为 6 级精度、F_p 和 F_β 为 7 级精度。

2) 常用啮合特性

圆柱齿轮的常用啮合特性见表 15-18。

表 15-18　圆柱齿轮的常用啮合特性表

齿数	Z		中心距与极限偏差	$a\pm f_a$	
模数	$m(m_n)$		公差检验项目	代号	公差值
齿形角	α		单个齿距极限偏差	$\pm f_{pt}$	
齿顶高系数	h_a^*		齿距累积总公差	F_p	
螺旋角	β		齿廓总公差	F_α	
径向变位系数	x		螺旋线总公差	F_β	
精度等级			径向跳动公差	F_r	
配对齿轮	图号		齿厚测量	法向齿厚	
	齿数			齿高	

15.2　锥齿轮精度

精度标准 GB/T 11365—2019 适用于齿宽中点法向模数 $m_{mn} \geq 1$ mm 的锥齿轮。

1. 精度等级选择

国家标准对锥齿轮及锥齿轮副规定了 12 个精度等级，1 级精度最高，其余精度依次降低，课程设计中常用 7~9 级精度。

按误差特性及传动影响，可将锥齿轮及锥齿轮副的公差等级分为三个公差组。实际应用中要考虑圆周速度、使用条件及其他技术条件来选择合适的精度等级，设计时允许各公差组选用相同或不同的精度等级，但在锥齿轮副中，一对齿轮的同一公差组应规定相同的精度等级。

锥齿轮与锥齿轮副精度等级分组及对应圆周速度见表 15-19～表 15-20。

表 15-19　锥齿轮与锥齿轮副各项公差及分组

分类	锥齿轮					锥齿轮副			锥齿轮						锥齿轮副				
名称	切向综合公差	一齿轴交角综合公差	齿距累积公差	K 个齿距累积公差	齿圈径向跳动公差	一齿切向综合公差	一齿轴交角综合公差	侧隙变动公差	一齿切向综合公差	一齿轴交角综合公差	周期误差的公差	齿距极限偏差	齿形相对误差的公差	接触斑点	轴间距极限偏差	轴交角极限偏差	接触斑点	周期误差的公差	齿频周期误差的公差	齿圈轴向位移极限偏差
代号	F_i'	$F_{i\Sigma}''$	F_p	F_{pk}	F_r	F_{ic}'	$F_{i\Sigma c}''$	F_{vj}	f_i'	$f_{i\Sigma}''$	$f_{\Sigma k}''$	$\pm f_{pt}$	f_c		$\pm f_a$	$\pm E_\Sigma$		f_{zkc}'	f_{zzc}'	$\pm f_{AM}$
公差组	Ⅰ					Ⅰ、Ⅴ		Ⅰ	Ⅱ						Ⅲ			Ⅴ		

表 15-20　锥齿轮第Ⅱ公差组精度等级与圆周速度的关系

精度等级	7		8		9	
齿面硬度/HBS	≤350	>350	≤350	>350	≤350	>350
直齿锥齿轮	≤7 m/s	≤6 m/s	≤4 m/s	≤3 m/s	≤3 m/s	≤2.5 m/s
非直齿锥齿轮	≤16 m/s	≤13 m/s	≤9 m/s	≤7 m/s	≤6 m/s	≤5 m/s

2. 锥齿轮及传动的检验(摘自 GB/T 11365—2019)

锥齿轮及传动常包括第Ⅰ、Ⅱ、Ⅲ公差组要求，推荐检验组见表 15-21。

表 15-21　直齿锥齿轮及传动的推荐检验组

精度等级	公差组			齿轮副			齿轮毛坯
	Ⅰ	Ⅱ	Ⅲ	锥齿轮	箱体	传动	
7	F_p 或 F_r	$\pm f_{pt}$	接触斑点	$E_{\bar{s}s}$ $E_{\bar{s}i}$	$\pm f_a$	$\pm f_{AM}$、$\pm f_a$ $\pm E_\Sigma$、j_{nmin}	齿坯顶锥母线跳动公差 基准端面跳动公差 外径尺寸极限偏差 齿坯轮冠距和顶锥角极限偏差
8							
9	F_r						

注：$E_{\bar{s}s}$ 与 $E_{\bar{s}i}$ 分别为齿宽中点法向弦齿厚的上偏差和下偏差。

3. 锥齿轮公差(摘自 GB/T 11365—2019)

锥齿轮公差的相关数据见表 15-22～表 15-27。

表 15-22　锥齿轮的径向跳动公差 F_r、齿距极限偏差±f_{pt} 及齿形相对误差的公差 f_c

中点分度圆直径 d_m/mm	中点法向模数 m_{mn}/mm	齿圈径向跳动公差 F_r/μm			齿距极限偏差±f_{pt}/μm			齿形相对误差的公差 f_c/μm	
≤125	≥1~3.5	36	45	56	14	20	28	8	10
	>3.5~6.3	40	50	63	18	25	36	9	13
	>6.3~10	45	56	71	20	28	40	11	17
>125~400	≥1~3.5	50	63	80	16	22	32	9	13
	>3.5~6.3	56	71	90	20	28	40	11	15
	>6.3~10	63	80	100	22	32	45	13	19
>400~800	≥1~3.5	63	80	100	18	25	36	12	18
	>3.5~6.3	71	90	112	20	28	40	14	20
	>6.3~10	80	100	125	25	36	50	16	24
精度等级		7	8	9	8	8	9	7	8
公差组		I			II				

表 15-23　锥齿轮极限偏差±f_{AM} 和±f_a

中点分度圆直径 d_m/mm	分锥角 δ/(°)	锥齿轮副轴间距极限偏差±f_{AM}/μm									锥齿轮轴间距极限偏差±f_a/μm		
≤50	≤20	20	11		28	16		40	22		18	28	36
	>20~45	17	9.5		24	13		34	19				
	>45	7.1	4		10	5.6		14	8				
>50~100	≤20	67	38	24	95	53	34	140	75	50	20	30	45
	>20~45	56	32	21	80	45	30	120	63	42			
	>45	24	13	8.5	34	17	12	48	26	17			
>100~200	≤20	150	80	53	200	120	75	300	160	105	25	36	55
	>20~45	130	71	45	180	100	63	260	140	90			
	>45	53	30	19	75	40	26	105	60	38			
>200~400	≤20	340	180	120	480	250	170	670	360	240	30	45	75
	>20~45	280	150	100	400	210	140	560	300	200			
	>45	120	63	40	170	90	60	240	130	85			
>400~800	≤20	750	400	250	1050	560	360	1500	800	500	36	60	90
	>20~45	630	340	210	900	480	300	1300	670	440			
	>45	270	140	90	380	200	125	530	280	180			
中点法向模数 m_{mn}/mm		≥1~3.5	>3.5~6.3	>6.3~10	≥1~3.5	>3.5~6.3	>6.3~10	≥1~3.5	>3.5~6.3	>6.3~10			
精度等级		7			8			9			7	8	9
公差组		II									III		

表 15-24　锥齿轮轴交角极限偏差±E_Σ和最小法向侧隙 j_{nmin}

中点锥距 R_m/mm	小轮分锥角 δ/(°)	轴交角极限偏差±E_Σ/(′)					最小法向侧隙 j_{nmin}/µm					
≤50	≤15	7.5	11	18	30	45	0	15	22	36	58	90
	>15~25	10	16	26	42	63	0	21	33	52	84	130
	>25	12	19	30	50	80	0	25	39	62	100	160
>50~100	≤15	10	16	26	42	63	0	21	33	52	84	130
	>15~25	12	19	30	50	80	0	25	39	62	100	160
	>25	15	22	32	60	95	0	30	46	74	120	190
>100~200	≤15	12	19	30	50	80	0	25	39	62	100	160
	>15~25	17	26	45	71	110	0	35	54	87	140	220
	>25	20	32	50	80	125	0	40	63	100	160	250
>200~400	≤15	15	22	32	60	95	0	30	46	74	120	190
	>15~25	24	36	56	90	140	0	46	72	115	185	290
	>25	26	40	63	100	160	0	52	81	130	210	320
>400~800	≤15	20	32	50	80	125	0	40	63	100	160	250
	>15~25	28	45	71	110	180	0	57	89	140	230	360
	>25	34	56	85	140	220	0	70	110	175	280	440
最小法向侧隙种类		h、e	d	c	b	a	h	e	d	c	b	a

表 15-25　锥齿轮齿圈径向跳动公差

法向侧隙公差种类	齿圈径向跳动公差 F_r/µm						
	>25~32	>32~40	>40~50	>50~60	>60~80	>80~100	>100~125
H	38	42	50	60	70	90	110
D	48	55	65	75	90	110	130
C	60	70	80	95	110	140	170
B	75	85	100	120	130	170	200
A	95	110	130	150	180	220	260

表 15-26　锥齿轮齿厚上偏差 $E_{\bar{s}s}$ 与最大法向侧隙 j_{nmax} 中的制造误差补偿部分 $E_{\bar{s}\Delta}$　　µm

中点分度圆直径 d_m/mm	分锥角 δ/(°)	最大法向侧隙 j_{nmax} 中的制造误差补偿部分 $E_{\bar{s}\Delta}$									齿厚上偏差 $E_{\bar{s}s}$ 基本值		
≤125	≤20	20	22	25	22	24	28	24	25	30	-20	-22	-25
	>20~45	20	22	25	22	24	28	24	25	30	-20	-22	-25
	>45	22	25	28	24	28	30	25	30	32	-22	-25	-28

续表

中点分度圆直径 d_m/mm	分锥角 δ/(°)	最大法向侧隙 j_{nmax} 中的制造误差补偿部分 $E_{\bar{s}\Delta}$									齿厚上偏差 $E_{\bar{s}s}$ 基本值		
>125~400	≤20	28	32	36	30	36	30	32	38	45	-28	-32	-36
	>20~45	32	32	36	36	36	40	38	38	45	-32	-32	-36
	>45	30	30	34	32	36	38	36	38	40	-30	-30	-34
>400~800	≤20	36	38	40	40	42	45	45	45	48	-36	-38	-40
	>20~45	50	55	55	55	60	60	65	65	65	-50	-55	-55
	>45	45	45	50	50	50	55	55	55	60	-45	-45	-50

中点法向模数 m_{mn}/mm	≥1~3.5	>3.5~6.3	>6.3~10	≥1~3.5	>3.5~6.3	>6.3~10	≥1~3.5	>3.5~6.3	>6.3~10	≥1~3.5	>3.5~6.3	>6.3~10
精度等级	7			8			9			第Ⅱ公差组		

齿厚上偏差 $E_{\bar{s}s}$ 系数						
7	1.0	1.6	2.0	2.7	3.8	5.5
8			2.2	3.0	4.2	6.0
9				3.2	4.6	6.6
最小法向侧隙种类	h	e	d	c	b	a

注：① 各精度等级和最小法向侧隙种类的 $E_{\bar{s}s}$ 值＝$E_{\bar{s}s}$ 基本值×$E_{\bar{s}s}$ 系数。

② 最大法向侧隙 j_{nmax}=$(|E_{\bar{s}s1}+E_{\bar{s}s2}|+T_{\bar{s}1}+T_{\bar{s}2}+E_{\bar{s}\Delta1}+E_{\bar{s}\Delta2})\cos\alpha_n$。

表 15-27　锥齿轮齿距累积公差 F_p　　　　　　　　μm

第Ⅰ公差组精度等级	中点分度圆弧长 $L=0.5\pi m_{nm}Z$(m_{nm} 为中点法向模数)/mm					
	>32~50	>50~80	>80~160	>160~315	>315~630	>630~1000
7	32	36	45	63	90	112
8	45	50	63	90	125	160
9	63	71	90	125	180	224

4. 锥齿轮的齿坯要求及公差(摘自 GB/T 11365—2019)

锥齿轮在加工、检验及安装时，定位基准面应尽可能一致，并在零件图上予以标注。当三个公差组的精度等级不同时，公差值按最高精度等级查取。

锥齿轮的齿坯要求及公差见表 15-28～表 15-30。

表 15-28　锥齿轮齿坯的尺寸表

精度等级	轴径尺寸公差	孔径尺寸公差	外径尺寸极限偏差
7、8	IT6	IT7	0 -IT8
9~12	IT8	IT7	0 -IT9

15-29　轮冠距和顶锥角极限偏差

中点法向模数 m_{mn}/mm	轮冠距极限偏差 /μm	顶锥角极限偏差 /(')
≤1.2	0 -50	+15 0
>1.5~10	0 -75	+8 0

表 15-30　齿坯顶锥母线跳动和基准端面跳动公差

公差项目	顶锥母线跳动公差/μm						基准端面跳动公差/μm					
参数	外径/mm						基准端面直径/mm					
尺寸范围	≤30	>30 ~50	>50 ~120	>120 ~250	>250 ~500	>500 ~800	≤30	>30 ~50	>50 ~120	>120 ~250	>250 ~500	>500 ~800
精度等级 7、8	25	30	40	50	60	80	10	12	15	20	25	30
精度等级 9~12	50	60	80	100	120	150	15	20	25	30	40	50

5. 标注示例

(1) 7 B GB 11365—2019。第 I、II、III 公差组 7 级精度，最小法向侧隙和法向侧隙公差种类为 b。

(2) 8-7-7 cC GB 11365—2019。第 I 公差组 8 级精度、第 II、III 公差组 7 级精度，最小法向侧隙种类为 c，法向侧隙公差种类为 C。

15.3　圆柱蜗杆与蜗轮精度

标准 GB10089—2018 适用于轴交角 $\Sigma=\pi/2$、模数 $m\geq1$ 的圆柱蜗杆、蜗轮及其传动装置，其蜗杆分度圆直径 $d_1\leq400$ mm、蜗轮分度圆直径 $d_2\leq4000$ mm；基本蜗杆可为阿基米德蜗杆(ZA 蜗杆)、渐开线蜗杆(ZI 蜗杆)、法向直廓蜗杆(ZN 蜗杆)、锥面包络圆柱蜗杆(ZK 蜗杆)和圆弧圆柱蜗杆(ZC 蜗杆)。

1. 圆柱蜗杆传动的精度等级选择与推荐检验项目

标准 GB10089—2018 对圆柱蜗杆、蜗轮及其传动装置规定了 12 个精度等级，最高精度为 1 级，最低精度为 12 级。一般情况蜗杆与配对蜗轮取相同精度(允许不同)。蜗杆传动有特殊要求时，除 F_r、F_i'、f_r、f_i' 项目外，蜗杆与蜗轮的左右齿面精度也可不同。

按公差对传动性能的影响，将蜗杆、蜗轮及其传动装置的公差分成如表 15-31 所示的三个公差组。按使用要求，允许给公差组选用不同的精度等级，但同一公差组中，各项公差与极限偏差应取相同精度等级。

圆柱蜗杆传动的精度等级分组、精度等级与圆周速度的关系、推荐检验项目见表 15-31~表 15-33。

表 15-31　蜗杆与蜗轮及其传动公差的分组

类型	蜗轮				传动	蜗杆					蜗轮			传动	蜗杆	蜗轮	传动		
名称	切向综合公差	径向综合公差	齿距累积公差	K 个齿距累积公差	齿圈径向跳动公差	切向综合公差	一转螺旋线公差	螺旋线公差	轴向齿距极限偏差	轴向齿距累积公差	齿槽径向跳动公差	一齿切向综合公差	一齿径向综合公差	齿距极限偏差	一齿切向综合公差	齿形公差	齿形公差	中心距极限偏差	轴交角极限偏差	中间平面极限偏差
代号	F_i'	F_i''	F_p	F_{pk}	F_r	F_{ic}'	f_h	f_{hL}	$\pm f_{px}$	f_{pxL}	f_r	f_i'	f_i''	$\pm f_{pt}$	f_{ic}'	f_{f1}	f_{f2}	$\pm f_a$	$\pm f_\Sigma$	$\pm f_x$
公差组	I					II										III				

表 15-32　圆柱蜗杆传动第 II 公差组精度等级同圆周速度的关系

精度等级	7	8	9
蜗轮圆周速度 v/(m/s)	≤7.5	≤3	≤1.5
适用场合	一般中速、动力传动	短时工作的次要传动	低速传动或手动机构

表 15-33　圆柱蜗杆传动的推荐检验项目

公差组		I		II		III			蜗杆副		
类别		蜗轮	蜗杆	蜗轮	蜗杆	蜗轮	蜗杆	蜗轮	箱体		传动
项目		F_r	F_p	$\pm f_{px}$、f_{pxL}	$\pm f_{pt}$	f_{f1}	f_{f2}	E_{ss1}、E_{si1}	E_{ss2}、E_{si2}	$\pm f_\Sigma$、$\pm f_x$、$\pm f_a$	接触斑点、$\pm f_a$、j_{nmin}
精度等级	9				7~9						

注：　① 当蜗杆副的接触斑点有要求时，可不检验 f_{f2}。

　　　② 毛坯要检验尺寸公差、形状公差和基准面的径向与端面跳动公差。

2. 蜗杆与蜗轮及其传动的公差

蜗杆与蜗轮及其传动的公差见表 15-34～表 15-37。

表 15-34　与蜗杆相关的公差和极限偏差　　　　　　　　　　μm

分度圆直径 d_1/mm	模数 m/mm	第 II 公差组												第 III 公差组		
		蜗杆齿槽径向跳动公差 f_r			模数 m/mm	蜗杆轴向齿距极限偏差 $\pm f_{px}$			蜗杆轴向齿距累积公差 f_{pxL}			蜗杆齿形公差 f_{f1}				
>31.5~50	≥1~10	17	23	32	≥1~3.5	11	14	20	18	25	36	16	22	32		
>50~80	≥1~16	18	25	36	≥3.5~6.3	14	20	25	24	34	48	22	32	45		
>80~125	≥1~16	20	28	40	≥6.3~10	17	25	32	32	45	63	28	40	53		
>125~180	≥1~25	25	32	45	≥10~16	22	32	46	40	56	80	36	53	75		
精度等级		7	8	9		7	8	9	7	8	9	7	8	9		

表 15-35　与蜗轮相关的公差和极限偏差值　　　　　　　　　　μm

分度圆弧长 L/mm	第 II 公差组											第 III 公差组		
	蜗轮齿距累积公差 F_p			分度圆直径 d_2/mm	模数 m/mm	蜗轮齿圈径向跳动公差 F_r			蜗轮齿距极限偏差 $\pm f_{pt}$			蜗轮齿形公差 f_{f2}		
>11.2~20	22	32	45	≤125	≥1~3.5	40	50	63	14	20	28	11	14	22
>20~32	28	40	56		≥3.5~6.3	50	63	80	18	25	36	14	20	32
>32~50	32	45	63		≥6.3~10	56	71	90	20	28	40	17	22	36
>50~80	36	50	71		≥1~3.5	45	56	71	16	22	32	13	18	28
>80~160	45	63	90	>125~400	≥3.5~6.3	56	71	90	20	28	40	16	22	36
>160~315	63	90	125		≥6.3~10	63	80	100	22	32	45	19	28	45
>315~630	90	125	180		≥10~16	71	90	112	25	36	50	22	32	50

续表

分度圆弧长 L/mm	第 II 公差组													第 III 公差组		
	蜗轮齿距累积公差 F_p			分度圆直径 d_2/mm	模数 m/mm	蜗轮齿圈径向跳动公差 F_r			蜗轮齿距极限偏差 $\pm f_{pt}$			蜗轮齿形公差 f_{f2}				
>630~1000	112	160	224	>400 ~800	≥1~3.5	63	80	100	18	25	36	17	25	40		
>1000~1600	140	200	280		≥3.5~6.3	71	90	112	20	28	40	20	28	45		
>1600~2500	160	224	315		≥6.3~10	80	100	125	25	36	50	24	36	56		
					≥10~16	100	125	160	28	40	56	26	40	63		
精度等级	7	8	9			7	8	9	7	8	9	7	8	9		

注：① 按分度圆弧长查 F_p 时，取 $L=0.5\pi d_2=0.5\pi m Z_2$。

② 当基本蜗杆齿形角 $\alpha \neq 20°$ 时，F_r 应乘以 $\sin 20°/\sin\alpha$。

表 15-36　与蜗杆传动相关的极限偏差　　　　　　　　　　　μm

传动中心距 a/mm	传动中心距极限偏差 $\pm f_a$		传动中间平面极限偏差 $\pm f_x$		传动轴交角极限偏差 $\pm f_\Sigma$			蜗轮齿宽 B/mm
>30~50	31	50	25	40	12	17	24	≤30
>50~80	37	60	30	48	14	19	28	>30~50
>80~120	44	70	36	56	16	22	32	>50~80
>120~180	50	80	40	64	19	24	36	>80~120
>180~250	58	92	47	74	22	28	42	>120~180
>250~315	65	1105	52	85	25	32	48	>180~250
>315~400	70	115	56	92	28	36	53	>250
精度等级	7、8	9	7、8	9		8	9	

表 15-37　蜗杆传动接触斑点

精度等级	接触面积的百分比/%		说　明
	沿齿高	沿齿长	接触斑点的痕迹应偏向于啮出端，但不允许在齿顶啮入和啮出端的棱边接触处。对于修形齿面的蜗杆传动，接触斑点可不受本表限制
7、8	≥55	≥50	
9	≥45	≥40	

3. 蜗杆传动副侧隙

蜗杆传动副侧隙按最小法向侧隙 j_{nmin} 分为 a、b、c、d、e、f、g 和 h 八种，其中 a 的 j_{nmin} 最大，h 的 $j_{nmin}=0$。侧隙种类与精度等级无关，传动的最小法向侧隙 $j_{n\,min}$ 由蜗杆齿厚的减少量来保证。相关数据见表 15-38～表 15-41。

表 15-38　蜗杆与蜗轮齿厚偏差计算公式

项目名称	蜗杆齿厚上偏差	蜗杆齿厚下偏差	蜗杆齿厚上偏差	蜗杆齿厚下偏差
计算公式	$E_{ss1}=-(j_{nmin}/\cos\alpha_n+E_{s\Delta})$	$E_{si1}=E_{ss1}-T_{s1}$	$E_{ss2}=0$	$E_{si2}=-T_{s2}$

表 15-39　蜗杆传动的最小法向侧隙 j_{nmin}　　　　μm

传动中心距 a/mm	a	b	c	d	e	d	g	h
>30~50	160	100	62	39	25	16	11	0
>50~80	190	120	74	46	30	19	13	0
>80~120	220	140	87	54	35	22	15	0
>120~180	250	160	100	63	40	25	18	0
>180~250	290	185	115	72	46	29	20	0
>250~315	320	210	130	81	52	32	23	0
>315~400	360	230	140	89	57	36	25	0
第 I 组精度等级	5~12		3~9	3~8	1~6			

注：① 第 I 组精度等级仅供参考。

② 传动未计入发热和弹性变形影响(工作温度 20℃)。

③ 最小圆周侧隙 $j_{tmin}=j_{nmin}/(\cos\gamma'\cos\alpha_n)$，其中 γ' 为蜗杆节圆导程角。

表 15-40　蜗杆齿厚公差 T_{s1} 和蜗轮齿厚公差 T_{s2} 值　　　　μm

第 II 组精度等级	蜗杆齿厚公差 T_{s1}				蜗轮齿厚公差 $T_{s2}(d_2$/mm)											
					$d_2 \leq 125$ mm			$d_2 > 125 \sim 400$ mm				$d_2 > 400 \sim 800$ mm			
7	45	56	71	95	90	110	120	100	120	130	140	110	120	130	160
8	53	71	91	120	110	130	140	120	140	160	170	130	140	160	190
9	67	90	100	150	130	160	170	140	170	190	210	160	170	190	230
模数	≥ 1 ~3.5	>3.5 ~6.3	>6.3 ~10	>10 ~16	≥ 1 ~3.5	>3.5 ~6.3	>6.3 ~10	≥ 1 ~3.5	>3.5 ~6.3	>6.3 ~10	>10 ~16	≥ 1 ~3.5	>3.5 ~6.3	>6.3 ~10	>10 ~16

注：① 对 j_{nmin} 无要求时，允许增大 T_{s1}(不超过两倍)。

② 在保证 j_{nmin} 时，公差带 T_{s2} 允许对称分布。

③ d_2 为蜗轮分度圆直径，蜗轮分度圆齿厚 $s_2=(0.5\pi+2x\tan\alpha_x)m$。

表 15-41　第 II 组精度等级蜗杆齿厚上偏差 E_{ss1} 中的制造误差补偿部分 $E_{s\Delta}$　　　　μm

传动中心距 a/mm	模数 m/mm											
	≥ 1 ~3.5	>3.5 ~6.3	>6.3 ~10	>10 ~16	≥ 1 ~3.5	>3.5 ~6.3	>6.3 ~10	>10 ~16	≥ 1 ~3.5	>3.5 ~6.3	>6.3 ~10	>10 ~16
>50~80	50	58	65	—	58	75	90		90	100	120	—
>80~120	56	63	71	80	63	78	90	110	95	105	125	160
>120~180	60	68	75	85	68	80	95	115	100	110	130	165
>180~250	71	75	80	90	75	85	100	115	110	120	140	170
>250~315	75	80	85	95	80	90	100	120	120	130	145	180
>315~400	80	85	90	100	85	95	105	125	130	140	155	185
精度等级	7				8				9			

4. 蜗杆传动的齿坯要求及公差

为便于加工、检验及安装，蜗杆与蜗轮的径向和轴向基准面应尽可能一致，并标注在相应的零件工作图上。若三个公差组的精度等级不同，则按最高公差等级确定公差。当齿顶圆作为测量齿厚的基准时，齿顶圆即为蜗杆、蜗轮和齿坯的基准面；若测量齿厚的基准不是齿顶圆，则尺寸公差取 IT11，但应不大于 0.1 mm。蜗杆传动的齿坯要求及公差见表15-42。

表 15-42　蜗杆传动的齿坯尺寸与形状公差和基准面跳动公差

精度等级	孔		轴		齿顶圆直径公差	齿坯基准面径向和端面跳动公差/μm				
	尺寸公差	形状公差	尺寸公差	形状公差		基准面直径 d/mm				
						≤31.5	>31.5~63	>63~125	>125~400	>400~800
7、8	IT7	IT6	IT6	IT5	IT8	7	10	14	18	22
9	IT8	IT7	IT7	IT6	IT9	10	16	22	28	36

5. 标注示例

(1) 蜗轮 8c GB/T 10089—2018。

蜗轮第 I、II、III 公差组 8 级精度；c 为侧隙种类；标准齿厚极限偏差。

(2) 蜗杆 8($_{-0.40}^{-0.27}$) GB/T 10089—2018。

蜗杆第 II、III 公差组 8 级精度；齿厚上偏差为 –0.27 mm，下偏差为 –0.40 mm。

(3) 传动 5-6-6 f GB/T 10089—2018。

传动第 I 公差组 5 级精度、第 II、III 公差组 6 级精度；f 为侧隙种类；标准齿厚极限偏差。

第 16 章　电　动　机

电动机的类型很多，包括笼型异步电动机、绕线转子异步电动机、同步电动机和直流电动机等。

在减速器设计中最常选用的电动机为 Y 系列三相异步电动机(ZBK 22007—1988)。Y 系列电动机是按照电工委员会(IEC)标准设计的，具有国际互换性的特点。其中 Y(IP44)系列三相异步电动机为一般用途的笼型封闭自冷式电动机，它具有防止灰尘和其他杂物侵入的特点，B 级绝缘，可采用全压或降压启动；工作环境温度不超过 40℃，相对湿度不超过 95%，海拔高度不超过 1000 m，额定电压为 380 V，频率为 50 Hz；适用于无特殊要求的机械设备，如机床、泵、风机、运输机、搅拌机、农业机械等。

本书只介绍课程设计中常用的 Y 系列三相异步电动机，其他类型和形式的电动机，如 YZR、YZ 系列冶金及起重用三相异步电动机等的技术数据，可以查阅《机械设计手册》等专业资料获取。

16.1　YE3 系列三相异步电动机的技术数据

YE3 系列电动机的技术数据见表 16-1。

表 16-1　YE3 系列(IP55)电动机的技术数据(GB/T 28575—2020 摘录)

电动机型号	额定功率/kW	满载转速/(r/min)	堵转转矩 额定转矩	最大转矩 额定转矩	电动机型号	额定功率/kW	满载转速/(r/min)	堵转转矩 额定转矩	最大转矩 额定转矩
同步转速 3000 r/min，2 级					同步转速 1000 r/min，6 级				
Y80M1	0.75	2910	2.2	2.3	Y90S	0.75	940	2.0	2.1
Y80M2	1.1	2888	2.2	2.3	Y90L	1.1	940	2.0	2.1
Y90S	1.5	2910	2.2	2.3	Y100L	1.5	960	2.0	2.1
Y90L	2.2	2910	2.2	2.3	Y112M	2.2	960	2.0	2.1
Y100L	3	29005	2.2	2.3	Y132S	3	970	2.0	2.1
Y112M	4	2915	2.2	2.3	Y132M1	4	970	2.0	2.1
Y132S1	5.5	2925	2.0	2.3	Y132M2	5.5	970	2.0	2.1
Y132S2	7.5	2925	2.0	2.3	Y160M	7.5	975	2.0	2.1
Y160M1	11	2945	2.0	2.3	Y160L	11	975	2.0	2.1
Y160M2	15	2945	2.0	2.3	Y180L	15	985	2.0	2.1
Y160L	18.5	2950	2.0	2.3	Y200L1	18.5	985	2.0	2.1
Y180M	22	2955	2.0	2.3	Y200L2	22	985	2.0	2.1

续表

电动机型号	额定功率/kW	满载转速/(r/min)	堵转转矩 额定转矩	最大转矩 额定转矩	电动机型号	额定功率/kW	满载转速/(r/min)	堵转转矩 额定转矩	最大转矩 额定转矩
同步转速 3000 r/min，2 级					同步转速 1000 r/min，6 级				
Y200L1	30	2950	2.0	2.2	Y225M	30	988	2.0	2.1
Y200L2	37	2950	2.0	2.2	Y250M	37	988	2.0	2.1
Y225M	45	2950	2.0	2.2	Y280S	45	990	2.0	2.0
Y250M	55	2950	2.0	2.2	Y280M	55	990	2.0	2.0
同步转速 1500 r/min，4 级					Y315S	75	990	2.0	2.2
Y80M1	0.55	1440	2.3	2.3	Y315M	90	990	2.0	2.2
Y80M2	0.75	1450	2.3	2.3	Y355L	250	990	1.8	2.2
Y90S	1.1	1450	2.3	2.3	同步转速 750 r/min，8 级				
Y90L	1.5	1455	2.3	2.3	Y132S	2.2	710	1.8	2.0
Y100L1	2.2	1455	2.3	2.3	Y132M	3	710	1.8	2.0
Y100L2	3	1455	2.3	2.3	Y160M1	4	720	1.9	2.0
Y112M	4	1465	2.3	2.3	Y160M2	5.5	720	1.9	2.0
Y132S	5.5	1465	2.0	2.3	Y160L	7.5	720	1.9	2.0
Y132M	7.5	1470	2.0	2.3	Y180L	11	730	2.0	2.0
Y160M	11	1470	2.0	2.3	Y200L	15	730	2.0	2.0
Y160L	15	1475	2.0	2.3	Y225S	18.5	730	1.9	2.0
Y180M	18.5	1475	2.0	2.3	Y225M	22	730	1.9	2.0
Y180L	22	1480	2.0	2.3	Y250M	30	730	1.9	2.0
Y200L	30	1470	2.0	2.3	Y280S	37	740	1.9	2.0
Y225S	37	1485	2.0	2.3	Y280M	45	740	1.9	2.0
Y225M	45	1485	2.0	2.3					

注：以 Y132S2-2-B3 为例，电动机型号中 Y 表示系列代号，132 表示机座中心高，S2 表示短机座的第二种铁芯长度(M 为中机座，L 为长机座)，2 表示电动机的极数，B3 表示安装形式。

16.2　Y 系列三相异步电动机的安装代号和安装尺寸

Y 系列三相异步电动机的安装代号和安装尺寸如表 16-2～表 16-5 所示。

表 16-2　Y 系列电动机安装代号

安装形式	基本安装型	由 B3 派生安装型				
	B3	V5	V6	B6	B7	B8
示意图						
中心高/mm	80~280	80~160				

续表

安装形式	基本安装型	由 B5 派生安装型				
	B5	V1	V3	B35	V15	V36
示意图						
中心高/mm	80~225	80~280	80~160	80~280	80~160	80~160

	V18	V19	B15	B35
示意图				
中心高	80～112	80～112	80～160	80～160

表 16-3　机座带底脚、端盖无凸缘(B3、B6、B7、B8、V5、V6 型)电动机的安装及外形尺寸

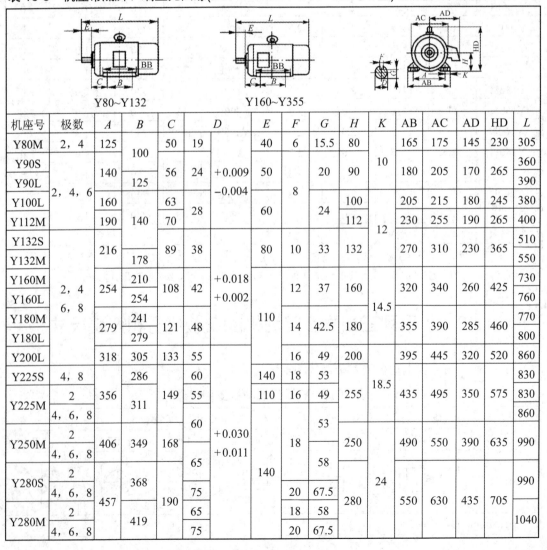

Y80~Y132　　　Y160~Y355

机座号	极数	A	B	C	D	E	F	G	H	K	AB	AC	AD	HD	L
Y80M	2，4	125	100	50	19	40	6	15.5	80	10	165	175	145	230	305
Y90S	2，4，6	140	100	56	$24^{+0.009}_{-0.004}$	50	8	20	90	10	180	205	170	265	360
Y90L	2，4，6	140	125	56	$24^{+0.009}_{-0.004}$	50	8	20	90	10	180	205	170	265	390
Y100L	2，4，6	160	140	63	$28^{+0.009}_{-0.004}$	60	8	24	100	12	205	215	180	245	380
Y112M	2，4，6	190	140	70	$28^{+0.009}_{-0.004}$	60	8	24	112	12	230	255	190	265	400
Y132S	2，4，6，8	216	140	89	38	80	10	33	132	12	270	310	230	365	510
Y132M	2，4，6，8	216	178	89	38	80	10	33	132	12	270	310	230	365	550
Y160M	2，4，6，8	254	210	108	$42^{+0.018}_{+0.002}$	110	12	37	160	14.5	320	340	260	425	730
Y160L	2，4，6，8	254	254	108	$42^{+0.018}_{+0.002}$	110	12	37	160	14.5	320	340	260	425	760
Y180M	2，4，6，8	279	241	121	$48^{+0.018}_{+0.002}$	110	14	42.5	180	14.5	355	390	285	460	770
Y180L	2，4，6，8	279	279	121	$48^{+0.018}_{+0.002}$	110	14	42.5	180	14.5	355	390	285	460	800
Y200L	2，4，6，8	318	305	133	55	110	16	49	200	14.5	395	445	320	520	860
Y225S	4，8	356	286	149	60	140	18	53	255	18.5	435	495	350	575	830
Y225M	2	356	311	149	55	110	16	49	255	18.5	435	495	350	575	830
Y225M	4，6，8	356	311	149	60	140	18	53	255	18.5	435	495	350	575	860
Y250M	2	406	349	168	$60^{+0.030}_{+0.011}$	140	18	53	250	24	490	550	390	635	990
Y250M	4，6，8	406	349	168	$65^{+0.030}_{+0.011}$	140	18	58	250	24	490	550	390	635	990
Y280S	2	457	368	190	$65^{+0.030}_{+0.011}$	140	18	58	280	24	550	630	435	705	990
Y280S	4，6，8	457	368	190	$75^{+0.030}_{+0.011}$	140	20	67.5	280	24	550	630	435	705	990
Y280M	2	457	419	190	$65^{+0.030}_{+0.011}$	140	18	58	280	24	550	630	435	705	1040
Y280M	4，6，8	457	419	190	$75^{+0.030}_{+0.011}$	140	20	67.5	280	24	550	630	435	705	1040

表 16-4　机座带底脚、端盖有凸缘(B35、V15、V36 型)电动机的安装及外形尺寸

机座号	级数	A	B	C₁	D	E	F	G	H	K	M	N	P	R	S	T	凸缘孔数	AB	AC	AD	HD	L
Y80M	2,4	125	100	50	19	40	6	15.5	80	10	165	130	200		12	1.5	4	165	165	150	220	305
Y90S		140	100	56	24	50	8	20	90	10	165	130	200		12	1.5	4	180	175	155	265	395
Y90L	2,4,6	140	125	56	24 $^{+0.009}_{-0.004}$	50	8	20	90	10	165	130	200		12	1.5	4	180	175	155	265	425
Y100L		160	125	63	28	60	8	24	100	10	215	180	250		12	1.5	4	205	205	180	270	435
Y112M		190	140	70	28	60	8	24	112	12	215	180	250		15	4	4	245	230	190	310	475
Y132S		216	178	89	38	80	10	33	132	12	265	230	300		15	4	4	280	270	210	365	535
Y132M		216	178	89	38	80	10	33	132	12	265	230	300		15	4	4	280	270	210	365	550
Y160M	2,4,6,8	254	210	108	42 $^{+0.018}_{+0.002}$	110	12	37	160	15	300	250	350		15	4	4	330	325	255	425	730
Y160L		254	254	108	42	110	12	37	160	15	300	250	350		15	4	4	330	325	255	425	760
Y180M		279	241	121	48	110	14	42.5	180	15	300	250	350		15	4	4	355	360	285	460	805
Y180L		279	279	121	48	110	14	42.5	180	15	300	250	350	0	15	4	4	355	360	285	460	835
Y200L		318	305	133	55	110	16	49	200	19	350	300	400		15	4	4	395	400	310	520	890
Y225S	4,8	356	286	149	60	140	18	53	255	19	400	350	450		19	5	8	435	450	345	575	865
Y225M	2	356	311	149	55	110	16	49	255	19	400	350	450		19	5	8	435	450	345	575	865
Y225M	4,6,8	356	311	149	60	140	18	53	255	19	400	350	450		19	5	8	435	450	345	575	895
Y250M	2	406	349	168	60 $^{+0.030}_{+0.011}$	140	18	58	250	24	400	350	450		19	5	8	490	495	385	635	995
Y250M	4,6,8	406	349	168	65	140	18	58	250	24	400	350	450		19	5	8	490	495	385	635	995
Y280S	2	457	368	190	65	140	18	58	280	24	500	450	550		19	5	8	550	555	410	705	1030
Y280S	4,6,8	457	368	190	75	140	20	67.5	280	24	500	450	550		19	5	8	550	555	410	705	1030
Y280M	2	457	419	190	65	140	18	58	280	24	500	450	550		19	5	8	550	555	410	705	1080
Y280M	4,6,8	457	419	190	75	140	20	67.5	280	24	500	450	550		19	5	8	550	555	410	705	1080

注：① 当为 Y80~Y200 时，$\gamma = 45°$；当为 Y225~Y280 时，$\gamma = 22.5°$。

②N 的极限偏差：130 和 180 为 $^{+0.014}_{-0.011}$，230 和 250 为 $^{+0.016}_{-0.013}$，300 为 ±0.016，350 为 ±0.018，450 为 ±0.020。

表16-5　机座带底脚、端盖无凸缘(B5、V3型)和立式安装、机座不带底脚、端盖有凸缘、轴伸向下(V1型)电动机的安装及外形尺寸

B5型　V3型　V1型

Y80~Y132　Y160~Y225　Y250~Y280

Y80~Y200: γ=45°　Y225~Y280: γ=22.5°

机座号	极数	D	E	F	G	M	N	P	R	S	T	凸缘孔数	AC	AD	HE,(HE)	L
Y80M	2、4	19	40	6	15.5	165	130j6	200	0	12	3.5	4	175	150	185	290
Y90S	2、4、6	24	50	8	20	165	130j6	200		12	3.5		195	160	195	315
Y90L		24	50	8	20	165	130j6	200					195	160	195	340
Y100L		28	60	8	24	215	180j6	250					215	180	245	380
Y112M		28	60	8	24	215	180j6	250					240	190	265	400
Y132S	2、4、6	38	80	10	33	265	230j6	300					275	210	315	475
Y132M		38	80	10	33	265	230j6	300					275	210	315	515
Y160M	2、4	42	110	12	37	300	250j6	350		14.5	4		335	265	385	605
Y160L	6、8	42	110	12	37	300	250j6	350		14.5	4		335	265	385	650
Y180M		48	110	14	42.5	300	250j6	350					380	285	430	670
Y180L		48	110	14	42.5	300	250j6	350					380	285	430	710
Y200L	4、8	55	140	16	49	350	300js6	400					420	315	440	775
Y225S	2	60	140	18	53	400	350js6	450		18.5	5	8	475	345	535	820
Y225M	4、6、8 / 2	60 / 55	110	16	49	400	350js6	450		18.5	5		475	345	535	815 / 845
Y250M	4、6、8 / 2	60 / 65	140	18	58	500	450js6	550					515	385	650	1035
Y280S	4、6、8	75	140	20	67.5	500	450js6	550					580	410	720	1120
Y280M	2	65	140	18	58	500	450js6	550					580	410	720	1170

D 公差：φ24、φ28 为 +0.009 / −0.004；φ38、φ42、φ48 为 +0.018 / +0.002；φ55、φ60、φ65、φ75 为 +0.030 / +0.011

第三篇　机械设计实验

第17章　机械零件认知实验

机械设计是工科机械类专业一门重要的技术基础课，是以通用零件的设计为核心，介绍一般工况下通用零件的结构特点、设计原理和设计方法等内容的课程。该课程的内容多，理论性和实践性都很强，学习难度较大。本章通过机械零件认知实验，使学生对课程内容有一定的感性认知，为理论课的学习打下良好的基础。

1. 实验目的

(1) 初步认知机械设计课程所研究的常用零部件的结构、类型、特点及应用。

(2) 了解常用的传动形式、特点及其应用。

(3) 加强对常用零部件和机器的感性认知。

2. 实验设备与仪器

(1) 零件陈列柜。

(2) 减速器模型、速度波动调节实验台等。

3. 实验方法

(1) 预习机械设计教材，了解常用的零部件名称及作用。

(2) 参观机械零件陈列柜，了解常用零部件的结构及特点。

(3) 感性认知机器的组成及其零部件的关联和作用。

4. 实验内容

(1) 参观机械零件陈列柜，包括连接零件、传动零件、轴系零部件、密封件、润滑方式等，了解常用零部件的结构、类型及功用等。

(2) 认知实际机器或机器模型，了解机器的结构组成，了解零部件的关联和作用。

5. 思考

(1) 连接零件有哪些类型？

(2) 带传动、链传动与齿轮传动有哪些不同？

(3) 蜗杆传动的特点有哪些？

(4) 轴承在机器中的功用有哪些？有哪些类型？

(5) 轴在机器中的作用是什么？对其结构有什么要求？

(6) 联轴器和离合器的功用是什么？两者有什么不同？举出两个应用实例。

第18章　螺栓连接静、动态特性实验

螺栓连接在各类机械连接中有广泛应用。螺栓连接的受力和变形与预紧力、螺栓刚度、被连接件的刚度均有关联。计算和测量螺栓受力情况及静、动态特性参数是一个重要课题。本实验通过对螺栓连接的受力进行测试和分析，说明螺栓连接的受力和变形之间的关系，掌握提高螺栓连接强度的措施，培养学生工程实践的能力。

1. 实验目的

(1) 了解螺栓连接在拧紧过程中各部分的受力情况。

(2) 计算螺栓相对刚度，并绘制螺栓连接的受力变形图。

(3) 验证受到轴向工作载荷时，预紧连接螺栓的变形规律及对螺栓总拉力的影响。

(4) 通过螺栓的动载实验，改变螺栓连接的相对刚度，观察螺栓动应力幅值的变化，以验证提高螺栓连接强度的各项措施。

2. 实验原理

承受预紧力和工作拉力的紧螺栓连接是常用且较重要的一种连接形式，这种连接中零件的受力属于静不定问题。由理论分析可知，螺栓的总拉力除与预紧力 F_0、工作拉力 F 有关外，还受到螺栓刚度 C_b 和被连接件刚度 C_m 等因素的影响。单个螺栓连接状态可分为螺母未拧紧、螺母已拧紧和螺栓承受工作载荷三种状态。图 18-1 所示为三种连接状态单个螺栓连接及其受力变形图。

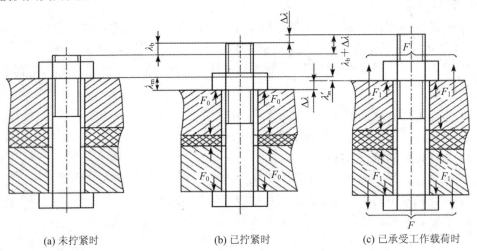

(a) 未拧紧时　　　　　　　(b) 已拧紧时　　　　　　　(c) 已承受工作载荷时

图 18-1　单个螺栓连接及受力变形图

图 18-1(a)所示为螺母刚好与被连接件接触，但尚未拧紧的状态。

图 18-1(b)所示为螺母已拧紧，但螺栓未承受工作载荷的状态。此时，螺栓受预紧力 F_0

的作用，其伸长量为 λ_b；被连接件则在 F_0 的压缩作用下产生 λ_m 的被压缩量。

图 18-1(c)所示为承受工作载荷 F 时的情况，此时螺栓所受拉力由 F_0 增至 F_2，伸长增量为 $\Delta\lambda$，总伸长量为 $\lambda_b+\Delta\lambda$。被连接件则因螺栓伸长而放松，根据连接的变形协调条件，其压缩变形的减少量应等于螺栓拉伸变形的增加量 $\Delta\lambda$，因此，总压缩量为 $\lambda_m-\Delta\lambda$。而被连接件的压缩力 F_0 减至 F_1，F_1 称为残余预紧力。由于螺栓和被连接件的变形发生在弹性范围内，上述受力与变形关系线图如图 18-2 所示。

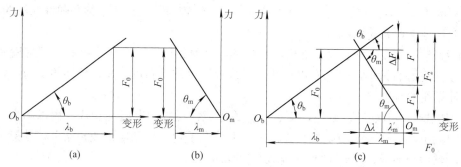

图 18-2　受力与变形关系线图

由图 18-2 可知，螺栓总拉力 F_2 并不等于预紧力 F_0 与工作拉力 F 之和，而是等于残余预紧力 F_1 与工作拉力 F 之和，即 $F_2=F_1+F$，或 $F_2=F_0+\Delta F$。

根据刚度定义，$C_b=F_0/\lambda_b$，$C_m=F_0/\lambda_m$。由图 18-2 中几何关系可得

$$\Delta F = \frac{C_b}{C_b+C_m}F$$

式中，$C_b/(C_b+C_m)$ 为螺栓连接的相对刚度系数。

螺栓的预紧力 F_0 与工作拉力 F、残余预紧力 F_1 的关系为

$$F_0 = F_1+\frac{C_m}{C_b+C_m}F$$

因此，螺栓总拉力为

$$F_2 = F_0+\frac{C_b}{C_b+C_m}F$$

为了保证连接的紧密性，根据连接的工作性质可取残余预紧力 $F_1=(0.2\sim1.8)F$。

对于承受轴向变载荷的紧螺栓连接来说，在最小应力不变的条件下，应力幅越小，则螺栓越不容易发生疲劳破坏，连接的可靠性越高。当螺栓所受的工作拉力在 $0\sim F$ 之间变化时，则螺栓总拉力将在 $F_0\sim F_2$ 之间变动。由 $F_2 = F_0+\frac{C_b}{C_b+C_m}F$ 可知，在保持预紧力 F_0 不变的条件下，若减小螺栓刚度 C_b 或增大连接件刚度 C_m 都可以达到减小总拉力 F_2 的变化范围。因此，在实际承受动载荷的紧螺栓连接中，宜采用柔性螺栓(减小 C_b)和在被连接件之间使用硬垫片(增大 C_m)来增加连接的可靠性。

3. 实验设备

螺栓连接静、动态特性实验所需设备为 CQL-A 螺栓连接综合实验台、CQYDJ-4 型静

动态测量仪一台、计算机及专用软件、专用扭力扳手、千分表等。

1) CQL-A 螺栓连接实验台的结构与工作原理

CQL-A 螺栓连接实验台的结构及组成如图 18-3 所示。

(1) 螺栓部分包括 M16 空心螺栓、大螺母、组合垫片和 M8 小螺杆等。空心螺栓贴有测拉力和扭矩的两组应变片，分别测量螺栓在拧紧时，所受预紧拉力和扭矩的大小。空心螺栓的内孔中装有 M8 小螺杆，拧紧或松开其上的手柄杆，即可改变空心螺栓的实际受载荷截面积的大小，以达到改变连接件刚度的目的。组合垫片设计成刚性和弹性两用的结构，用以改变被连接件系统的刚度。

(2) 被连接件部分由上板、下板、八角环、锥塞组成，八角环上贴有一组应变片，测量被连接件受力的大小，中部有锥形孔，插入或拔出锥塞即可改变八角环的受力，以改变被连接件系统的刚度。

(3) 加载部分由蜗杆、蜗轮、挺杆和弹簧组成，挺杆上贴有应变片，用以测量所加工作载荷的大小，蜗杆一端与电机相连，另一端装有手轮，启动电机或转动手轮使挺杆上升或下降，以达到加载、卸载(改变工作载荷)的目的。

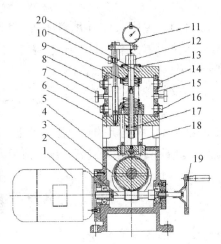

1—电动机；2—蜗杆；3—凸轮；4—蜗轮；5—下板；6—扭力插座；7—锥塞；8—拉力插座；9—弹簧；10—空心螺杆；11—千分表；12—螺母；13—组合垫片(一面刚性，另一面弹性)；14—八角环压力插座；15—八角环；16—挺杆压力插座；17—M8 螺杆；18—挺杆；19—手轮；20—上板

图 18-3　CQL—A 螺栓连接实验台

2) CQYDJ-4 型静、动态测量仪的工作原理及各测点应变片的组桥方式

实验台各被测件的应变用 CQYDJ-4 型静、动态测量仪测量，通过标定或计算即可换算出各部分应力的大小。该仪器的工作原理示意图如图 18-4 所示。

CQYDJ-4 型静、动态测量仪是利用金属材料的导电性，将非电量的变化转换成电量变化的测量仪。应变测量的转换元件——应变片，是用极细的金属电阻丝绕成或用金属箔片印刷腐蚀而成的，用胶黏剂将应变片牢固地贴在被测件上，当被测件受到外力作用长度发生变化时，粘贴在被测件上的应变片也发生相应变化，应变片的电阻值也随之变化，即可将机械量变化转换成电量(电阻值)的变化。用灵敏的电阻测量仪——电桥，测出电阻值的变

化量 $\Delta R/R$，将其换算为相应的应变 ε，并直接在测量仪的显示屏读出应变值。再通过 A/D 板向计算机发送被测点应变值，供计算机处理。

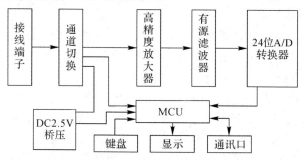

图 18-4　CQYDJ-4 型静、动态电阻应变仪工作原理示意图

CQL-A 螺栓连接综合实验台各测点均采用箔式电阻应变片，其阻值为 120 Ω，灵敏系数 k=2.20，各测点均为两片应变片，按半桥测量要求粘贴组成半桥电路，详情见 CQYDJ-4 型静、动态电阻应变仪使用说明。

3) 计算机专用多媒体软件及其他配套器具

(1) 需要的计算机的配置为：带 RS232 口主板、128M 内存、40 GB 硬盘、Celeron1.3G、光驱 48X、17 寸纯平显示器。

(2) 实验台配有专用多媒体软件，可进行螺栓静态连接实验和动态连接实验的数据结果处理、整理，并打印出所需的实测曲线和理论曲线图，待实验结束后进行分析。

(3) 专用扭力扳手 0~200 N·m 一把，量程为 0~1 mm 的千分表两个。

4. 实验项目

(1) 基本螺栓连接静、动态实验。实验台要求：取出八角环上两锥塞，松开空心螺杆上的 M8 螺杆，装上刚性垫片。

(2) 增加螺栓刚度的静、动态实验。实验台要求：取出八角环上两锥塞，拧紧空心螺杆上的 M8 小螺杆，调至实心位置。

(3) 增加被连接件刚度的静、动态实验。实验台要求：插上八角环上两锥塞，松开空心螺杆上的 M8 小螺杆。

(4) 改用弹性垫片的静、动态实验。实验台要求：取出八角环上两锥塞，松开空心螺杆上的 M8 小螺杆，装上弹性垫片。

5. 实验方法及步骤

1) 螺栓连接的静态实验

(1) 取出八角环上两锥塞，松开空心螺栓上的 M8 小螺杆，装上刚性垫片，转动手轮，使挺杆降下，处于卸载位置。将两块千分表分别安装在表架上，使表头分别与上板面(靠外侧)和螺栓顶面有少许(0.5 mm)接触，用以测量被连接件与连接件(螺栓)的变形量。手动拧紧大螺母至恰好与垫片接触。(预紧初始值)螺栓不应有松动的感觉，分别将两千分表调零。

(2) 打开测量仪电源开关，启动计算机，进入软件封面，单击"静态螺栓实验"，单击"实验项目选择"菜单，选"空心螺杆"项(默认值)，并"校零"。

(3) 用扭力矩扳手预紧被测螺栓，当扳手力矩为 30~40 N·m 时，取下扳手，完成螺栓预紧。将千分表测量的螺栓拉变形值和八角环压变形值输入到相应的"千分表值输入"框中。通过测量仪上的选择开关，分别切换至各对应点，将对应点1、2、3、4的应变值填到相应的"应变测量值"框中。

(4) 单击"预紧标定"键，对预紧的数据进行采集和处理。标定系数通过键盘输入到相应的"参数给定"框中，通过标定参数的改变，多次单击"预紧标定"键，调整实测值，使其接近理论值。

(5) 手动将实验台上手轮逆时针(面对手轮)旋转，使挺杆上升至一定高度(≤15 mm)，对螺栓轴向加载。高度值可通过塞入 ϕ15 mm 的测量棒确定，然后将千分表测到的变形值再次输入到相应的"千分表值输入"框中。

(6) 单击"加载"键进行轴向加载的数据采集和处理，同时生成理论曲线与实际测量的曲线图。单击"实验报告"键，生成实验报告。

(7) 完成上述操作后，静态螺栓连接实验结束，单击"返回"键，可返回主界面。

2) 螺栓连接的动态实验

(1) 螺栓连接的静态实验结束返回主界面，单击"动态螺栓"进入动态螺栓实验界面。

(2) 重复静态实验方法与步骤。

(3) 取下实验台右侧手轮，开启实验台电动机开关，单击"动态"键，使电动机运转。进行动态工况的采集和处理。同时生成理论曲线与实际测量的曲线图。

(4) 单击"实验报告"键，生成实验报告。

(5) 完成上述操作后，动态螺栓连接实验结束。

3) 实验注意事项

(1) 电机的接线必须正确，电机的旋转方向为逆时针(面向手轮正面)。

(2) 进行动态实验，开启电机电源开关前必须把手轮卸下来，避免电机转动时发生安全事故，并可减少实验台振动和噪声。

4) 实验数据记录与处理

表 18-1 为实验数据记录表。

表 18-1　被测零件所受力与变形关系表

工作载荷 F	被测零件	千分表		测量仪	
		读数/mm	变形量 δ/mm	应变/$\mu\varepsilon$	应力 σ/(N/mm^2)
初始状态	螺栓(拉)				
	螺栓(扭)				
	八角环				
预紧	螺栓(拉)				
	螺栓(扭)				
	八角环				
(1) 基本螺栓连接静态实验	螺栓(拉)				
	螺栓(扭)				
	八角环				

续表

工作载荷 F	被测零件	千分表		测量仪	
		读数/mm	变形量 δ/mm	应变/με	应力 σ/(N/mm²)
(2) 增加螺栓刚度的静动态实验	螺栓(拉)				
	螺栓(扭)				
	八角环				
(3) 增加被连接件刚度的静动态实验	螺栓(拉)				
	螺栓(扭)				
	八角环				
(4) 改用弹性垫片的静动态实验	螺栓(拉)				
	螺栓(扭)				
	八角环				

注：$\delta=\varepsilon L$，$\sigma=\delta E$，$F=\sigma A=\varepsilon L E A=\varepsilon/\mu$，其中，$L$ 为螺栓长度(mm)，E 为材料弹性模量，σ 为应力(N/mm²)，A 为有效作用面积(mm²)，μ 为标定系数。

(1) 绘制实际螺栓连接的受力与变形的关系图，如图 18-5 所示。

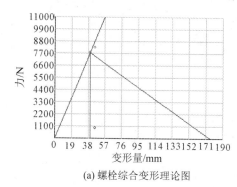

(a) 螺栓综合变形理论图

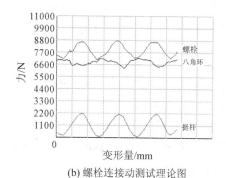

(b) 螺栓连接动测试理论图

图 18-5　螺栓连接受力与变形图

(2) 对比理论与实际的变形图，分析并得出结论。

6. 思考

(1) 为什么受轴向载荷紧螺栓连接的总载荷不等于预紧力加外载荷？

(2) 从实验结果分析受动载荷的紧螺栓连接，为了提高螺栓疲劳强度，与被连接件之间应采用软垫片还是硬垫片？为什么？螺栓的刚度大些好还是小些好，有何特点？

(3) 由单个螺栓连接测出的相对刚度系数值与由螺栓组连接中测到的相对刚度系数值是否一致？影响相对刚度系数值的因素有哪些？

(4) A/D 转换器的转换精度、分辨率与哪些因素有关？实验中所用的 24 位 A/D 转换器的转换精度是多少？分辨率是多少？

7. CQYDJ-4 型静、动态电阻应变仪使用说明

1) 仪器概述

CQYDJ-4 型静、动态电阻应变仪可广泛应用于土木工程、桥梁、机械结构的实验应力分析，结构及材料任意点变形的动、静态应力分析。可配接压力、接力、扭矩、位移和温

度传感器，对上述物理量进行测试。

静、动态电阻应变仪采用了全数字化智能设计，本机控制模式时可通过 LCD 液晶显示屏，显示当前测点序号及测得的绝对应变值和相对应变值，同时具备灵敏度设定，桥路单点、多点自动平衡及自动扫描测试等功能；计算机外控模式时，可通过连接计算机与相应软件组成多点静、动态电阻应变测量分析系统，完成从采集、保存及生成测试报告等一系列功能，实现虚拟仪器测试。

CQYDJ-4 型静、动态电阻应变仪的主机自带四路独立的应变测量回路，采用仪器后部接线方式，接线方法兼容常规模拟式静、动态电阻应变仪。

2) 性能特点

(1) 全数字化智能设计，测量功能丰富，方便连接微机实现虚拟仪器测试。

(2) 可测量全桥、半桥、1/4 桥。采用 1/4 桥测量方式时设公共补偿接线端子。

(3) 每个通道测量采用独立的高精度数据放大器、24 位 A/D 转换器(四路)，测量准确可靠，减少了切换变化对测试结果的影响，提高了动态测试的速度。

(4) 接线时在仪器后部接插，采用焊片，实现轻松接线。

(5) 接线端子的接触电阻变化极小。

3) 主要技术指标

(1) 测量范围：0～±30 000 με。

(2) 零点不平衡：±10 000 με。

(3) 灵敏度系数设定范围：2.00～2.55。

(4) 基本误差：满量程 × (±0.2%) ± 2 个字。

(5) 自动扫描速度：1 点/1 秒。

(6) 测量方式：1/4 桥、半桥、全桥。

(7) 零点漂移：±2 με/24 h；±0.5 με/℃；

(8) 桥压：DC 2.5 V。

(9) 分辨率：1 με。

(10) 测数：4 点(独立)

(11) 显示：LCD(128×64)，显示测点序号、6 位测量应变值。

(12) 电源：AC (1±20%)×220 V，50 Hz。

(13) 功耗：约 10 W。

4) 面板功能按键说明

仪器前面板、后面板示意图分别如图 18-6、图 18-7 所示。

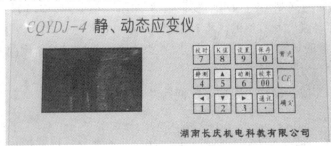

图 18-6　仪器前面板

前面板功能按键定义如下:

(1) 校时键:按该键后对本仪器时间进行校对。

(2) K 值键:按该键后进入应变片灵敏系数修改状态。灵敏度系数设置完毕后自动保存,下次开机时仍有效。

(3) 设置键:暂无操作功能。

(4) 保存键:暂无操作功能。

(5) 背光键:按该键后背光熄灭,再按该键背光亮。

(6) 静测键:按该键进入静态电阻应变测量状态。

(7) 动测键:按该键进入动态电阻应变测量状态。

(8) 校零键:按该键进入通道自动校零。

(9) CE 键:按该键清除错误输入或退出该功能操作。

(10) 联机键:按该键开始静态应变数据采集分析系统(计算机程控)联机、退出手动测量操作。

(11) 确定键:按该键确定该功能操作。

(12) ▼ ▲键:上、下项目选择移动键。

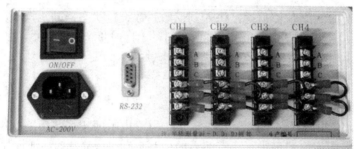

图 18-7　仪器后面板

5) 使用

(1) 准备工作。

① 根据测试要求,可使用 1/4 桥、半桥或全桥测量方式。

② 建议尽可能采用半桥或全桥测量,以提高测试灵敏度及实现测量点之间的温度补偿。

③ CQYDJ-4 型静、动态电阻应变仪与 AC、220 V、50 Hz 电源相连接。

(2) 接线。

① 电桥接线端子与测量桥原理对应关系如图 18-8 所示。A、B、C、D、D_1、D_2 为测量电桥的接线端,全桥测试时不使用 D_1、D_2 接线端。

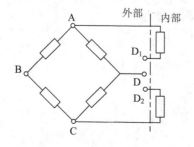

图 18-8　电桥接线端子与测量桥原理对应关系

② 组桥方法。CQYJ-4 型动、静态应变仪在 CQL-A 螺栓连接综合实验台应变测试中的接线方法如图 18-9 所示。

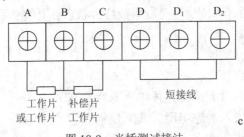

图 18-9　半桥测试接法

6) 设置灵敏度系数

一次测试中可能使用不同灵敏系数应变片，其灵敏系数设置方法有两种：测试前设定和在测试状态中设定。

使用方法如下：

(1) 在测试前按下 K 值键，进入到灵敏系数设定状态，修改完成后，按确定键确定后退出。

(2) 在测试状态下按下 K 值键，进入到灵敏系数设定状态，同上操作。

本应变仪的灵敏系数设定范围为 2.00~2.55，出厂时设为 $K=2.20$。

系统将根据设定的该点灵敏系数自动进行折算。

7) 测量

(1) 测量步骤。测量步骤如下：

① 在进入静态测量状态下仪器预热 5 min 后(给电阻应变片即传感器预热)，即可进行测试。按校零键，应变仪器可进行所有测点的桥路自动平衡。此时，通道显示从 01 依次递增到 4，由 LCD 液晶显示屏显示。同时校零指示灯在 LCD 液晶显示屏显示。

② 进入动态测量状态时，在 LCD 液晶显示屏显示出相应动态测量状态，同时通过 RS232 接口向上位机传送测量数据。校零同上。

③ 如通道出现短路状况，静态应变仪在 LCD 液晶显示屏显示出该通道"桥压短路"字样，同时报警，通道短路消除时，静态应变仪自动恢复该通道测量。

(2) 使用注意事项。

① 接线时如采用线叉接线，请旋紧螺丝以防止接触电阻变化。

② 长距离多点测量时，应选择线径、线长一致的导线连接测量片和补偿片。同时导线应采用绞合方式，以减少导线的分布电容。

③ 测量过程中不得移动测量导线。

第 19 章　带传动性能分析实验

　　带传动是一种适合远距离传动的方式，最常见的是摩擦型带传动，它依靠带与带轮之间的摩擦力传递运动和动力。由于带的弹性较大，传动中带与带轮间会出现弹性滑动现象，过载时会打滑，带传动的传动比、传动效率均与载荷的大小有关。弹性滑动和打滑是带传动教学中的重点和难点，通过实验，学生可直接观察带传动的运动情况，并对实验数据处理分析，得到有效结论，从而深入理解带传动的相关知识。

1. 实验目的

(1) 了解带传动实验台的结构和工作原理。

(2) 掌握转矩、转速、转速差的测量方法，熟悉其操作步骤。

(3) 观察带传动的弹性滑动及打滑现象。

(4) 了解改变预紧力对带传动能力的影响。

2. 实验内容与要求

(1) 测试带传动转速 n_1、n_2 和扭矩 T_1、T_2。

(2) 计算输入功率 P_1、输出功率 P_2、滑动率 ε、效率 η。

(3) 绘制滑动率曲线 ε-P_2 和效率曲线 η-P_2。

3. 带传动实验台的结构及工作原理

带传动实验台由机械部分、负载和测量系统三部分组成，如图 19-1 所示。

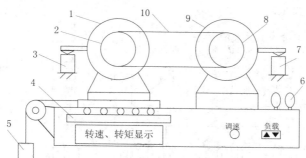

1—直流电机；2—主动带轮；3—力传感器；4—轨道；

5—砝码；6—灯泡；8—从动轮；9—直流发电机；10—平带

图 19-1　带传动实验台结构图

1) 机械部分

　　带传动实验台是一个装有平带的传动装置。主电机 1 是直流电动机，装在滑座上，可沿滑座滑动，电机轴上装有主动轮 2，通过平带 10 带动从动轮 8，从动轮装在直流发电机 9 的轴上，在直流发电机的输出电路上，并连了八个灯泡，每个 40 W，作为发电机的负载。

砝码通过尼龙绳、定滑轮拉紧滑座，从而使带张紧，并保证一定的预拉力。

2) 测量系统

测量系统由转速测量装置和扭矩测量装置两部分组成。

(1) 转速测量装置。用硅整流装置供给电动机电枢以不同的端电压实现无级调速，电动机无级调速范围为 0～1500 r/min；两电机的转速由光电测速装置测出，转速传感器(红外光电传感器)分别安装在带轮背后的 U 形槽中，获得的信号经电路处理后可得到主、从动轮上的转速 n_1、n_2。

(2) 扭矩测量装置。电动机输出转矩 T_1 (主动轮转矩)和发电机输入转矩 T_2(从动轮转矩)采用平衡电机外壳(定子)的方法来测量。电动机和发电机的外壳支承在支座的滚动轴承中，并可绕转子的轴线摆动。当电动机通过带传动带动发电机转动后，由于受转子转矩的反作用，电动机定子将向转子旋转的相反方向倾倒，发电机的定子将向转子旋转的相同方向倾倒，翻转力的大小可通过力传感器测得，经过电路计算可得到作用于电机和发电机定子的转矩，其大小与主、从动轮上的转矩 T_1、T_2 相等。

只要测得不同负载下主动轮的转速 n_1 和从动轮的转速 n_2，以及主动轮的扭矩 T_1 和从动轮的扭矩 T_2，即可计算出不同负载下的弹性滑动率 ε 以及效率 η。以 P_2 为横坐标，分别以不同负载下的 ε 和 η 为纵坐标，就可以画出带传动的弹性滑动率曲线和效率曲线。

(3) 加载装置。在发电机激磁线圈上并联一些电阻，每按一下"加载"键，即并联上一个电阻，使发电机负载逐步增加，电枢电流增大，随之电磁转矩也增大。由于发电机与电动机产生相反的电磁转矩，故此发电机的电磁力矩对电动机而言即为负载转矩。因此每并联一个电阻，发电机的负载转矩就增大一些，从而实现了负载的改变。

(4) 电器箱。实验台所有的控制、测试均由电器控制箱(其原理参见图 19-2)控制，旋转面板上的调速旋钮，可改变主动轮的转速，并由面板上的显示装置直接显示。直流电动机和直流发电机的转矩也分别由设在面板上的显示装置显示。

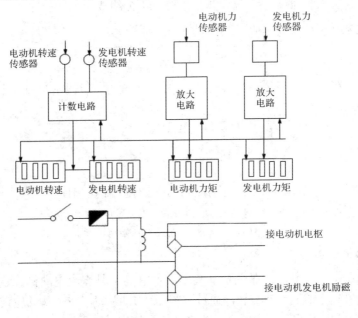

图 19-2　电器箱电路原理图

3) 实验台的工作原理

测得不同负载下主动轮的转速 n_1 和从动轮的转速 n_2 以及主动轮的扭矩 T_1 和从动轮的扭矩 T_1，即可计算不同负载下的弹性滑动率 ε 以及效率 η。以 P_2 为横坐标，分别以不同负载下的 ε 和 η 为纵坐标，则可得到带传动的弹性滑动率曲线和效率曲线。

通过转速测量装置和转矩测量装置，可以得到主动轮和从动轮的转速 n_1 和 n_2、转矩 T_1 和 T_2。

带传动的滑动率为

$$\varepsilon = \frac{n_1 - in_2}{n_1} \times 100\%$$

式中，i 为传动比，由于实验台的带轮直径 $D_1 = D_2 = 120$ mm，$i = 1$，所以

$$\varepsilon = \frac{n_1 - n_2}{n_1} \times 100\%$$

带传动的传动效率为

$$\eta = \frac{P_2}{P_1} \times 100\% = \frac{n_2 T_2}{n_1 T_1} \times 100\%$$

实验条件相同且预紧力 F_0 一定时，滑动率的大小取决于负载的大小，F_1 与 F_2 之间的差值越大，则产生弹性滑动的范围也随之增大。当传动带在整个接触弧上都产生滑动时，就会沿带轮表面出现打滑现象，这时带传动已不能正常工作了，所以打滑现象是应该避免的。

根据实验数据，可得到滑动率曲线 ε-P_2 和效率曲线 η-P_2，如图 19-3 和图 19-4 所示。图 19-3 中临界点(A 和 B)所对应的有效拉力是不发生打滑现象时，传动带所能传递的最大有效拉力。通常，以临界点为界，将曲线分为两个区，即弹性滑动区和打滑区(见图 19-4)。

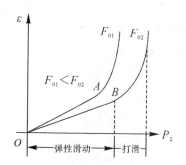

图 19-3　带传动滑动率曲线

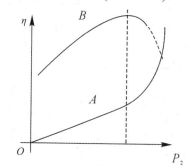

图 19-4　带传动效率曲线

实验证明，不同的预紧力具有不同的滑动率曲线，其临界点对应的有效拉力也有所不同。预紧力增大，其滑动率曲线上临界点所对应的功率 P_2 也随之增加，因此带传递负载的能力有所提高，但预紧力过大势必也会对带的疲劳寿命产生不利的影响。

4. 实验步骤

(1) 接通电源前，先将实验台的电源开关置于"关"的位置，检查调速旋钮，将其逆时针方向旋转到底，置于电动机转速为零的位置。

(2) 将传动带套到主动带轮和从动带轮上，加砝码 2 kg，使带有预紧力。

(3) 打开电源开关，缓慢调整电动机转速至 600 r/min。

(4) 待稳定后，记录主、从动轮的转速 n_1 和 n_2 与转矩 T_1 和 T_2。

(5) 每隔一定时间点击一次加载按钮，待稳定后，记录每一次测量的 n_1 和 n_2 与 T_1 和 T_2。直到大于等于 16%~20% 为止，结束本实验。

(6) 卸载至初始状态(注意：不要改变电动机的初始速度)，改变带的预紧力到 3 kg，再重复步骤(4)~(5)。

(7) 实验完成后，按"卸载"键至 0，将调速旋钮降至 0，关闭开关，切断电源，取下带的预紧砝码。

(8) 整理实验数据，写出实验报告。

5. 实验数据记录及结果

实验数据表格见表 19-1 和表 19-2。

表 19-1　预紧力 F_0=2 kg 的实验数据

序号	n_1 /(r/min)	n_2 /(r/min)	ε /%	T_1 /(N·m)	T_2 /(N·m)	P_1 /W	P_2 /W	η /%	$P_负$ /W
1									
2									
3									
4									
5									
6									
7									

表 19-2　预紧力 F_0=3 kg 的实验数据

序号	n_1 /(r/min)	n_2 /(r/min)	ε /%	T_1 /(N·m)	T_2 /(N·m)	P_1 /W	P_2 /W	η /%	$P_负$ /W
1									
2									
3									
4									
5									
6									
7									

6. 绘制滑动曲线和效率曲线

根据实验结果，绘制滑动曲线 ε-P_2 和效率曲线 η-P_2。

7. 思考

(1) 带传动的弹性滑动和打滑现象产生的原因是什么？有何区别？

(2) 带传动的预紧力对带的承载能力有何影响？

(3) 若带传动偶尔打滑，可以采取哪些措施避免？

(4) 实验中，转矩和转速的测量原理是什么？

(5) 带传动的滑动率如何测定？带传动的效率如何测定？

第20章　液体动压滑动轴承实验

液体动压滑动轴承是根据流体动力润滑的楔效应承载机制,在轴承间隙建立压力油膜,从而将轴颈与轴瓦隔开的一种液体摩擦轴承。通过液体动压滑动轴承实验,可以认知压力油膜形成的过程以及必要条件,理解和掌握油膜压力分布、摩擦特性曲线及摩擦因数的影响因素等内容,掌握相关参量的测试方法。

1. 实验目的

(1) 观察滑动轴承液体动压润滑油膜的形成过程和现象。

(2) 测量和绘制滑动轴承径向油膜压力曲线,求得轴承的承载能力。

(3) 观察载荷和转速改变对油膜压力的影响。

(4) 了解径向滑动轴承的摩擦系数 f 的测量方法和摩擦特性曲线的绘制方法。

2. 实验台的结构及其工作原理

滑动轴承实验台的结构如图 20-1 所示。

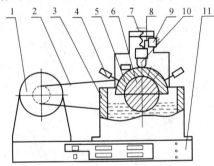

1— 直流电动机;2—V 带;3—箱体;4—压力传感器;5—轴瓦;6—轴;

7—加载螺杆;8—测力杆;9—测力传感器;10—载荷传感器;11—操作面板

图 20-1　滑动轴承实验台结构

1) 实验台的传动装置

由直流电机 1 通过 V 带 2 驱动轴沿顺时针方向转动,由无级调速器实现轴 6 的无级调速。轴的转速范围为 3~500 r/min,可直接读出。

2) 轴与轴瓦间的油膜压力测量装置

轴的材料为 45 号钢,表面淬火、磨光,由滚动轴承支承在箱体上,轴的下半部浸泡在润滑油中。油的牌号为 N68(原 40 号机械油),20℃时动力黏度为 0.34 Pa·s。轴瓦为铸锡铅青铜。在轴瓦的径向平面内沿圆周钻有 7 个孔,每相隔 20°连接一个压力表,用来测量平面内相应点的油膜压力,由此可绘出径向油膜压力分布曲线。沿轴瓦的轴向剖面装有两个压力表,用来观察滑动轴承沿轴向的油膜压力情况。

3) 加载装置

油膜的径向压力分布曲线是在一定的载荷和一定的转速下绘制的。当载荷改变或轴的转速改变时所测出的压力值是不同的。实验中采用螺旋加载,转动螺旋即可改变载荷的大小,所加载荷的值通过传感器在面板上显示(取中间值)。这种加载方式的主要优点是结构简单,载荷的大小可以任意调节。

4) 摩擦系数 f 测量装置

径向滑动轴承的摩擦系数 f 随轴承的特性系数 λ 值改变而改变,$\lambda = \dfrac{\eta n}{p}$($\eta$ 为油的动力黏度,n 为轴的转速,p 为压强),而 $p = \dfrac{W}{Bd}$(W 为轴上的载荷,B 为轴瓦的宽度 125 mm,d 为轴的直径 70 mm)。在边界摩擦时,f 随 $\eta n/p$ 的增大变化很小(由于 n 值很小,可手动);进入混合摩擦后,$\eta n/p$ 的改变引起 f 的急剧变化,在刚形成液体摩擦时 f 达到最小值,此后,随 $\eta n/p$ 的增大油膜厚度亦随之增大,因而 f 亦有所增大。摩擦系数 f 值可通过测量轴承的摩擦力矩而得到。轴转动时,轴对轴瓦产生周向摩擦力,其摩擦力矩为 $Fd/2$,它使轴瓦 5 翻转,其翻转力矩通过固定在弹簧片上的百分表 9 测出的弹簧片的变形量 Δ(Δ 为百分表读数,即格数)表达,并经过以下计算即可得到摩擦系数 f 的值。

根据力矩平衡条件得

$$\frac{Fd}{2} = LQ$$

式中,Q 为作用在 A 处的反力,L 为测力杆的长度($L=120$ mm)。

设作用在轴上的外载荷为 W,则 $f = F/W = 2LQ/Wd$,而 $Q = k\Delta$(k 为测力计刚度,$k = 0.098\text{N/格}$),所以 $f = F/W = 2Lk\Delta/Wd$。

5) 摩擦状态指示装置

指示装置的原理如图 20-2 所示。指示灯与轴、轴瓦串联。当轴不转动时,可看到灯泡很亮;当轴在很低的转速下转动时,轴将润滑油带入轴和轴瓦之间收敛性间隙内,但由于此时的油膜很薄,轴与轴瓦之间部分微观不平度的凸峰高峰处仍在接触,故灯忽亮忽暗;当轴的转速达到一定值时,轴与轴瓦之间形成的压力油膜厚度完全遮盖两表面之间微观不平度的凸峰高度,油膜完全将轴与轴瓦隔开,灯完全灭。

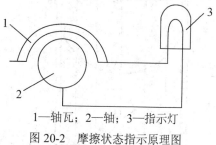

1—轴瓦;2—轴;3—指示灯

图 20-2　摩擦状态指示原理图

3. 实验方法与步骤

1) 准备工作

在弹簧片的端部安装百分表,使其触头具有一定的压力值。

2) 绘制径向油膜压力分布曲线与承载曲线

(1) 启动电机, 将轴的转速逐渐增大, 注意观察从轴开始运转至较高转速时灯泡亮度的变化情况, 待灯泡完全熄灭时, 此时已处于完全液体摩擦状态。

(2) 用加载装置加载。

(3) 待各压力表的压力值稳定后, 由左至右依次记录各压力表的压力值。

(4) 卸载、关机。

(5) 根据各压力表的压力值, 按一定比例绘出油压分布曲线与承载曲线, 如图 20-3 所示。具体画法如下: 沿着圆周表面从左至右划出角度分别为 30°、50°、70°、90°、110°、130°、150° 的中心线, 分别得出油孔点 1、2、3、4、5、6、7 的位置。在各中心线的延长线上, 将压力表测出的压力值画出压力线 1-1'、2-2'、3-3'、…、7-7'。将 1'、2'、3'、…、7' 各点连成光滑曲线, 此曲线就是所测轴承的一个径向截面的油膜径向压力分布曲线。

为了确定轴承的承载量, 用 P_i 表示向量 1-1'、2-2'、…、7-7' 的压力值。图 20-3 中, 在投影直径 0~8" 上先画出轴承表面上油孔位置的投影点 1"、2"、…、7", 然后通过这些点画出上述相应的各点压力 P_i, 即 1'''、2'''、…、7''' 等点(其长度 $l_{1''-1'''} = l_{1-1'}$, $l_{2''-2'''} = l_{2-2'}$, 等等)将各点平滑连接起来, 所形成的曲线即为在载荷方向的压力分布。

在投影直径 0~8" 上做一个矩形, 采用方格纸, 使其面积与曲线所包围的面积相等, 那么, 矩形的边长 p_m 乘以轴瓦宽度 B, 再乘以轴的直径 d 便是该轴承油膜的承载量。但必须考虑端部泄漏造成的压力损失, 故最后的油膜承载量为

$$q = p_m B d \delta$$

式中, p_m 为径向单位平均压力; B 为轴瓦宽度, $B = 125$ mm; d 为轴的直径, $d = 70$ mm; δ 为泄漏系数, 取 $\delta = 0.7$。

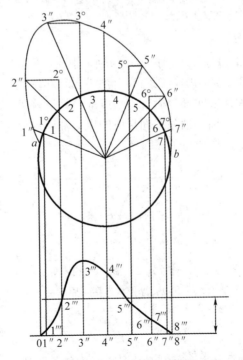

图 20-3　径向油膜压力分布及承载曲线

4. 实验数据记录和处理

1) 径向油膜压力(n=300 转/分)

径向油膜压力值表如表 20-1 所示。

表 20-1　径向油膜压力值

压力表号	1	2	3	4	5	6	7
压力值/MPa (当 F=100 N)							
压力值/MPa (当 F=200 N)							

2) 摩擦系数 f

表 20-2 和表 20-3 分别为两种不同情况下摩擦系数的测量实验数据表。

表 20-2　摩擦系数的测量数据表(转速变，载荷不变，F=200N)

转速/(转/分)	50	100	150	200	250	300	350	400
百分表读数($n\uparrow$)								
百分表读数($n\downarrow$)								
百分表平均值								
反力 Q/N								
摩擦系数 f								

表 20-3　摩擦系数的测量数据表(载荷变，转速不变，n=300 转/分)

载荷/N	50	75	100	125	150	175	200
转速/(转/分)							
百分表读数($n\uparrow$)							
百分表读数($n\downarrow$)							
百分表平均值							
反力 Q/N							

5. 思考题

(1) 形成液体动压润滑的条件是什么？

(2) 油膜压力分布曲线中最大油压在何处？最小油压在何处？为什么？

(3) 摩擦系数 f 与油的黏度 η、压强 p、转速 n 之间有何关系？

第 21 章　减速器拆装及轴系结构实验

减速器是一种在原动机和工作机之间变换转速和转矩的装置，在机械中应用广泛。减速器是一种通用设备，其结构包含了连接、传动、轴及轴系等大部分机械设计课程中的内容，是培养学生初步独立设计的优选选题。通过减速器拆装实验，增加学生对通用零部件的感性认识，理解结构工艺设计、零件的装配对机械工作的影响，也为课程设计的顺利进行奠定一定的基础。

1. 实验目的

(1) 了解减速器的整体结构及工作要求，主要部件及整机的拆卸、装配工艺。

(2) 了解减速器的箱体零件、轴、齿轮等主要零件的结构及加工工艺。

(3) 了解轴承与齿轮的类型、布置、安装及调试方法，以及润滑和密封方式。

(4) 熟悉轴及轴上零件的定位与固定方法。

(5) 掌握并测绘低速传动轴轴系结构图。

2. 实验设备及工具

(1) Ⅰ级、Ⅱ级圆柱齿轮传动减速器、Ⅰ级蜗杆传动减速器、Ⅰ级圆锥齿轮减速器等。

(2) 活动扳手、螺丝起、木槌、千分尺等工具。

(3) 铅笔、橡皮、纸张。

3. 实验内容

(1) 按正确程序拆、装减速器，通过观察、测量和分析讨论，了解减速器整体结构以及零、部件结构特点和作用，了解各零、部件相互间配合的性质、零件的精度要求、定位尺寸、装配关系及齿轮、轴承润滑、冷却的方式及润滑系统的结构和布置；观察了解减速器的输出、输入轴与箱体间的密封方式及轴承工作间隙调整方法及结构。

(2) 测量减速器主要参数，如中心距、齿轮齿数、传动比、传动方式、判定输入、输出轴；确定斜齿轮或蜗杆的旋向及轴向力；观察轴承代号及安装方式。

(3) 仔细拆、量低速轴系零件，画出轴系结构图。

(4) 观察其他几种类型的减速器，并作出比较。

4. 实验步骤

(1) 观察减速器外部结构，判断传动级数、安装方式、输入轴、输出轴等。

(2) 观察箱体零件和外观附件如观察孔、通气孔、油标、油塞、定位销、起盖钉、环首螺钉、吊耳、加强筋、散热片、凸缘等，了解它们的功能、结构特点和位置。

(3) 拧下箱盖与箱体的连接螺栓(若为凸缘式端盖，还需拆下端盖螺钉)，拔出定位销，借助起盖螺钉打开箱盖，并放置稳妥。

(4) 确定传动方式，判定斜齿轮或蜗杆的旋向及轴向力、轴承代号及安装方法，并测量相关参数。

5. 实验数据的记录

减速器拆装实验数据记录表如表 21-1 所示。

表 21-1 减速器拆装实验数据

基本参数	高速级	低速级
齿轮齿数 Z	/	/
齿顶圆直径 d_a	/	/
齿轮模数 m	/	/
齿全高 h		
齿宽 b		
传动比 i	/	/
中心距 a	/	/
支承的轴承类型		

(1) 观察分析，就各零件的作用、结构、周向定位、轴向定位、间隙调整、润滑、密封、材料等进行讨论。

(2) 仔细观察、分析低速轴的轴和轴系结构，绘制轴系结构图。

(3) 实验完成后，按装配顺序复原减速器。若有时间可观察其他类型的减速器，比较差异和特点。

6. 减速器拆装过程中的思考

1) 观察外形及外部结构

(1) 观察外部附件，分清哪个是起吊装置，哪个是定位销、起盖螺钉、油标、油塞。它们各起什么作用？布置在什么位置？

(2) 箱体、箱盖上为什么要设计筋板？筋板的作用是什么？如何布置？

(3) 仔细观察轴承座的结构形状，轴承座两侧连接螺栓如何布置？支承螺栓的凸台高度及空间尺寸应如何确定？

(4) 铸造成型的箱体最小壁厚是多少？如何减轻其重量及表面加工面积？

2) 拆卸观察孔盖

(1) 孔起什么作用？应布置在什么位置？设计多大才是适宜的？

(2) 孔盖上为什么要设计通气孔，孔的位置应如何确定？

3) 拆卸箱盖

(1) 箱盖与箱体的连接螺栓的位置与距离如何确定？

(2) 起盖螺钉的作用是什么？与普通螺钉结构有什么不同？

(3) 如果在箱体、箱盖上不设计定位销将会产生什么样的后果？为什么？

4) 观察减速器内部各零部件的结构和布置

(1) 箱体与箱盖接触面为什么没有密封垫？如何解决密封？箱体分箱面上的沟槽有何作用？

(2) 所拆卸的减速器的轴承是油剂润滑还是脂剂润滑？若采用油润滑，润滑油如何导入轴承内进行润滑？若采用脂润滑，如何防止箱内飞溅的油及齿轮啮合区挤压出的热油冲刷轴承润滑脂？两种情况的导油槽及回油槽应如何设计？

(3) 在不同的润滑方式下，轴承在轴承座上的安放位置如何设计？

(4) 各级啮合时齿轮有无侧隙？若有侧隙，作用是什么？

(5) 减速器设计中，哪些结构可以调整轴承工作间隙(周向和轴向间隙)？

(6) 减速器设计中，为避免轴因热膨胀而伸长影响工作性能，如何调节？

(7) 如何测量各级啮合齿轮的中心距？

5) 箱体轴系零部件

(1) 大齿轮的轮体为什么要设计工艺孔？

(2) 轴上零件是如何实现周向和轴向定位、固定的？

(3) 减速器中的轴为什么要设计成阶梯轴，而不是光轴？设计阶梯轴时应考虑哪些问题？

(4) 同一轴上不同轴段的键槽位置如何布置？为什么要这样布置？

(5) 直齿圆柱齿轮传动和斜齿圆柱齿轮传动各有什么特点？其轴承在选择时应注意哪些问题？

(6) 各级齿轮的传动比，高、低各级传动比应如何分配？

(7) 输入、输出轴的伸出端与端盖采用什么形式的密封结构？

(8) 箱体内油标(油尺)、油塞的结构及布置是怎样的？在设计时应注意什么问题？

7. 实验数据及绘图

1) 实验数据

减速器拆装实验数据记录表如表 21-2 所示。

表 21-2　减速器拆装实验数据

基本参数	高速级(主/从)	低速级(主/从)
齿轮齿数 Z	/	/
齿顶圆直径 d_a	/	/
齿轮模数 m	/	/
齿全高 h	/	/
齿宽 b	/	/
传动比 i		
中心距 a		
支承的轴承类型及型号		

2) 轴系结构绘制

绘制拆装减速器的低速轴的轴系装配图。

第22章　机械传动系统方案设计及其性能测试实验

　　传动系统是机械的重要组成部分。传动系统的好坏在一定程度上决定了机器的工作性能和运转状况的优劣。传动系统的方案设计是机械设计学习中的重要内容。通过机械传动系统方案设计实验，使学生对所设计的传动方案进行拼装和性能测试，能够对传动方案作出评价，并理解传动系统设计的一般原则及其在机械中的重要性。

1. 实验目的

(1) 了解带传动、链传动、齿轮传动、蜗轮蜗杆传动等传动系统。

(2) 装配、拆卸各类传动系统，熟悉键、联轴器的使用，传动系统的布置等。

(3) 理解两级及多级传动系统的合理布置，理解机械传动效率与传动系统布置的关系。

2. 实验设备

　　JXJCZ-A 机械传动方案综合检测实验台，如图 22-1 所示。结构布局及组成如图 22-2 所示。

图 22-1　JXJCZ-A 机械传动方案综合检测实验台

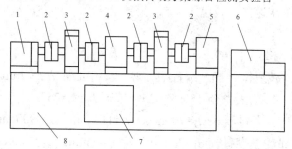

1—变频调速电机；2—联轴器；3—转矩转速传感器；

4—试件；5—加载与制动装置；6—工控机；7—电气控制柜；8—台座

图 22-2　实验台结构组成

3. 实验台结构及原理

本实验台由机械传动装置、联轴器、动力输出装置、加载装置和电脑等组成，动力部分采用变频调速，负载加载采用程控调节，扭矩测量卡同步采样输入扭矩、输出扭矩、转速及功率，其工作原理系统图如图 22-3 所示。

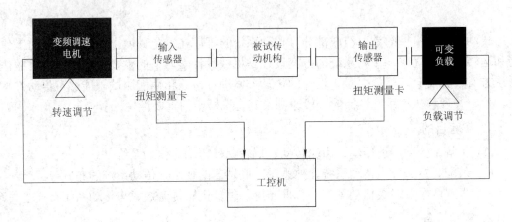

图 22-3　工作原理系统图

此实验台的电机为变频电机，可任意调速，与电机处于同一底座的为 ZJ10 型转矩转速传感器，用来测量电机输入端的转速、转矩，传感器不消耗功率，只是测量和传递功率，中间被试传动机构为可拆装、可改变的传动系统，可以为一级传动，也可以是二级及多级传动。传动部分之后为制动系统，制动件为磁粉制动器，它是根据电磁原理利用磁粉传递转矩的，具有激磁电流和传递转矩基本为线性关系的特点。在通电作用下，利用了磁粉这种工作介质会形成磁粉链(接通电流的磁粉会在磁力线的作用下形成磁粉链)的原理把内外转子连接起来，进而达到了传递和控制转矩的目的。一个完整的磁粉制动器通常包括激磁线圈、磁粉、内转子以及外转子等部件。

4. 传动装置参数

(1) 直齿圆柱齿轮减速器：减速比 $i=5$，齿数 $Z_1=19$，$Z_2=95$，法向模数 $m_n=1.5$，中心距 $a=85.5$ mm。

摆线针轮减速器：减速比 $i=9$。

(2) 蜗轮减速器：减速比 $i=10$，蜗杆头数 $Z_1=1$，中心距 $a=50$ mm。

(3) 同步带传动：带轮齿数 $Z_1=18$，$Z_2=25$，节距 $L_p=9.525$。

　　　V 带传动：带轮基准直径 $d_1=70$ mm，$d_2=115$ mm，$L_d=900$ mm；

　　　　　　　　带轮基准直径 $d_1=76$ mm，$d_2=145$ mm，$L_d=900$ mm；

　　　　　　　　带轮基准直径 $d_1=70$ mm，$d_2=88$ mm，$L_d=630$ mm。

(4) 链传动：链轮 $Z_1=17$，$Z_2=25$。

5. 实验方案

实验方案如表 22-1 所示。

表 22-1　机械传动实验台搭接组合方案

序号	方案名称	搭接路线顺序
1	V 带传动实验	变频调速电机—10 N 转矩转速传感器—V 带及带轮—50 N 转矩转速传感器—磁粉制动器
2	同步带传动实验	变频调速电机—10 N 转矩转速传感器—同步带及同步带轮—50N 转矩转速传感器—磁粉制动器
3	链轮传动实验	变频调速电机—10 N 转矩转速传感器—滚子链及链轮—50 N 转矩转速传感器—磁粉制动器
4	齿轮传动实验	变频调速电机—10 N 转矩转速传感器—直齿圆柱齿轮减速箱—50 N 转矩转速传感器—磁粉制动器
5	摆线针轮传动实验	变频调速电机—10 N 转矩转速传感器—摆线针轮减速器—50 N 转矩转速传感器—磁粉制动器
6	蜗杆蜗轮传动实验	变频调速电机—10 N 转矩转速传感器—蜗轮减速器—50 N 转矩转速传感器—磁粉制动器
7	V 带-齿轮组合实验	变频调速电机—10 N 转矩转速传感器—V 带及带轮—直齿圆柱齿轮减速箱—50 N 转矩转速传感器—磁粉制动器
8	齿轮-V 带组合实验	变频调速电机—10 N 转矩转速传感器—直齿圆柱齿轮减速箱—V 带及带轮—50 N 转矩转速传感器—磁粉制动器
9	同步带-齿轮组合实验	变频调速电机—10 N 转矩转速传感器—同步带及同步带轮—直齿圆柱齿轮减速箱—50 N 转矩转速传感器—磁粉制动器
10	齿轮-同步带组合实验	变频调速电机—10 N 转矩转速传感器—直齿圆柱齿轮减速箱—同步带及同步带轮—50 N 转矩转速传感器—磁粉制动器
11	链-齿轮组合实验	变频调速电机—10 N 转矩转速传感器—滚子链及链轮—直齿圆柱齿轮减速箱—50 N 转矩转速传感器—磁粉制动器

续表一

序号	方案名称	搭接路线顺序
12	齿轮-链组合实验	变频调速电机—10 N 转矩转速传感器—直齿圆柱齿轮减速箱—滚子链及链轮—50 N 转矩转速传感器—磁粉制动器
13	V 带-链传动组合实验	变频调速电机—10 N 转矩转速传感器—V 带及带轮—滚子链及链轮—50 N 转矩转速传感器—磁粉制动器
14	链-V 带组合实验	变频调速电机—10 N 转矩转速传感器—滚子链及链轮—V 带及带轮—50 N 转矩转速传感器—磁粉制动器
15	V 带-蜗杆蜗轮组合实验	变频调速电机—10N 转矩转速传感器—V 带及带轮—蜗轮减速器—50N 转矩转速传感器—磁粉制动器
16	蜗杆蜗轮-V 带组合实验	变频调速电机—10 N 转矩转速传感器—蜗轮减速器—V 带及带轮—50 N 转矩转速传感器—磁粉制动器
17	同步带-蜗杆蜗轮组合实验	变频调速电机—10 N 转矩转速传感器—同步带及同步带轮—蜗轮减速器—50 N 转矩转速传感器—磁粉制动器
18	蜗杆蜗轮-同步带组合实验	变频调速电机—10 N 转矩转速传感器—蜗轮减速器—同步带及同步带轮—50 N 转矩转速传感器—磁粉制动器
19	链-蜗杆蜗轮组合实验	变频调速电机—10 N 转矩转速传感器—滚子链及链轮—蜗轮减速器—50 N 转矩转速传感器—磁粉制动器
20	蜗杆蜗轮-链组合实验	变频调速电机—10 N 转矩转速传感器—蜗轮减速器—滚子链及链轮—50 N 转矩转速传感器—磁粉制动器
21	V 带-摆线针轮组合实验	变频调速电机—10 N 转矩转速传感器—V 带及带轮—摆线针轮减速器—50 N 转矩转速传感器—磁粉制动器
22	摆线针轮-V 带组合实验	变频调速电机—10 N 转矩转速传感器—摆线针轮减速器—V 带及带轮—50 N 转矩转速传感器—磁粉制动器
23	同步带-摆线针轮组合实验	变频调速电机—10 N 转矩转速传感器—同步带及同步带轮—摆线针轮减速器—50 N 转矩转速传感器—磁粉制动器

续表二

序号	方案名称	搭接路线顺序
24	摆线针轮-同步带组合实验	变频调速电机—10 N 转矩转速传感器—摆线针轮减速器—同步带及同步带轮—50 N 转矩转速传感器—磁粉制动器
25	链-摆线针轮组合实验	变频调速电机—10 N 转矩转速传感器—滚子链及链轮—摆线针轮减速器—50 N 转矩转速传感器—磁粉制动器
26	摆线针轮-链组合实验	变频调速电机—10 N 转矩转速传感器—摆线针轮减速器—滚子链及链轮—50 N 转矩转速传感器—磁粉制动器

注：实验方案的选择依据实验小组的顺序依次进行。

6. 实验步骤

1) 手动操作

(1) 传动系统搭接完成后，打开"电源"，将按钮按至"hand"，旋钮旋至"手动"，手动旋转调速旋钮，逐渐增大转速，观察运行情况。

(2) 用手动方式进行调速及加载，便于在慢速运行过程中及时发现问题，及时解决。

2) 自动操作

(1) 打开电脑，双击桌面的快捷方式"Test"进入软件运行界面。

(2) 按下控制台电源按钮，在控制台上选择自动，按下主电机按钮。(如果是调零后未关机而直接进行自动操作，以上两项可免)

(3) 在主界面被测参数数据库内，填入实验类型、实验编号、小组编号、指导老师、实验人员等。切记！实验编号必须填写，其他为选填内容。

(4) 通过软件运行界面的电机转速调节框调节电机速度。

(5) 通过电机负载调节框缓慢加载，待显示面板上数据稳定后按手动记录按钮记录数据，加载及手动记录数据的次数视实验本身的需要而定。

(6) 卸载后打印出数据和曲线图。

(7) 关机。

7. 注意事项

(1) 在搭接实验装置时，由于电动机、被测传动装置、传感器、加载器的中心高度不一致，组装、搭接时应选择合适的垫板、支承板、联轴器，调整好设备的安装精度，以使测量的数据更加精确。

(2) 注意在有带、链传动的实验装置中，一定要安装本实验台专用轴承支承座，避免弯矩直接作用在传感器上，影响传感器测量精度。

(3) 在搭接好实验装置后，用手驱动电机轴，如果装置运转自如，即可接通电源，开启电源进入实验操作。否则，应重调各连接轴的中心高、同轴度，以免损坏转矩转速传感器。

(4) 本实验台采用的是风冷式磁粉制动器，注意其表面温度不得超过 80℃，实验结束后应及时卸除载荷。

(5) 在自动实验时，应根据传动速比平稳加载，比如直齿减速机的传动比为 1∶5，每次加载以 2N 为宜，注意电机最大输入功率不应超过其额定值的 110%。

(6) 无论做何种实验，均应先启动主电机后加载荷，严禁先加载荷后开机。

(7) 在实验过程中，如遇电机转速突然下降或者出现不正常的噪声和振动时，必须立即卸载或停车(关掉电源开关)，以防电机温度过高，烧坏电机、电器及发生其他意外事故。

8. 思考题

(1) 带传动、齿轮传动、链传动哪个应在高速级？哪个应在低速级？为什么？

(2) 若将既定两级传动系统调换前后方位，传动效率是增大还是变小？为什么？

(3) 传动系统的效率与哪些因素有关？若要提高效率，应采取哪些方法？

参 考 文 献

[1] 成大先. 机械设计手册[M]. 6 版. 北京：化学工业出版社，2018.

[2] 冯立艳，李建功. 机械设计课程设计[M]. 北京：机械工业出版社，2017.

[3] 巩云鹏，田万禄，张伟华，等. 机械设计课程设计[M]. 北京：科学出版社，2019.

[4] 孟玲琴. 机械设计基础课程设计[M]. 4 版. 北京：北京理工大学出版社，2017.

[5] 唐增宝，常建娥. 机械设计课程设计[M]. 4 版. 武汉：华中科技大学出版社，2012.

[6] 王贤民，郑雄胜. 机械设计课程设计指导书[M]. 武汉：华中科技大学出版社，2011.

[7] 吴宗泽，高志. 机械设计课程设计手册[M]. 4 版. 北京：高等教育出版社，2012.

[8] 芦书荣，张翠华，徐学忠，等. 机械设计课程设计. 成都：西南交通大学出版社，2016.

[9] 许瑛. 机械设计课程设计[M]. 北京：北京大学出版社，2008.

[10] 陆玉. 机械设计课程设计[M]. 北京：机械工业出版社，2013.

[11] 宋宝玉. 机械设计课程设计[M]. 北京：高等教育出版社，2006.

[12] 陆玉. 机械设计课程设计[M]. 北京：机械工业出版社，2013.

[13] 陈秀宁，施高义. 机械设计课程设计[M]. 杭州：浙江大学出版社，2012.

[14] 颜伟. 机械设计课程设计[M]. 北京：北京理工大学出版社，2017.

[15] 王利华. 机械设计实践教程[M]. 武汉：华中科技大学出版社，2012.

[16] 朱文坚. 机械基础实验教程[M]. 北京：科学技术出版社，2005.

[17] 路天炜，吴鹿鸣. 机械设计实验教程[M]. 成都：西南交通大学出版社，2013.

[18] 蒲良贵，纪名刚，陈国定，等. 机械设计[M]. 北京：高等教育出版社，2006.

[19] 吴宗泽，高志. 机械设计[M]. 2 版. 北京：高等教育出版社，2009.

[20] 陈东，钱瑞明，金京，等. 机械设计[M]. 北京：电子工业大学出版社，2010.